Lesen, wie, wann und wo Sie wollen!
ZU DIESEM BUCH ERHALTEN SIE DAS E-BOOK EINFACH MIT DAZU

1. Öffnen Sie die **Webseite** www.campus.de/ebookinside.
2. Geben Sie unter der Überschrift »E-Book inside« folgenden **Download-Code** in das Eingabefeld ein, um

   Ihr E-Book zu erhalten: KYY8C-GU6UV-UXYR4

3. Wählen Sie das gewünschte E-Book-**Format** (MOBI/Kindle, EPUB oder PDF).
4. Füllen Sie das Formular aus und mit dem Klick auf den Button am Ende des Formulars erhalten Sie Ihren persönlichen **Download-Link** für das ausgewählte E-Book-Format per E-Mail.

ÖKOnomie

Jule Bosch geht als Zukunftsforscherin weit über die Analyse von Trends hinaus. Ihr Motto: Zukunft wird nicht vorhergesehen. Zukunft wird gemacht. *Lukas Bosch* bringt als Unternehmensberater und Coach für Innovation und Transformation neuen Wind in alte Geschäftsmodelle und Denkmuster. Auf Basis ihrer Hintergründe in der Zukunftsforschung, dem Design Thinking und etlichen weiteren Methoden begleiten sie Organisationen bei der Gestaltung zukunftsfähiger Produkte, Services, Prozesse, Geschäftsmodelle und Strategien. Ob bei Mittelständlern oder Konzernen – in ihrem Ansatz schwingt stets die Etablierung einer Unternehmenskultur mit, die es schafft Widersprüche konstruktiv zu vereinen und Probleme in Potenziale zu verwandeln. Diese Grundhaltung ist auch Ausgangspunkt für ihr Start-up HOLYCRAB!, das die Biodiversitätskrise adressiert, indem es invasive und abundante Arten als Lebensmittel »in Wert setzt«. Aus einem Problem für Ökosysteme wird ein innovativer Beitrag zur Ernährungswende. Das Geschäftsmodell erhielt eine breite öffentliche Aufmerksamkeit, sowie diverse Auszeichnungen, u.a. vom Bundesministerium für Wirtschaft und Leaders Club. Gestützt durch ihre Netzwerke – in die Start-up-Szene, als Speaker/in beim Zukunftsinstitut, als Fellow des tt30 des CLUB OF ROME Deutschland und Mitglied bei Entrepreneurs4Future – laden Jule und Lukas Bosch mit diesem Buch ein zur Reise in eine Zukunft, die bereits da ist – eine Zukunft, in der die Lösung planetarer Probleme (wieder) Geschäftsgrundlage unternehmerischen Erfolgs wird.

JULE BOSCH & LUKAS BOSCH

SO RETTEN FÜHRENDE
UNTERNEHMENSAKTIVIST*INNEN
UNSERE ZUKUNFT

Campus Verlag
Frankfurt/New York

Dieses Werk wurde vermittelt durch Imke Rötger, Agentur und Dienste für Autoren und Verlage, Freiburg

ISBN 978-3-593-51364-5 Print
ISBN 978-3-593-44726-1 E-Book (PDF)
ISBN 978-3-593-44725-4 E-Book (EPUB)

Das Werk einschließlich aller seiner Teile ist urheberrechtlich geschützt. Jede Verwertung ist ohne Zustimmung des Verlags unzulässig. Das gilt insbesondere für Vervielfältigungen, Übersetzungen, Mikroverfilmungen und die Einspeicherung und Verarbeitung in elektronischen Systemen.
Trotz sorgfältiger inhaltlicher Kontrolle übernehmen wir keine Haftung für die Inhalte externer Links. Für den Inhalt der verlinkten Seiten sind ausschließlich deren Betreiber verantwortlich.
Copyright © 2021. Alle deutschsprachigen Rechte bei Campus Verlag GmbH, Frankfurt am Main.
Umschlaggestaltung und Umschlagmotiv: studioheyhey, Frankfurt am Main
Illustrationen im Innenteil: Santa Gustine & John Russo, studioheyhey, Frankfurt am Main
Layout und Satz: Oliver Schmitt, Mainz
Gesetzt aus: Sabon und Nort
Druck und Bindung: Beltz Grafische Betriebe GmbH, Bad Langensalza
Printed in Germany

www.campus.de

INHALT

**UNTERNEHMENSAKTIVIST*INNEN
IN DIESEM BUCH** 9

**EINLEITUNG: WIR MÜSSEN DIE ZUKUNFT RETTEN –
UND ZWAR VOR UNS SELBST** 19

START WITH WHAT THE FUCK 45
    From Why to What the Fuck 49
    Vorsicht, ansteckend! 53
    Wie entstehen WTF-Momente? 55

UNTERNEHMEN STATT UNTERLASSEN 59
    Radikale Verantwortungsübernahme 62
    Alles ist designed 68
    Aktivismus trifft Unternehmer*innentum 70
    Held*innen der Veränderung: Frank Thelen und Greta Thunberg 77
    Unternehmen als Lösungsinfrastruktur 81

BESSER IST GUT (WENN BESSER BESSER UND BESSER WIRD) — 85

- 50 Shades of Green — 88
- Viva la (R)evolucion! — 92
- Default Trumpification — 95
- Strategie 1: Fokus auf das Wesentliche — 99
- Strategie 2: Plan it for the planet — 101
- What's next? The Infinite Game — 108

ZAHLEN FÜR WERTE — 111

- Von Greenwashing zu Greendoing — 113
- What gets measured gets managed — 116
- Von Wertschöpfung zu Werteschöpfung — 130
- Walking the walk … and talk! — 131

MARKET LIKE YOU GIVE A DAMN — 135

- Von Bullshit zu Realshit — 138
- Ist das dann nicht schon Wissenschaftskommunikation? — 141
- Und was wiegt dein Marketingrucksack? — 146
- Werte, Wahrheit, Wirksamkeit — 153

REAL WORLD PROBLEMS STATT FIRST WORLD PROBLEMS — 157

- Produkte zu Plakaten — 163
- From egoism to ecoism — 172
- Räuberleiter-Impact – »CSR as a service« — 175
- Beyond CSR — 179
- Problem gelöst, Unternehmen weg? — 181
- Hybride Organisationen — 184

HEDONISTISCHE NACHHALTIGKEIT 187

Mehr ist mehr! 194
Hedonistische Nachhaltigkeit 196
Nachhaltigkeit ist ein kratziger Pullover – nicht! 203
Von der Nische in den Mainstream 208
Change outcomes, not behavior 211

REGENERATIVE BUSINESS 217

Beyond Zero 224
Geschäftsmodelle der Zukunft 235
Schwung in die Sache bringen 240
Unternehmenswachstum … to save our home planet 244

ZUKUNFTSTURBO: WER, WENN NICHT WIR? 251

ANMERKUNGEN 267

UNTERNEHMENS-AKTIVIST*INNEN IN DIESEM BUCH

Dass Nachhaltigkeit und gutes Business sich nicht ausschließen, sondern gerade in ihrer Zusammenkunft großes Potenzial bieten, wird mit Blick auf **Planetly** gleich in mehrerlei Hinsicht klar. Gegründet von **Anna Alex** und Benedikt Franke, beide erfolgreiche Gründer*innen aus dem Rocket-Internet-Umfeld, bietet es Unternehmen eine Plattform zum Management ihrer CO_2-Emissionen. Das Geschäftsmodell skaliert nicht nur in finanziellen Kennzahlen, sondern wie alle in diesem Buch vorgestellten Unternehmen gleichzeitig auch ökologisch durch den direkten Beitrag zur CO_2-Einsparung.

© Planetly

Schon der Name des Unternehmens verweist auf den Betätigungsbereich – zumindest für Eingeweihte: **Knärzje** beschreibt auf Hessisch das Endstück eines Brots. Hieraus, jedenfalls im übertragenen Sinne, braut **Daniel Anthes** Bier und rettet so große Mengen an Backwaren, die ansonsten aus der Bäckereiauslage in den Müll wandern würden, so wie es über 30 Prozent der weltweit produzierten Lebensmittel tun. Trinken gegen Lebensmittelverschwendung!

© Knärzje

© Tomorrow

Nachdem **Jakob Berndt** bereits mit Lemonaid und Charitea gezeigt hat, wie sich Unternehmer*innentum als Vehikel für soziale Zwecke einsetzen lässt, geht er mit **Tomorrow** nun den nächsten Schritt. Das 2018 gegründete nachhaltige FinTech-Start-up, welches er 2018 mit Inas Nureldin und Michael Schweikart in Hamburg gründete, bietet eine State-of-the-Art-Banking-App, bei der Kund*innen mit ihrer Einlage, ihren Kartenzahlungen et cetera jeweils einen nennenswerten und transparent nachvollziehbaren ökologischen Beitrag leisten. Die Verbindung zwischen Technologie, Business und Impact wird komplettiert von der Wissenschaft: Schon seit Jahren belegen diverse Studien, dass sich Nachhaltigkeit in der Geldanlage sogar positiv auf die Performance auswirkt.

© Finck Photography

Klimapositive Kühe, Bäume mitten auf den Feldern und Anbau, der das krasse Gegenteil zur Monokultur darstellt. Die »regenerative Landwirtschaft«, wie sie der ehemalige Investmentbanker **Benedikt Bösel** auf seinem Bauernhof **Gut & Bösel** erprobt, klingt zunächst kontraintuitiv, könnte aber tatsächlich die Lösung gleich mehrerer Probleme sein: Böden, die CO_2 aufnehmen statt abzugeben, dadurch wieder fruchtbarer werden und damit die Klimakrise mit der Ernährungskrise lösen – oder andersherum? Beides.

© Yunus Social Business

Es war ein Treffen mit dem Friedensnobelpreisträger Muhammad Yunus, das **Saskia Bruysten** dazu erwog, ihre Karriere bei der Boston Consulting Group an den Nagel zu hängen und sich gemeinsam mit Yunus einer an ihr schon länger nagenden Frage zu stellen: Wie lässt sich die Kraft von Unternehmen für soziale Zwecke einsetzen? Mit **Yunus Social Business**, deren CEO Saskia ist, unterstützen und finanzieren sie weltweit sozialunternehmerische Projekte und initiieren und entwickeln Joint Ventures mit global agierenden Konzernen.

Louisa Dellert war eine der erfolgreichsten Fitness-Influencerinnen im deutschsprachigen Markt – bis sie sich in genau dieser Rolle der Nachhaltigkeit annahm. Mittlerweile ist sie mit ihrer neuen thematischen und ideellen Ausrichtung mit ihrem Instagram-Account **@louisadellert** und ihrem eigenen Shop **Naturalou** mindestens genauso erfolgreich und informiert, inspiriert und versorgt ihre Hunderttausende Follower*innen mit ökologisch und sozial nachhaltigen Impulsen und Produkten.

© Louisa Dellert

Vom Tech-Start-up über eine TV-Serie zum Impact-Investor: Bereits im Jugendalter entwickelte **Fridtjof Detzner** aka Fridel Websites und baute im Anschluss den erfolgreichen Webseiten-Baukasten Jimdo auf. Eine Asienreise im Rahmen einer TV-Produktion der *Deutschen Welle* brachte ihn mit zahlreichen Impact-Entrepreneur*innen zusammen – und auf ganz neue Gedanken: Wie könnte er seine Fähigkeiten und Privilegien dafür einsetzen, Lösungen zu erschaffen, die unser Planet wirklich und dringend braucht? Mit **Planet A Ventures** investiert er genau in solche Start-ups, die einen messbaren und skalierbaren positiven Impact auf unseren Planeten haben.

© Planet A Ventures

Patagonia gilt als absolutes Poster-Child für Impact-Unternehmen. 1973 vom Outdoor-Enthusiasten und Naturschützer Yvon Chouinard gegründet, ist das Unternehmen mit mehreren Hundert Millionen Dollar Umsatz mittlerweile eine der führenden Marken im Segment der Outdoor-Ausstattung. Ihre Vision »We're in business to save our home planet« reflektiert Patagonias fundamentalen Anspruch, ihr

© Patagonia

wirtschaftliches Wirken in den Dienst aktivistischer Zielsetzungen in puncto Ökologie und Soziales zu stellen. Der 2020 zum CEO beförderte **Ryan Gellert** führt diese Vision, die sich mittlerweile neben der Outdoor-Ausstattung in viele weitere Segmente ausgeweitet hat, fort.

© Christian Kielmann

Schockiert von der Menge an Verpackungsmüll, die sie – obwohl sie bereits bewusst einkaufte – regelmäßig in ihrem Einpersonenhaushalt produzierte, entschloss sich **Milena Glimbovski** zu handeln: Warum so viele Einwegverpackungen? Warum überhaupt Verpackungen? Es folgte die Gründung von **Original Unverpackt**, einem der ersten sogenannten Unverpackt-Läden, im Jahr 2014 durch eine erfolgreiche Crowdfunding-Kampagne. Deutschland- und weltweit versorgen inzwischen Hunderte solcher Konzepte die wachsende Zero-Waste-Bewegung und inspirieren mittlerweile auch den klassischen Lebensmitteleinzelhandel.

© Sono Motors

Während man sich in Politik und Automobilwirtschaft jahrelang zur Ladeinfrastruktur für E-Autos verdiskutiert, ertüftelt **Laurin Hahn** mit Jona Christians und Navina Pernsteiner, mit denen er bereits die Walldorf-Schulbank drückte, direkt nach dem Abitur ein Elektroauto, das sich über Solarkollektoren in der Karosserie einfach selbst auflädt. Nur wenige Jahre später hat ihre Firma **Sono Motors** mittels Crowdfunding bereits über 12700 Vorbestellungen, über 100 Millionen Euro Wagniskapital eingesammelt, beschäftigt 120 Mitarbeiter*innen und bereitet den Serien-Produktionsstart ihres »Sion« vor.

Als Partner beim renommierten Venture-Capital-Unternehmen eventures und ehemaliger Chief Marketing Officer bei Rocket Internet gilt **Luis Hanemann** als absoluter Experte für digitales Marketing und die erfolgreiche Skalierung digitaler Geschäftsmodelle. Obwohl er sich selbst nicht als ausgewiesener Impact-Investor sieht, erkennt er die Zeichen der Zeit und setzt sich seit Jahren intensiv und kontrovers mit der Rolle, der Verantwortung und den Potenzialen von und für Venture-Capital (VC) in der Nachhaltigkeitstransformation auseinander. Mit **Revent** hat er nun einen VC-Fonds aufgelegt, der ausschließlich in Impact-Tech-Start-ups investiert.

© Raphael Krämer

Getrieben von der ernüchternden Erfahrung, »dass Nachhaltigkeit an sich keinen interessiert« und man damit erst Gehör findet, »wenn es um die Finanzen geht«, hat **Hannah Helmke** gemeinsam mit ihrem Mit-Gründer Dr. Sebastian Müller genau dies zum Ausgangspunkt für ihr Unternehmen **right. based on science** gemacht: Auf Basis von Unternehmensdaten zur wirtschaftlichen Wertschöpfung und den damit relational in Verbindung stehenden Emissionen errechnet right. die sogenannte XDC-Kennzahl und legt somit offen, in welchem Maße ein Unternehmen mit dem Ziel kompatibel ist, die Erderwärmung auf unter 2 Grad zu begrenzen. Die Berechnung bietet Unternehmen der Realwirtschaft und der Finanzbranche Software-gestützt elementare Entscheidungsgrundlagen auf ihrem Weg in eine nachhaltigere Zukunft.

© Farideh Fotografie

Kann eine Charterflug-Gesellschaft, die Privatjets vermittelt, nachhaltig sein? Das haben wir den erfahrenen Unternehmer **Clive Jackson** gefragt, der mit **Fly Victor** so ein Unternehmen betreibt und als absoluter Vordenker der Luftfahrtbranche in Sachen Nachhaltigkeit gilt. Eine Vermeidung von Leerflügen oder Flugroutenoptimierung gingen ihm irgendwann nicht mehr weit genug – daher wird bei Fly Victor seit 2019 jeder Flug gleich doppelt CO_2-kompensiert, standardmäßig, auf

© Fly Victor

UNTERNEHMENSAKTIVIST*INNEN IN DIESEM BUCH

Firmenkosten. Seinen wohlhabenden Kund*innen legt er mit britisch-höflichem Nachdruck nahe, den Faktor der Kompensation aus den eigenen tiefen Taschen doch noch deutlich zu erhöhen oder gleich auf den Flug zu verzichten.

Als **Jürg Knoll** realisierte, dass sein im Studium aufgebautes Business im Handel mit Fisch im Gegensatz zu seinen Idealen in Sachen Nachhaltigkeit stand, traf er eine radikale Entscheidung: Sein neues Unternehmen **followfish** sollte für Konsument*innen Fangregion und -methode einfach und transparent nachvollziehbar machen. Mittlerweile sind diese Methoden zu einem Standard bei Fischprodukten geworden – und **followfood** bietet neben Fisch eine Vielzahl weiterer nachhaltiger Lebensmittel im Convenience-Bereich an.

© followfood

Mit seinem 2019 gegründeten Unternehmen hat sich **Thomas Krämer** eine große Aufgabe gesetzt: **Forest Gum** gibt uns die Möglichkeit, uns beim Kaugummi-Konsum gegen Plastik und für Natur zu entscheiden. Seine Forest Gums bestehen nämlich anders als die herkömmlichen im Handel erhältlichen Varianten nicht aus erdölbasiertem Kunststoff, sondern aus »Chicle«, einem Naturprodukt aus den Wäldern Mittel- und Südamerikas. Da das Unternehmen bei der Beschaffung der Grundzutat strikt auf nachhaltige Bewirtschaftung bestehender Wälder und faire Bezahlung achtet, helfen wir mit jedem Kaugummi, ein Stück wertvollen Regenwald zu bewahren, anstatt auf einem fossilen Brennstoff zu kauen.

© Forest Gum

Als **Patrick Mijnals** davon las, dass sich Menschen über das damals noch kaum existierende »Crowdinvesting« zusammengetan hätten, um gemeinsam eine Insel zu pachten, erwuchs in ihm die Frage, ob man diesen Trend nicht für noch Größeres nutzen könnte. Gemeinsam mit Marilyn Heib und weiteren gründete er **bettervest**, um Energieeffizienz- und mittlerweile auch erneuerbare Energien-Projekte aus Bürger*innenhand zu finanzieren. Der Grund: Energieeffizienz spart Geld, schont Ressourcen und senkt CO_2-Emissionen und macht somit aus Impact eine veritable Investmentmöglichkeit. Mittlerweile werden über bettervest Projekte rund um den Globus finanziert.

© Dominik Ketz

Mark und Martin Poreda sind keine Unbekannten in der Start-up-Szene: nachdem sie ihr voriges Start-up, die Arbeitgeberbewertungsplattform Kununu, erfolgreich an Xing veräußert haben, bringen sie nun mit **Hektar Nektar** frischen Wind ins Imkereiwesen. Ihr Projekt 2028 verfolgt das ehrgeizige Ziel, in Zeiten des Insektensterbens die Zahl der Bienen bis 2028 um 10 Prozent zu erhöhen. Zu ihrem digitalen Imkerei-Marktplatz hat sich im Zuge dessen ein neues Geschäftsmodell gesellt: Unternehmen stellen Imker*innen aus ihrer Region Bienenvölker zur Verfügung, bekommen dafür Honig und können der Öffentlichkeit zeigen, dass sie sich ökologisch engagieren.

© Hektar Nektar

Dr. Hans Dietrich Reckhaus führt in gewisser Weise ein Doppelleben: Als Familienunternehmer in zweiter Generation stellt er neben Insektenvernichtungsmitteln (noch!) auch »Insektenrettungsprodukte« her, baut Ausgleichsflächen und etabliert mit dem Siegel **Insect Respect** einen Branchenstandard. Denn sowohl im Sinne der Ethik als auch aus langfristig wirtschaftlicher Perspektive erschien es ihm irgendwann einfach nicht mehr sinnvoll, im Zeitalter des größten Insektensterbens weiter auf Vernichtung zu setzen, und machte sich auf den Weg.

© Hartmut Nägele

UNTERNEHMENSAKTIVIST*INNEN IN DIESEM BUCH

© Verena Brandt

Seit der Erweiterung der Produktpalette um Menstruationsprodukte wie Tampons, Slipeinlagen und Menstruationstassen hat sich das Unternehmen **einhorn**, das bisher ausschließlich nachhaltige Kondome verkaufte, zum Hersteller für »Untenrumprodukte« gewandelt. **Cordelia Röders-Arnold** wechselte im Zuge einer persönlichen Sinnsuche von der Konzernkarriere zum Start-up und trommelt nun als »Head of Menstruation« kommunikativ-aktivistisch für die Enttabuisierung der Regelblutung. Einhorn investiert große Anteile seiner Gewinne in die Wertschöpfungskette, um sie nach und nach immer nachhaltiger und nachhaltiger zu machen.

© Green City Solutions

Ohne Moos nix los! Auf genau diese Einsicht bauen **Peter Sänger** und seine Mitgründer Dénes Honus, Victor Splittgerber und Zhengliang Wu mit **Green City Solutions** – mit »klimaaktiven Grünelementen«. Die sogenannten CityTrees vereinen Moos mit Hightech, lassen sich im Stadtraum aufstellen und absorbieren dort auf natürliche Weise Feinstaub und andere gesundheitsschädliche Luftpartikel, während sie gleichzeitig die Umgebungstemperatur regulieren.

© Goldeimer

Dass **Malte Schremmer** einmal Kompost-Toiletten auf Festivals betreiben und Klopapier verkaufen würde, hätte er vor einigen Jahren wohl selbst noch nicht ganz für wahrscheinlich gehalten. Doch genau dies tun er und seine Kolleg*innen mit **Goldeimer**. Die Idee entstand – wie sollte es auch anders sein – bei akutem Durchfall auf einer Afrikareise. Erklärtes Ziel ist es, mit den Erlösen aus den verschiedenen Goldeimer-Geschäftszweigen den Zugang zu sanitären Anlagen weltweit zu verbessern, mit jedem Toilettengang ein bisschen mehr.

Zu guter Letzt: Natürlich fließen – neben unseren Hintergründen als Innovationsberaterin und -berater sowie Zukunftsforscherin und -forscher – auch unsere eigenen unternehmerischen Erfahrungen im gesamten Buch mit ein. Letztlich stellte das 2018 von uns gemeinsam mit dem Gourmetkoch Andreas Michelus gegründete Start-up **HOLYCRAB!** den initialen Funken und Ausgangspunkt für die weitergehende Erforschung der Handlungsweisen und Erfolgsstrategien unternehmensaktivistischer Praxis dar. Die im Zusammenhang mit diesem Buch intensiv geführten Gespräche und Reflexionen werden uns in Zukunft in all unseren Tätigkeiten – ob als Beraterin und Berater, Forscherin und Forscher oder Unternehmerin und Unternehmer – weiter begleiten. Wir hoffen, dass sie auch dich inspirieren, wirtschaftliche und ökologisch-soziale Ambitionen in Einklang zu bringen und wechselwirksam zu großem Erfolg für dich, uns alle und unseren Heimatplaneten zu führen.

Jule Bosch © Abbi Wensyel

Lukas Bosch © Abbi Wensyel

EINLEITUNG: WIR MÜSSEN DIE ZUKUNFT RETTEN – UND ZWAR VOR UNS SELBST

Es gab eine Zeit, da waren wir Menschen wenige. Um uns herum nur leuchtendes Grün und Blau – Natur, so weit das Auge reichte – und noch viel weiter! Inzwischen sind wir viele Menschen, die zu viel auf zu verschwenderische Weise konsumieren. Und weil wir das wissen, haben wir uns als ganz besonders findige Wesen etwas einfallen lassen … Ach, stopp, nein, an diesem Punkt der Geschichte sind wir leider noch nicht. Wir kolonisieren unsere Zukunft, sagt der renommierte Wirtschaftsjournalist Gabor Steingart. Wir häufen nicht nur Berge aus Schulden an, die unsere Nachfahren zurückzahlen müssen, wir produzieren auch Unmengen an schädlichen Gasen, extrahieren massiv Ressourcen aus der Natur und zerstören Lebensgrundlagen, die diesen eigentlich zur Verfügung stehen müssten, um ein gutes Leben zu führen, die sie aber nicht mehr haben werden, sobald sie sie benötigen – ein ökonomisches wie ökologisches Desaster. Jetzt brennt unser Haus, aber löschen sollen es die anderen. Die Lage ist dramatisch, wir alle, die wir in den vergangenen Jahren nicht komplett die aus Medien und Gesellschaft auf uns einströmenden Informationen scheuklappenartig ausgeblendet haben, wissen das.

Dies ist jedoch kein Buch, in dem es nur um den drohenden Weltuntergang geht. Solche Bücher gibt es, und wir möchten ihnen die Existenzberechtigung nicht absprechen. Mit der reinen Betrachtung der Apokalypse lässt sich diese jedoch nicht abwenden. Wir müssen die Zukunft retten – und zwar vor uns selbst. Aber wie? Unser Vorschlag: Anstatt der Ökonomie als Gegenspieler des

Planeten eine progressive Rolle abzusprechen, etablieren wir sie als Teil der Lösung, als Öko-Nomie.

Die Metapher mit dem brennenden Haus haben wir uns von Greta Thunberg ausgeliehen. In ihrer Rede vor den führenden Köpfen der Weltpolitik und -wirtschaft beim Weltwirtschaftsforum in Davos 2019 forderte sie die Anwesenden dazu auf, in Anbetracht der Lage der Welt endlich zu handeln: »I want you to act as if the house was on fire, because it is.«[1] Den griechischen Wortstamm »oikos« für Haus finden wir sowohl im Wort »Ökonomie« als auch in »Ökologie«. In beiden Häusern sind wir als Weltgesellschaft zu Hause, beide brennen lichterloh. Die Ökonomie, die Art und Weise, wie wir wirtschaften, ist dafür verantwortlich, wie es um die Ökologie und damit um unsere planetaren Lebensgrundlagen bestellt ist. Die zwingendere Abhängigkeit ist jedoch andersherum gelagert: ohne planetare Lebensgrundlage keine Wirtschaft. Ohne Ökologie keine Ökonomie. Wollen wir das Problem also angehen, haben wir nüchtern betrachtet mehrere Möglichkeiten.

> Wir müssen die Zukunft retten – und zwar vor uns selbst. Aber wie? Unser Vorschlag: Anstatt der Ökonomie als Gegenspieler des Planeten eine progressive Rolle abzusprechen, etablieren wir sie als Teil der Lösung, als Öko-Nomie.

Nach uns die Sintflut: Der natürliche Reflex »Fight or Flight« (Kämpfen oder Fliehen) wurde uns allen mit den Genen in die Wiege gelegt und entschied vor langer Zeit bei der Begegnung mit einem Säbelzahntiger über Leben oder Tod. Heute sind ein paar Elon, Jeff und Richard Düsentriebs[2] dabei, unseren kollektiven Fluchtinstinkt in die Tat umzusetzen, indem sie nicht nur Raketen bauen, sondern auch die Stadt der Zukunft auf dem Mars planen und somit die Kolonialisierung des Weltalls vorantreiben. Sollten wir es also nicht schaffen, unserere Lebensgrundlagen zu erhalten, sorgen SpaceX, Blue Origin, Virgin Galactic und Co. möglicherweise dafür, dass einige von uns eine filmreife Flucht in die unendlichen Weiten der Galaxie hinlegen können. So cool das auch klingt, diese Lösung hält wahrscheinlich nur für ein paar wenige Auserwählte ein Happy End bereit. Bisher ist auch noch nicht klar, ob und wann die Weltraum-Arche technisch wirklich funktionsfähig sein wird. Außerdem verbringen wir zumindest unseren Urlaub lieber am Meer oder in den Bergen als auf dem Mond. Wir finden, unser Zuhause hier auf der Erde ist viel zu schön, um es einfach aufzugeben. Wie können wir also unsere Zukunft noch retten?

Richtig haushalten: Was tun wir, wenn wir, statt zu fliehen, handeln – *fight* statt flight –, sodass mehr Wirtschaft nicht weniger Planet bedeutet? Einige findige Köpfe rund um Ernst Ulrich von Weizsäcker hatten in den 90er-Jahren die Idee, die Wirtschaft von der Natur zu entkoppeln, und zwar durch eine massive Steigerung von Effizienz um ungefähr den Faktor vier bis fünf.[3] Das würde dazu führen, dass wir 80 Prozent aller Energie einsparen könnten, bei gleichbleibendem Wohlstand. Konkret heißt das: Je effizienter wir beispielsweise durch gute Dämmung unsere Häuser heizen, desto weniger Energie, sprich: Emissionen müssen wir dafür einsetzen und desto weniger Kosten entstehen. Leider taucht in diesem Szenario ein übles Monster auf, es heißt Rebound-Effekt. Dieses Monster sitzt auf unseren Schultern und flüstert uns unerhörte Angebote ins Ohr: Wenn ich für weniger Geld mehr heizen kann, vielleicht lebe ich dann ein bisschen weniger sparsam oder kann mir gleich eine etwas größere Wohnung leisten? Dann benötige ich gesamthaft betrachtet wieder genauso viel Energie wie vor dem Effizienzgewinn, bei gleichen Kosten. Genial! Dadurch, dass Effizienz immer ein Verhältnis beschreibt, geht die Sache nicht so auf, wie wir uns das gewünscht hatten. Die Entkopplung (Decoupling) von Wirtschaft und Ressourcen ist also möglich. Leider wächst im Zuge der Effizienzsteigerung auch der Wohlstand, die Werte stehen in einem attraktiveren Verhältnis zueinander, das eigentliche Problem aber ist nicht behoben. Versteht uns nicht falsch, schon jetzt ist Effizienzsteigerung ein probates Mittel dem Klimaproblem entgegenzuwirken. Es geht aber nur wirklich auf,

> Was tun wir, wenn wir, statt zu fliehen, handeln – *fight* statt flight –, sodass mehr Wirtschaft nicht weniger Planet bedeutet?

wenn wir, wie Weizsäcker vorschlägt, einerseits die Preise für Energie anheben und uns andererseits in »Genügsamkeit« üben, also nicht im gleichen Maße, wie die Effizienzgewinne zum Tragen kommen, unsere Konsumgewohnheiten aufblähen. Na, wenn das so ist, liegt die Lösung des Problems doch auf der Hand! Was wäre, wenn wir alle weniger konsumieren?

Konsum einschränken: Würde uns ohne Kreuzfahrten, ohne Wochenendtrips nach New York, ohne das Zweitauto, ohne morgens, mittags, abends Fleisch, ohne das neunte Paar Sneaker, ohne überheizte Büros im Winter und frostig-kalte im Sommer wirklich etwas fehlen? So ein bisschen Entschleunigung und Minimalismus … Dann wächst die Wirtschaft halt mal nicht, wen stört's? Doch so einfach ist das nicht. Die einen sagen, wir brauchen um jeden Preis das Wirtschaftswachstum, sonst haben wir bald keine Arbeitsplätze mehr und auch keinen Wohlstand. Die anderen sagen, die Wirtschaft muss so bald wie möglich aufhören zu wachsen, besser noch, sie muss schrumpfen, sonst haben wir bald keinen Planeten mehr, auf dem wir noch wirtschaften können, und dann ist das ausbleibende Wirtschaftswachstum ein Problem, über das eh keiner mehr spricht. Es heißt, entweder, wir entscheiden uns für kurzfristig umgesetztes Leid (Wachstumsstopp) oder für das Leiden in der Zukunft (ungebremstes Wirtschaftswachstum) – oder wir ziehen dann halt alle auf den Mars. Es ist, als stritten sich ein*e Protestant*in und ein*e Katholik*in darum, wann sie sich selbst bestrafen und ob es jetzt oder später in der Hölle schöner ist. Doch bei diesem Streit kommt nicht viel heraus. Nur wenige Menschen entschließen sich offensichtlich freiwillig, ihren Lebensstil einzuschränken. So simpel die Lösung des Konsumverzichts also anmutet, nach all den Jahrzehnten, die wir mit diesem Ansatz schon auf ein Wunder warten, muss die Frage erlaubt sein: Wie lange wollen wir das noch tun? Wenn die Menschen sich anscheinend nicht verändern (können, wollen oder was auch immer), welche Möglichkeiten gibt es noch?

Ökologisch wachsen: Wenn man sich in der Welt so umschaut, drängt sich der Eindruck auf, wir hätten als Menschheit komplett versagt – was sicherlich an vielen Stellen zutreffend ist und was bei vielen von uns permanente Schuldgefühle ob ihrer bloßen Existenz auslöst. Dennoch: per se schlecht für den Planeten sind wir Menschen keineswegs. Tatsächlich gab es in Deutschland die größte Artenvielfalt zu dem Zeitpunkt, als wir auf unzähligen Kleinstbauernhöfen und angrenzenden Streuobstwiesen unsere Lebensgrundlagen erwirtschafteten.[4] Eine direkte Interaktion von Mensch und Natur kann also durchaus positiv für alle beteiligten Akteur*innen ausgehen. Was wäre also, wenn es Unternehmen gäbe, die in ihrem eigenen Wachstum als Katalysatoren für Ökowachstum fungieren? Wenn wir Wirtschaftswachstum und Ressourcen nicht voneinander entkoppeln, wie das im Falle der Effizienzsteigerung die Zielsetzung gewesen wäre, und sie auch nicht im Sinne der klassischen Wortbedeutung von »Nachhaltigkeit« so verbinden, dass wir immer nur verbrauchen, was wir im gleichen Maße wiederherstellen können, sondern Wirtschaft und Natur in einer Art positiver Rückkopplung[5] (wieder) aneinanderbinden, sodass mehr Wachstum im ökonomischen System zu mehr Wachstum im ökologischen System führt?

> Was wäre also, wenn es Unternehmen gäbe, die in ihrem eigenen Wachstum als Katalysatoren für Ökowachstum fungieren?

In dieser Betrachtung – nennen wir sie Öko-Nomie – wäre die Wirtschaft nicht das größte Problem, sondern ein maßgeblicher Teil der Lösung, eine sorgsam haushaltende Wirtschaft ohne brennenden Planeten. Was wäre, wenn wir dir sagen würden, dass genau so eine Öko-Nomie schon heute, in diesem Moment, immer weiter an Fahrt aufnimmt? Dass eine Öko-Nomie, die das, was Pionier*innen der Wirtschafts- und Umweltwissenschaften seit Jahren erdacht und gefordert haben, intuitiv umsetzt, bereits existiert? Diese Erkenntnis ist die Grundlage für dieses Buch. Als wir mit unserer kleinen Unternehmung HOLYCRAB! anfingen, »kulinarischen Naturschutz« zu betreiben, wurde uns nach und nach bewusst, dass die Dinge in unserem Geschäftsmodell ein bisschen anders sind, als wir es als Innovationsberater*innen von anderen Unternehmen kannten. Diese blenden die Frage danach, wie sie nachhaltig wirtschaften können, meist vollkommen aus, oder aber sie tun sich unglaublich schwer damit, Umwelteffekte zu minimieren – von neutralisieren ganz zu schweigen.

Letztendlich war das eben bisher auch nicht notwendig, zumindest nicht in der allgemeinen Wahrnehmung. HOLYCRAB! dagegen funktioniert so, dass jede wirtschaftliche Tätigkeit dazu führt, Ökosysteme zu stärken. Im Frühjahr 2019 wurde von Hunderten Wissenschaftler*innen der Vereinten Nationen, der IPBES[6], ein Biodiversitätsbericht verfasst, der noch einmal belegte, dass wir uns heute im rasantesten Massensterben aller Zeiten befinden. Eine Million Tier- und Pflanzenarten werden durch den menschlichen Einfluss in den nächsten Jahrzehnten aussterben, was nicht nur ein Problem für diese Arten ist, sondern ganze Ökosysteme aus dem Gleichgewicht bringen wird. Auch wir Menschen sind auf sie angewiesen – für Nahrung und als CO_2-Senken, um nur einige für unser Überleben dringend notwendige Ökosystemleistungen zu nennen. Einer der fünf maßgeblichen Treiber für diese dramatische Entwicklung: invasive Arten, neutraler als Neobiota bezeichnete Tiere und Pflanzen. Sie kommen durch Handel oder als in die Freiheit entlassene Haustiere aus fernen Ökosystemen und verdrängen in ihren neuen Lebensräumen heimische Arten. Manche von ihnen gelten dort, wo sie herkommen, als Delikatessen. Mit HOLYCRAB! werden sie auch am neuen Ort zum Teil unseres Speiseplans und der Mensch wieder zu einem sinnvollen Bestandteil der natürlichen Nahrungskette. Fleisch- und Fischessen, die bisher mit einem negativen Impact sowohl auf die Natur als auch auf das Wohl der Tiere verbunden waren, haben einen positiven Effekt auf die Natur, die entstehenden Lebensmittel sind von bester Qualität. Die darin bestehende unternehmerische Tätigkeit ist in ihrem Kern also eine, bei der mehr Konsum – sprich: Unternehmenswachstum – zu weniger Neobiota und somit zu ausgeglicheneren Ökosystemen führt. Diese Paradoxie war es, die uns an der Idee, Neobiota kulinarisch zu verarbeiten, so reizte, denn sie bewies, dass »die Wirtschaft« nicht immer »die Bösen« sein muss – das machte uns Hoffnung. Wenn wir das im Kleinen hinbekommen, schaffen es wohl auch andere, vielleicht sogar »die Großen«! Vielleicht gibt es also doch einen Weg aus der Misere rund um Klimawandel und Umweltzerstörung. HOLYCRAB! ist noch klein, der zugrunde liegende Funktionsmechanismus allerdings folgt einer Logik, die wir als essenziell für die schnelle und effektive Nachhaltigkeitstransformation betrachten – mehr

Wirtschaft, mehr Natur! Und so machten wir uns auf die Suche nach anderen Unternehmen, wollten wissen, ob und wie der Mechanismus auch in anderen Branchen funktioniert, um das entstehende Wissen für noch viel mehr Unternehmen zugänglich zu machen und ihnen die Inspiration und die Werkzeuge an die Hand zu geben, ihre Firmen auf eine ähnliche Weise (um) zu bauen, um unseren Beitrag zu leisten, die Öko-Nomie in so vielen Teilen der Wirtschaft wie möglich Realität werden zu lassen. Als Innovationsberater*in und Zukunftsforscher*in gehen wir hiermit einer Berufskrankheit nach – wir waren nie »nur« Food-Unternehmer*in, sondern immer in diesem Hybrid aus professionell neugieriger Beobachtung und dem eigenen Tun unterwegs. Aus der Erfahrung wissen wir, dass Innovationen sich meist nicht nur in einem einzelnen Bereich abspielen. Und auch, dass wir beim Thema Nachhaltigkeit ebenso wie der Digitalisierung von Start-ups, der Veränderungs-Avantgarde, am meisten wirklich Neues lernen können. Wäre das nicht so, hätten wir stattdessen wohl mit den Nachhaltigkeitschef*innen von DAX-Unternehmen gesprochen. Doch so sind unter den Interviewpartner*innen, an deren Fersen wir uns in diesem Buch heften, vielleicht ja sogar der nächste »Mark Zuckerberg« oder »Jeff Bezos« der Nachhaltigkeitsrevolution. Denn zum Glück sind wir weder die Ersten noch die Einzigen, die sich ganz intuitiv auf diesen unternehmerischen Weg begeben haben! Für dieses Buch haben wir mit mehr als 20 Unternehmer*innen und Expert*innen unterschiedlichster Branchen gesprochen – von Fashion über Food bis in die Finanzwirtschaft, von Luftfahrt bis Landwirtschaft, von Sanitärversorgung zu Software sowie von Tech zu Chemie und mit solchen, die sich nur schwer in bestehende Kategorien einordnen lassen. Wir wollten herausfinden, wie sie ihre Unternehmen als Vehikel für positive Veränderung nutzen – wie sie unternehmensaktivistisch handeln. Das aber, ohne ihnen eine Theorie überzustülpen. Wir wollten am praktischen Beispiel erfahren, was sie konkret tun, wie sie Entscheidungen treffen, welche Erfolgsprinzipien sie anwenden, wie ihre Geschäftsmodelle aufgebaut sind und welche Strategien sie verfolgen, um Veränderungen voranzutreiben. Unsere Erkenntnisse haben wir zu 8 Kapiteln synthetisiert, die jeweils einen neuen Blickwinkel liefern – neue unternehmerische Antworten auf die heute wohl dringlichste Frage der Menschheit: Wie retten wir unsere Zukunft vor und für uns selbst?

Warum gerade Unternehmen, könnte man an dieser Stelle fragen. Denn eigentlich ist es doch die Politik, die mit dem größten Hebel ausgestattet ist. Sie ist es, die »einfach nur« die richtigen Anreize setzen müsste, Verbote aussprechen und Sanktionen beschließen, dann würde »die Wirtschaft« sich schon fügen! Einer unserer Interviewpartner, Patagonias CEO Ryan Gellert, hat dazu eine sehr klare Meinung: Es gebe drei Vehikel für Veränderung und den Schutz unseres Planeten. Da seien zum einen die Individuen, für und mit denen es schwer sei, da sie eben einzelne Individuen seien. Dann gebe es die Regierungen, deren, so würde er argumentieren, Rolle es sei, den Planeten, die Gesellschaft und die Individuen zu schützen. Unglücklicherweise sehe man insbesondere im Großteil der westlichen Welt, wie Regierungen versagen, diese Verantwortung wirklich zu übernehmen. Und so bleibe als drittes Vehikel die Wirtschaft – und selbst wenn man nun eine philosophische Debatte darüber führen wolle, ob es nun die Politik oder die Wirtschaft sei, die etwas tun müsse, bleibe lediglich festzuhalten: Die Politik tue – zumindest zum aktuellen Zeitpunkt – nichts: »the bottom line is: government's not doing it«,[7] so Ryan. Doch seine Botschaft ist alles andere als hoffnungslos. Anstatt die heiße Kartoffel immer vom einen zur nächsten zu werfen und uns mit einer endlosen Diskussion aufzuhalten, müssen wir alle etwas tun, und zwar jetzt und sofort!

Wir könnten natürlich darauf warten und auch aktiv darauf hinwirken, dass Regierungen die Prioritäten in naher Zukunft richtig, also für das langfristige Überleben unserer Spezies auf diesem Planeten setzen werden. Genau darin besteht die unglaublich wichtige Arbeit aktivistischer Gruppen wie Fridays for Future, Extinction Rebellion und unzähligen mehr. Gleichzeitig jedoch können Unternehmen, die neben Regierungen als die größten Hebel für menschliche Energie und finanzielle Mittel gelten können, die wir kennen (was

> »The bottom line is: government's not doing it.«

sicherlich im Negativen auch ein Grund dafür ist, dass die Politik so zögerlich handelt), die Antwort auf die Frage nach dem »Und dann?« geben. Was tun wir, wenn ein Automobilproduzent aufgrund von Umweltsanktionen nicht mehr wirtschaftlich arbeiten kann? Wenn die Landwirtschaft durch Klimaveränderungen nicht mehr rentabel ist, so ohne Chemie und Genmanipulation? Wenn die Finanzakteur*innen nicht mehr in umweltschädliche Unternehmen investieren dürfen? Dann füllen wir die entstehenden Lücken mit solchen Angeboten, Systemen, Geschäftsmodellen, die den »alten« Akteur*innen ökologisch und wirtschaftlich radikal überlegen sind. Und wir gehen noch einen Schritt weiter. Die Unternehmen in diesem Buch sind nicht passiv abwartende Davids, die aus ihren Löchern kriechen, sobald Goliath auf dem Sterbebett liegt. Sie beantworten nicht nur die Frage nach dem »Was dann?«, sondern auch die nach dem »Wie kommen wir da hin?«. Sie wirken aktiv auf die Transformation hin, schaffen Realitäten, wo vorher träge Fragezeichen standen, machen die Veränderung so erst möglich und beschleunigen sie durch ihre Arbeit immer weiter.

Warum machen sie das? Warum konzentrieren sie sich nicht allein darauf, ein wirtschaftlich tragfähiges Unternehmen aufzubauen, und lassen die Politik die Richtung vorgeben, wie sich das gehört? Woher nehmen sie den Anspruch, die Welt verändern zu wollen? Welche Erfahrungen im Leben führen dazu, Unternehmensaktivist*in zu werden? Sein Unternehmen zu nutzen, um gesellschaftliche Veränderungen in die Tat umzusetzen? Betrachtet man genauer, wie Menschen sich gegenüber dem Klimawandel, seinen Folgen für den Planeten und den daraus eigentlich resultierenden Folgen für unser menschliches Verhalten positionieren, so findet man erstaunlich viel Sinn in einem jahrzehntealten Modell der schweizerischen Psychiaterin Elisabeth Kübler-Ross. In ihrer Forschung mit Sterbenden kristallisierte sie ein Fünf-Phasen-Modell heraus, wie Menschen mit der Bewältigung des Abschiednehmens vom eigenen Leben und dem geliebter Mitmenschen umgehen.[8] Alles beginnt mit einer Phase des »Nicht-wahrhaben-Wollens« (vielleicht lässt es sich ja durch konsequentes Augenschließen einfach abwenden …). Wenn wir uns anschauen, wie sich die Lebensbedingungen der Menschen auf dem Globus in den vergangenen Jahrzehnten verändert haben, können wir gar nicht anders, als eklatante Verbesserungen zu verzeichnen. Auch wenn wir glauben, alles würde immer schlimmer – weil wir es in der Schule lernen und die Nachrichten es uns jeden Tag wieder erzählen –, gibt es aktuell weniger Kinderarmut als jemals zuvor, mehr Menschen denn je haben Zugang zu sauberem Trinkwasser, und auch die Alphabetisierungsrate ist auf einem Allzeithoch.

Wir bewegen uns also im Bezug auf den Zustand unserer Welt in einer mentalen Zwickmühle. Müssen wir in den Weltschmerzmodus schalten, oder wird doch eigentlich immer alles besser? Müssen wir was tun, oder ist das ganze Gerede um Energiewende, Mobilitätswende, Agrarwende und alle sonstigen Wenden schnödes Geblubber einer grün-aktivistischen Minderheit mit Hang zur Selbstkasteiung? Die Antwort: Es ist komplex. Komplex und nicht kompliziert. Wäre die Welt kompliziert, müssten wir nur den richtigen Schalter drücken, und alles würde ins Lot kommen. Die Suche nach diesem Schalter könnte eine Ewigkeit dauern, aber wenn wir ihn gefunden haben, wird alles gut. Doch so einfach ist die Sache leider nicht. Während bestimmte Kennzahlen für den Zustand unserer globalen Gesellschaft maßgeblich besser werden, bewegen sich andere in bodenlose Abgründe. Es gibt kein Richtig und kein Falsch, kein Schwarz und Weiß, kein So-und-nicht-anders. Wahrscheinlich hat es das auch nie gegeben. Menschen, die das Gegenteil behaupten, haben meistens politische Gründe dafür. Dass Leugnung eine beliebte Strategie im Umgang mit unliebsamen Entwicklungen ist, ließ sich von 2016 bis 2021 eindrucksvoll am politischen Stil Donald Trumps mitverfolgen. Was sich jedoch auch mitverfolgen ließ, war, dass diese Taktiken zwar teilweise aufzugehen schienen, wenn es genügte, politische Gegner einzuschüchtern, sich aber angesichts von Problemen, deren Faktizität sich schlicht nicht mit einem eisernen Willen zur Leugnung beeinflussen lässt, eher nach hinten losgehen. Pandemien, die Klimakrise – oder eben mit Kübler-Ross gesprochen der eigene Tod – sind solche Sachverhalte. Was wir erleben, wenn wir sehen, wie nach und nach immer weitere Ökosysteme kollabieren und die Natur uns mehr und mehr zum Feind wird, wo sie uns doch bisher so verlässlich ernährt und ein Zuhause gegeben hat, kann man durchaus mit dem Label einer massiven »kollektiven Verlusterfahrung«[9] versehen. Dass das Resultat angesichts der Tatsache dieser also nicht aufgehenden Strategie der Leugnung in Phase 2 nach Kübler-Ross »Zorn« ist, lässt sich menschlich nachvollziehen. Wir sehen auch das wunderbar in puncto Klimakrise: Auch wenn die Wissenschaft seit Jahrzehnten eindeutig belegt, dass es sie gibt – das Leugnen der Klimakrise war lange Jahre und ist erschreckenderweise in kleinen Ausschnitten heute noch immer gelebte Praxis. Das Gute am Zorn in Phase 2 ist, dass sich so zumindest schon die Erkenntnis festgesetzt hat, dass Fakten Fakten sind. Er zeigt sich in den Trotzreaktionen von Vertreter*innen der Bewegung »Fridays for Hubraum«, die sich in Anlehnung an Fridays for Future offensiv und medienwirksam ihrer PS-Liebe hingeben. Es zeigt sich, wenn Menschen über die Maßen gereizt auf den Vorschlag eines (!) fleischfreien Tags in Kantinen reagieren oder sich emotional angegriffen fühlen, wenn sie mit Veganismus, Stoffwindeln oder Elektromobilität konfrontiert werden: »Warum soll gerade *ich* etwas ändern?« Der Übergang zu Phase 3 im Kübler-Ross-Modell ist fließend – Verhandeln: »Ich ernähre mich ja schon überwiegend vegan, da darf ich mir dann doch auch mal den Flug nach Ko Samui gönnen, oder etwa nicht?« Auch in der Wirtschaft sind solche Argumentationsmuster häufig anzutreffen. Man spielt sozusagen Schwarzer Peter und ist dabei, offen gesprochen, ähnlich kindisch und politisch inkorrekt: »Wir als Kreuzfahrtbranche machen doch nur einen winzig kleinen Bruchteil der Emissionen aus. Schauen Sie sich doch mal die Logistikbranche an, die fahren viel mehr, und das sogar mit Schweröl. *Da* müsste man was tun, *da* sollte man anfangen.« Auch wenn die folgende Phase an sich weder viel bringt noch angenehm ist, so kann man in der Hoffnung auf weiteren Fortschritt nur begrüßen, dass die von Kübler-Ross als in der Abfolge vierte benannte Haltung, die »Depression«, sich vermehrt einzustellen scheint, wenn auch vorrangig im Privaten. Zwar ließe sich von außen betrachtet auch

> Während bestimmte Kennzahlen für den Zustand unserer globalen Gesellschaft maßgeblich besser werden, bewegen sich andere in bodenlose Abgründe.

in gewissen Teilen der Wirtschaft vielleicht eine Art Depression ausmachen, man denke an schwächelnde Autobauer und Ölpreise, wobei man sich hier nach außen immer noch gerne optimistisch gibt (Leugnung) oder versucht, sich durch cleveres Taktieren (Verhandeln) im Spiel zu halten. Die am häufigsten anzutreffende Strategie besteht wohl darin, sich auf die Frage zu berufen, was mit den ganzen Arbeitsplätzen im Bergbau und den auf Verbrenner ausgerichteten Entwicklungsabteilungen passieren würde. »Wollen Sie diese ganzen Jobs auf dem Gewissen haben?!« Die fünfte Phase der »Akzeptanz« läge hier wohl im Appell, diese vermutlich ohnehin nicht zukunftsfähigen Jobs alleine schon in puncto wirtschaftlicher Nachhaltigkeit schleunigst abzuschreiben und den Mitarbeiter*innen, solange es noch nicht zu spät ist, die Chance zu geben, in vielversprechenderen Branchen auch ihre eigene Zukunft optimistischer zu verbringen. Denn wer bitte kann heute noch wahrlich glaubhaft vermitteln, dass wir in wenigen Jahrzehnten weiterhin Energie aus Kohle erzeugen werden? Richtig spannend wird die Phase der Akzeptanz allerdings dann, wenn wir nicht nur akzeptieren, dass Dinge wie das Klima sich wandeln, sondern auch, dass wir daran teilhaben – und zwar nicht nur passiv an den Auswirkungen, sondern eben auch aktiv an den Ursachen. Hier trifft dann das Kübler-Ross-Modell nicht mehr zu 100 Prozent zu: Während wir im Angesicht unserer eigenen Sterblichkeit in der Akzeptanz eine wohltuende Erlösung finden, sind die sich zuspitzenden planetaren Krisenzustände nichts, was wir akzeptieren dürfen. Pandemien und die Klimakrise als globale Phänomene sind jedoch Sachverhalte, die wir beeinflussen und so dafür sorgen können, dass, wenn schon nicht wir selbst, so doch unsere Kinder und Enkel, die Menschheit als Ganzes eine Zukunft hat. Die Akzeptanz beläuft sich vielmehr auf das Faktische – What the fuck! Wie kann das denn sein? –, daraus abgeleitet das Notwendige – Wir müssen etwas tun! – und daraus resultierend das Mögliche – Ich kann etwas tun! Die einzig

> Die einzig mögliche Strategie, der Umweltzerstörungs-Ende-der-Menschheit-Depression zu entkommen, besteht im Machen.

mögliche Strategie, der Umweltzerstörungs-Ende-der-Menschheit-Depression zu entkommen, besteht im Machen.

In **Kapitel 1** erforschen wir diesen Erkenntnisprozess im Detail und setzen ihn in den größeren Zusammenhang menschlicher Handlungsmotivationen von der Befriedigung grundlegender Bedürfnisse bis hin zur Selbstverwirklichung und schließlich darüber hinaus. Wo etablierte Unternehmen heute in langwierigen Strategieprojekten nach ihrer Daseinsberechtigung – ihrem ureigenen »purpose« – in einer sich verändernden Welt forschen, der ihnen unterwegs wohl irgendwie abhandengekommen zu sein scheint, sind die von uns interviewten Unternehmensaktivist*innen zum Großteil nicht allein von einem ihnen innewohnenden »Why« getriggert. Was sie antreibt, ist vielmehr ein lautes »What the Fuck!«, die Einsicht, dass etwas Äußeres in der Welt gründlich schiefläuft, das sie fortan dazu anhalten wird, etwas zu »unternehmen« – eine Mischung aus Staunen, Empörung, Geistesblitz und Tatendrang. Und außerdem eine Aufgabe, die sie sich (nicht immer aktiv) ausgesucht haben. Dennoch sehen sie diese als Privileg von Menschen, die zumindest die Wahl haben, etwas zu tun, bevor sie selbst von den unaufhaltsamen Auswirkungen der ökologischen und auch der allseits grassierenden ökonomisch-sozialen Krise betroffen sein werden. Schon heute sind das so viele andere auf der ganzen Welt, für die Unternehmensaktivist*innen sich, über ihren Einsatz als digital vernetzte »global citizens« verantwortlich zeigen. Aktivist*innen sind sie insofern, als dass sie aktiv darauf hinwirken, das System umzugestalten. Der Philosoph Karl Popper definierte den Aktivismus als »die Neigung zur Aktivität und die Abneigung gegen jede Haltung des passiven Hinnehmens«.[10] In dem Sinne, in dem die Ökonomie als maßgebliche Ursache für die Zerstörung unseres Pla-

> In dem Sinne, in dem die Ökonomie als maßgebliche Ursache für die Zerstörung unseres Planeten genannt werden muss, wird es zur Aufgabe einer*s jeden Unternehmers*in, diese Tatsache nicht einfach hinzunehmen.

neten genannt werden muss, wird es somit zur Aufgabe einer*s jeden Unternehmers*in, diese Tatsache nicht einfach hinzunehmen und zu jammern, wie furchtbar das sei, aber schließlich wollten ja die Kunden ihre Produkte kaufen, was sollen sie denn tun? Sondern sie als die eigene Verantwortung anzunehmen, um aktiv darauf einzuwirken, eine grundlegende Veränderung in der Rolle von Wirtschaft für Mensch und Planet herbeizuführen.

Kapitel 2 – Unternehmen statt unterlassen – unterzieht die öko-sozial getriebenen Unternehmensaktivist*innen einer Charakterstudie. Ein durchaus mit dem Prädikat *extrem* zu bezeichnendes Verantwortungsbewusstsein spielt darin eine ebenso große Rolle wie ihre Fähigkeit, die Unzulänglichkeiten der Realität als Gestaltungspotenzial zu begreifen. Oder, um es mit den Worten von Kolleg*innen des Gestaltungsgurus schlechthin, Steve Jobs, auszudrücken: Unternehmensaktivist*innen sind mit einem »Reality Distortion Field«[11] ausgestattet, einer Sichtweise auf die Welt, wie sie sein müsste und könnte, nicht wie sie ist. Anhand dieser Analyse wollen wir herausfinden, was sie antreibt, tatsächlich aktiv zu werden, während andere so lange wie nur irgend möglich die Füße stillhalten und mit dem erhobenen Zeigefinger auf »die anderen« zeigen.

Eine Haltung, die dabei vor allem hervorsticht, ist die des »Besser ist gut«, der wir aufgrund der zentralen Bedeutung **Kapitel 3** in Gänze gewidmet haben. Wir befinden uns in Sachen Nachhaltigkeitstransformation aktuell in einer moralisch bis zum Maximum aufgeladenen Phase: Jedem, der sich anmaßt, durch das eigene Verhalten irgendwie etwas »besser« machen zu wollen als andere, wird gleich im nächsten Moment mit einem verschmitzten Grinsen auf die Nase gebunden, sie oder er habe doch letzte Woche Freitag auch eine Wurst gegessen! »Und du willst mir sagen, was ich zu tun oder zu lassen habe?!« Die moralische Komponente, die sich hier besonders deutlich heraushören lässt, heizt die Diskussionen dermaßen auf, dass die Hürde, überhaupt erst anzufangen, etwas anders zu machen, enorm hoch ist. An jeder Ecke muss man fürchten, der Versuch, alles richtig zu machen, könne gegen einen verwendet werden – inklusive Shitstorm und vernichtender Presseberichte. »Besser ist gut« bedeutet in diesem Zusammenhang die Anerkennung der Imperfektion als Teil der Reise. Unternehmensaktivist*innen wissen, dass sie mit vielem, was sie tun, falsch liegen werden, dass vieles zu Beginn noch nicht perfekt sein kann – aber eben auch, dass gar nicht erst anzufangen keine Option ist. Dabei hilft es, zu lernen, wie wir mit der Komplexität, vor die uns das Thema stellt, angemessen umgehen können. Wir müssen uns verabschieden von richtig und falsch, schwarz und weiß, binärem Denken und finalen Antworten. Nichts ist entweder nachhaltig oder nicht nachhaltig, vielmehr ist Nachhaltigkeit eine Skala aus »50 Shades of Green«. Wenn wir vorankommen wollen, brauchen wir einen für alle nachvollziehbaren, kommunizierbaren Plan, doch der eigentliche Weg entsteht erst dadurch, dass wir ihn gehen. Sich auf dem Erreichten auszuruhen ist dabei nicht erlaubt: Besser ist gut, aber nur, wenn, diesem Motto folgend, besser immer besser und besser wird und wir auch unsere Fehler transparent offenlegen.

> Die moralische Komponente heizt die Diskussionen dermaßen auf, dass die Hürde, überhaupt erst anzufangen, etwas anders zu machen, enorm hoch ist.

Und so kommen wir zu **Kapitel 4**, das beantwortet, worin genau dieses »besser« eigentlich besteht. Investor Luis Hanemann bringt es im Interview auf den Punkt: Es gibt drei Sorten von Nachhaltigkeits-Unternehmer*innen – »die, die nur erzählen, sie täten etwas Gutes, die, die wirklich etwas Gutes tun, und die, die meinen, etwas Gutes zu tun, aber bei genauer Betrachtung eigentlich alles nur noch schlimmer machen. Die Existenz der dritten Form ist wahrscheinlich noch dramatischer als die der ersten, denn da merkt man im Normalfall ganz schnell, dass es sich um Greenwashing handelt.« Weltretten erzählt sich gut, doch wie schafft man es, die Wahrheit hinter der schönen Geschichte transparent offenzulegen und zu ermitteln, ob, und wenn ja, wie effektiv die eigene Lösung das angestrebte Ziel tatsächlich erreicht? Wann ist etwas tatsächlich besser und wann sieht es nur hübsch aus oder fühlt sich gut an? Unsere Unternehmensaktivist*innen haben in unseren Gesprächen immer wieder deutlich gemacht, wie wichtig es für sie selbst ist, zu ermitteln, wie groß der positive Impact des Unternehmens ist. Für Unternehmensaktivist*innen sind die genauen Zahlen hinter ihren Unternehmenswerten von ganz besonderer Wichtigkeit. Sie definieren den Unterschied zwischen Erfolg und Misserfolg. Daher setzen sie verschiedenste Messinstrumente ein, um zu bestimmen, was »netto besser« oder »netto schlechter« ist. Wer noch tiefer in die beschriebenen »Zahlen für Werte« blickt, stellt außerdem fest, dass von Impact getriebene Unternehmen in puncto Risiko, Wachstum und Wirtschaftlichkeit im Vergleich zu etablierten Unternehmen ohne einen solchen Fokus eine durchaus vorteilhafte Wahl beispielsweise für Investor*innen sind. Geld antizipiert Zukunft, und so wird Nachhaltigkeit von der netten Story zum »harten« Entscheidungskriterium in Sachen ökonomische Zukunftsfähigkeit. Die Zahlen hinter den Werten sind es auch, die zur Grundzutat des Marketings von aktivistischen Unternehmen werden. Unternehmenskommunikation entfernt sich damit immer weiter von der Werbung und wechselt ans begrünte Ufer der Wissenschaftskommunikation. Wozu Bullshit ausdenken, bunte Welten aus süßen Wesen und Glitzer, wenn die Wahrheit so viel spannender ist? »Market like you give a damn«, vermarkte, weil es dir um die Sache geht! Diese Unternehmen schalten keine doppelseitigen Anzeigen in Zeitschriften – die Presse ruft ganz von allein an, die Kunden erzählen ihre persönlichen Aha-Momente in den eigenen Netzwerken auch ohne Bezahlung weiter, denn wer echte Probleme löst, generiert per se News-Wert. Das Einzige, was wir tun müssen: die Wahrheit sagen. Der Rest ergibt sich (fast) von selbst. **Kapitel 5** gibt Einblicke in diese Magie des Fakten-Marketings und verdeutlicht, warum es eine der größten Stellschrauben dafür sein kann, nachhaltige Produkte zu mehrheitstauglichen Preisen anzubieten. Dass diese Art der Kommunikation nicht für jedes Angebot geeignet ist, leuchtet ein.

Unternehmensaktivist*innen gründen, wie wir in **Kapitel 6** sehen werden,

> Geld antizipiert Zukunft, und so wird Nachhaltigkeit von der netten Story zum »harten« Entscheidungskriterium in Sachen ökonomische Zukunftsfähigkeit.

ihre Geschäftsmodelle auf »Real World Problems«, also solchen Problemen, die sich nicht wie die sogenannten »First World Problems« einfach durch eine weitere App oder ein Paar neue Turnschuhe beheben lassen. Armut, Hunger, Rassismus, Klimawandel sind ihr Kern. Auf diese Weise übernehmen sie oft auch Strategien, die wir eigentlich NGOs oder aktivistischen Gruppen zuschreiben würden – die Arbeit an neuen Gesetzen, das Verbreiten von gesellschaftlich relevanten Botschaften, die Umverteilung von Geld an gute Zwecke et cetera. Unternehmer*innentum und »Gutes-Tun« schließen sich heute nicht (mehr) aus. Das verändert nicht nur die Rolle, die Unternehmen in der Gesellschaft einnehmen – sie werden vom Bedürfniserzeuger zum Problemlöser –, sondern erweitert auch das Repertoire an Strategien, die diese Unternehmen wählen, um wirtschaftlich wie aktivistisch erfolgreich zu sein. Als Problemlöser verändern diese Unternehmen außerdem die Rolle von Konsum in der Nachhaltigkeitsdiskussion, und zwar drastisch. Denn wenn Unternehmen Probleme lösen, wird Konsum zu einem Werkzeug der positiven Veränderung, die transaktionale Beziehung zwischen Anbietenden und Nachfragenden zu einer transformationalen. Die allseits gepredigte Botschaft des Verzichts wäre dann nicht nur wirkungslos, sondern auch zweckfremd. Seit den 70er-Jahren sind uns die Auswirkungen unseres maßlosen Verhaltens klar, geändert hat sich seitdem nichts, im Gegenteil. Seit damals wissen wir, dass Verzicht eigentlich eine wirklich gute Sache wäre. Wenn wir nur weniger oder gar nicht mehr Auto fahren, fliegen und Fleisch essen würden, wären all unsere Probleme bald vom Tisch. Viele von uns wollen das aber nicht, und selbst wenn: wirkliche Verhaltensveränderung dauert zu lange, heute ist es zu spät, um darauf noch zu warten! Wie könnten wir es, trotz Uneinsichtigkeit und Trägheit, dennoch schaffen, einen U-Turn mit quietschenden Reifen in Richtung Nachhaltigkeit hinzulegen, anstatt am Ende der Straße abrupt gegen eine Wand zu fahren? Unternehmensaktivist*innen nutzen ihre Produkte und Services nicht, um unser Verhalten zu ändern, sondern dessen Konsequenzen.

> Unternehmer*innentum und »Gutes-Tun« schließen sich heute nicht (mehr) aus.

Sie schaffen die besseren Angebote, die unsere Lebensqualität steigern, genuss- und spaßvoll sind *und* dabei vollkommen selbstverständlich nachhaltig. »If you want to save the world, you need to throw a better party than those destroying it«, nennt das Tomorrow-Gründer Jakob Berndt. **Kapitel 7** beschreibt, wie das schon heute an vielen Stellen gängige Praxis ist. Wenn Nachhaltigkeit nicht Verzicht bedeutet, sondern einen Gewinn an Lebensqualität, wer will da denn bitte nicht mitmachen? Schlussendlich läuft alles auf ein Modell von Unternehmen hinaus, die grundlegend anders wirtschaften, als wir es bisher kannten.

Dieses Modell beschreiben wir in **Kapitel 8**. Es stellt abstrakt, aber auch am konkreten Beispiel dar, wie die sich selbst verstärkende positive Dynamik von unternehmerischer Tätigkeit und Ressourcen-Restauration beziehungsweise -Regeneration aussehen kann und wie wir von einer Wirtschaft, die nicht mehr »weniger schlecht« und auch nicht »nur« nachhaltig – also neutral in Bezug auf CO_2 und natürliche Ressourcen – agiert, zu einer Variante kommen, die tatsächlich regenerativ, also befördernd auf die Natur wirkt. Was wäre, wenn Wirtschaft unseren Planeten nicht ausbeuten, sondern über das eigene Wachstum Ökosysteme zum Wachsen bringen würde? Wenn Landwirtschaft Böden verbessert, anstatt sie zu degenerieren, Banking den Regenwald aufforstet und Rinderhaltung (!) CO_2 aus der Luft filtern würde? Was wäre, wenn wir Biodiversität durch Fleischessen unterstützen könnten und ein Gang aufs Klo die Lebensbedingungen von Menschen, die bislang keine Sanitärversorgung haben, verbessert? Es klingt absurd und fast zu schön, um wahr zu sein. Tatsache ist: All diese Mechanismen sind bereits jetzt umgesetzt. Unternehmen wie Gut&Bösel, Tomorrow, HOLYCRAB!, Goldeimer und all die anderen Unternehmensaktivist*innen sind global gesehen (noch) kleine Pflänzchen der Veränderung, doch sie haben großes Potenzial, einmal Mammutbäume zu werden. Ihre

> Wenn Unternehmen Probleme lösen, wird Konsum zu einem Werkzeug der positiven Veränderung, die transaktionale Beziehung zwischen Anbietenden und Nachfragenden zu einer transformationalen.

Geschäftsmodelle basieren auf den Wirkprinzipien der Regeneration. Sie entziehen dem Planeten nicht Ressourcen, sondern sie fördern ihn in seinen Funktionsweisen. Mehr Business, mehr Planet, mehr Planet, mehr Business-Potenzial. Die Voraussetzung, um so zu wirtschaften? Ein positives Menschenbild, das uns als Spezies die Kompetenz zuschreibt, einen konstruktiven Part im globalen Ökosystem einzunehmen. Und außerdem eine große Portion an Kreativität. Denn wenn wir »nur« auf eine Null unterm Strich hinarbeiten, versuchen wir von dem, was wir ohnehin schon tun, weniger zu machen, oder damit zumindest weniger schlecht für den Planeten zu sein. Nehmen wir uns vor, nicht nur weniger schlecht, sondern sogar gut zu sein, brauchen wir Kreativität. Wir müssen überlegen, wie wir das, was wir tun, vollkommen anders machen können als bisher. In diesem Sinne sind regenerative Geschäftsmodelle keine Best Practices, sie lassen sich nie eins zu eins auf andere Kontexte übertragen, sind keine genaue Anleitung. Wir haben es stattdessen mit Next Practices[12] zu tun, mit Unternehmen, die nach dem Motto funktionieren, Altbewährtes zum Großteil zu ignorieren und genau die Dinge anders zu machen, bei denen sich alle einig waren, dass das nicht möglich sei – Next Growth statt Degrowth, Recoupling statt Decoupling,[13] immer mit dem Ziel der exponentiellen Veränderung. Denn eines ist sicher: Je länger wir alle – egal ob Individuen, Unternehmen, Politik, Institutionen, Familien, Gewerkschaften, NGOs und alle anderen – warten, bis wir etwas tun, desto weniger *können* wir schlussendlich noch tun. Selbst falls wir uns nicht ganz sicher sein sollten, ob die Horrorvisionen tatsächlich so eintreten, wie es die Prophet*innen des Weltuntergangs täglich vorhersagen, selbst dann sollten wir doch dafür sorgen, dass wir im Falle, dass es mit noch so geringer Wahrscheinlichkeit eben doch so kommt, wie sie sagen, vorbereitet sind. Sollten sie Unrecht behalten, was ja durchaus wünschenswert wäre, hätten wir dennoch darauf hingearbeitet, eine gerechtere und ökologisch tragfähigere Welt zu gestalten. Für Unternehmen stellt sich, selbst wenn sie wenig mit aktiver Gesellschaftsgestaltung am Hut haben, die Frage, ob und wann sie wohl beginnen sollten, sich mit der Thematik zu beschäftigen. Und ob diese Nachhaltigkeit nicht wie viele andere Trends so schnell wieder abdüst, wie sie gekommen ist? Wird es sich nicht vielleicht einfach so wieder erledigen, wenn wir nur lange genug abwarten? Werden sich die Öko-Hippies still auf dem Land verkriechen, die urbanen Reformhausaufstrich-Muttis sich mit veganer Wurst zufriedengeben und lieber zum Spinning gehen als zur Parents-for-Future-Demo? Wird sich die Politik stärker dem Wirtschaftswettlauf mit China widmen, statt den in Wirtschaftskreisen ohnehin umstrittenen European Green Deal[14] voranzutreiben? Schließlich sind wir ja gerade eh viel zu beschäftigt damit, die Digitalisierung richtig auf die Reihe zu bekommen, da können wir doch nicht schon wieder dem nächsten Hype hinterherrennen, da werden wir ja nie fertig! Sorry to say, aber genau so ist es. Wir sind nie fertig, die Erde dreht sich um die Sonne und die einzige Konstante im Leben ist nun mal die Veränderung. Und diese ist in den meisten Fällen sogar sehr umsichtig mit trägen Gewohnheitstieren wie uns Menschen, denn sie nimmt sich Zeit, sehr viel Zeit. Von den ersten Veränderungsimpulsen bis zum Megatrend dauert es 30 bis 50 Jahre, oft auch sehr viel länger. Vom ersten vernetzten Computer bis hin zum Internet dauerte es circa fünf Dekaden. Noch in den 90er-Jahren konnte man im dann bereits existierenden Web eine Liste von Leuten abrufen, die in das »Projekt« involviert waren. Inzwischen verschwimmen die Grenzen zwischen Tech und menschlichem Körper immer weiter – das Smartphone als objekthafte Erweiterung unseres Gehirns. Aktuell wird – unter anderem von eben jenen zuvor genannten Raumfahrtunternehmern – gar an der gänzlichen Auflösung von physischen Interfaces geforscht, der Steuerung durch Gedanken, also einer buchstäblich grenzenlosen Erweiterung unseres wohl wichtigsten Organs. Dass wir solche Dinge oft erst auf den letzten Metern mitbekommen und dann komplett überrascht scheinen, ist der Veränderung egal, die ist jetzt da, ob wir wollen oder nicht. Auch bei der Digitalisierung sind viele Unternehmen davon ausgegangen, dass dieses angebliche Trendthema schon wieder vorbeigehen werde. »Pustekuchen!«, kann man ihnen heute leichtfertig hinterherrufen und hämisch mit dem Zeigefinger auf das noch immer im Betrieb befindliche Faxgerät zeigen. Das bringt uns aber auch nicht weiter. Und gerade weil Nachhaltigkeit eben so ein umfassend wichtiges Thema ist, bei dem es nicht allein um das simple Fortbestehen einzelner Firmen, sondern um das der gesamten

Menschheit geht, sollten wir dafür sorgen, dass möglichst wenige ihre Fehler der vergangenen Jahrzehnte wiederholen und es verschlafen, obwohl es ihnen aus allen Ecken der Realität entgegenspringt. Auch der Handlungsdruck, den Klimawandel und Umweltzerstörung hervorrufen, schaukelt sich nicht erst seit Greta Thunbergs erstem Streik 2018, sondern schon seit vielen Jahrzehnten, wenn nicht gar Jahrhunderten in die Höhe. Schon im 19. Jahrhundert gab es in der Wissenschaft Anzeichen dafür, dass die Gase der Industrialisierung unser Klima verändern könnten.[15] In den 1950ern und -60ern wurde intensiv daran geforscht und moderne Computermodelle halfen dabei, die Folgen unter Einbezug von mehr und mehr Daten immer besser berechnen zu können. Der Club of Rome legte 1972 seinen Bericht *Die Grenzen des Wachstums* vor, der spätestens in den 80ern viele zum Nachdenken und auch zum Demonstrieren auf die Gleise der damaligen Castortransporte brachte. Ziemlich genau 50 Jahre, nachdem die ersten Wissenschaftler*innen Mitte der 60er-Jahre vor den unumkehrbaren Folgen des Klimawandels warnten, trafen sich die Staats- und Regierungschef*innen der Weltgesellschaft in Paris, um sich nun bereits zum zweiten Mal auf gemeinsame Anstrengungen zu einigen. 50 Jahre, als hätten sie einen Vortrag von Zukunftsforscherurgestein Matthias Horx gehört, eine Megatrend-Evolution wie aus dem Bilderbuch. Doch diesmal kommt neben dem wirtschaftlichen Überleben noch etwas hinzu: eine zeitliche Dringlichkeit, die nicht allein durch die wirtschaftliche Tätigkeit »der anderen«, der Industriemächte und Silicon-Valley-Gurus, ausgelöst wird, von denen man, wenn man nicht schnell genug mitzieht, abgehängt wird, sondern durch den externen Faktor des potenziellen Kollaps unserer Ökosysteme – »Change is coming, whether you like it or not«[16] – irgendwas wird sich ändern, das weiß nicht nur Greta Thunberg. Die Frage ist nur, ob es das sein wird, was wir uns globalgesellschaftlich ausgesucht haben. In diesem »Krieg« gibt es keine »anderen«. Und auch niemanden, der davon langfristig profitieren würde, wenn wir Menschen verlieren. Außer dem Planeten selbst vielleicht, dem es sicherlich mal ganz gut tun würde, diese lästigen Menschenflöhe loszuwerden und ein paar Mal tief durchzuatmen. Aber wollen wir das? Die zeitliche Dringlichkeit entsteht also einerseits durch eine externe Gesetzmäßigkeit – wenn wir so weitermachen, gibt es uns bald nicht mehr –, die eine wirtschaftliche Dringlichkeit verstärkt – wer das Thema verschläft, wird abgehängt. So wie das Klima haben auch Veränderungsbewegungen in sozialen Gefügen Kipp-Punkte – Momente, an denen die Veränderungsimpulse in so enormer Zahl und Häufigkeit auftreten, dass plötzlich alles ganz schnell geht. Der Historiker Prof. Dr. Jürgen Osterhammel beschreibt dieses Phänomen als eine sogenannte Häufigkeitsverdichtung,[17] bei der parallele Entwicklungen durch ihr immer häufigeres und schnelleres Auftreten Veränderungen beschleunigen. In der Zukunftsforschung spricht man von »weak signals«[18], also schwachen Signalen, anhand deren belegt werden kann, dass die Zukunft immer schon da ist, bevor sie den meisten das erste Mal auffällt. An einem zeitlichen Punkt treten diese dann in so großer Zahl und so schnell auf, dass der Kipp-Punkt erreicht wird, ein Trend hat sich »durchgesetzt«, eine bisher unmöglich geglaubte Veränderung hat sich eingestellt. Die Aussage »Das haben wir schon immer so gemacht« wird zu »Wie, das habt ihr früher wirklich alle so gemacht?«. Beim Thema Nachhaltigkeit dürfte dieser Kipp-Punkt noch schneller erreicht werden, als manch menschlichem Gewohnheitstier wahrscheinlich lieb ist. Denn zusätzlich zur zeitlichen Dringlichkeit enthält sie eine enorm moralische Komponente. Die Nachhaltigkeitstransformation ist eine »moralische Revolution«.[19] Der Begriff wurde vom Historiker Prof. Dr. Anthony Kwame Appiah geprägt, der sich mit der Frage beschäftigt hat, woran es liegt, dass sich vorherrschende gesellschaftliche Paradigmen scheinbar von heute auf morgen ändern, wobei viele schon jahrzehntelang an ihnen herumgekrittelt haben. So geschehen ist das bei der Einführung des Frauenwahlrechts ebenso wie bei der Abschaffung der Sklaverei. Und hier schließt sich der Kreis zum Beginn dieser Einleitung: Die Abschaffung der Sklaverei war ein positiver Meilenstein auf dem noch immer nicht wirklich abgeschlossenen Weg zur Beendigung der geografischen Kolonialisierung, die Nachhaltigkeitstransformation ist ein Meilenstein in Richtung eines Endes der Zukunftskolonialisierung.

In einem überaus unterhaltsamen Vortrag von 2019 überträgt der damalige Präsident des Wuppertal Insituts für Klima, Umwelt, Energie Uwe Schneidewind die Überlegungen Appiahs auf die Klimabewegung:[20] Bei allen moralischen Revolutionen galt im Kern immer, dass sich die Menschen aktiv nicht *gegen*, sondern *für* etwas eingesetzt haben – erfüllt von einer Vision, die sie trägt. Und das, was sich dann durchsetzt, geht dabei auf eine jahrzehntelange Debatte zurück, sodass am Punkt der Entscheidung durch ein neues Gesetz beispielsweise zuvor schon lange Jahre und weit verbreitet die Meinung vorherrschte, das institutionalisierte Unrecht sei eben genau das: Unrecht. Zu der Zeit, da sich die Thematik noch in den Kinderschuhen befindet, interessiert sich aber erst mal kaum jemand dafür. Auf dem Feld wird Sklavenarbeit geleistet, ich lebe im Herrenhaus, ist doch alles fein. Oder in den

> Die Abschaffung der Sklaverei war ein positiver Meilenstein für die Beendigung der geografischen Kolonialisierung, die Nachhaltigkeitstransformation ist ein Meilenstein in Richtung eines Endes der Zukunftskolonialisierung.

1980er-Jahren: Da ist das Waldsterben, hier bin ich, tja, was soll's, wird schon nicht so schlimm sein. Der nächste Schritt: Das Problem wird gesehen. Jeden Sonntag gehen die Leute in die Kirche und der Priester spricht davon, wie vor Gottes Antlitz jeder Mensch gleich ist. Man kommt zurück auf die Farm und denkt sich, ja stimmt, hier stimmt was nicht, das müsste man mal überdenken. Und dann finden sich ganz viele Gründe, warum es nie gehen würde, die Sklav*innen freizulassen oder sie gar zu bezahlen. Wie sollen wir da die Farm betreiben? … Wie sollen wir wettbewerbsfähig bleiben?! Wir müssten eigentlich, *aber* …! Im Klimadiskurs, so folgt Schneidewind aus diesen Ausführungen, sind wir exakt in dieser moralischen Phase: »Ja, natürlich müsste man da was machen, 1,5-Grad-Ziel, haben wir ja unterschrieben … *Aber* denken Sie an die Zukunft der Automobilindustrie!« Moralisch spricht alles dafür – aber es gibt wahnsinnig viele Gründe auf dem Level der Machbarkeit, die dagegen sprechen. Appiah nennt sein Buch *The Honor Code* oder zu Deutsch *Eine Frage der Ehre*, und dieses Element ist es, was die Situation zum Kippen bringt. Nur wer die Moral auf seiner bzw. ihrer Seite wusste, konnte als

Kolonie die Freiheit von England fordern, also ebenfalls moralische Maßstäbe anlegen. In dem Moment, wo das moralische Verhalten nicht einfach nur »richtig« ist, sondern auch das Ansehen im gesellschaftlichen Gefüge stärkt, zur Frage der Ehre wird, in diesem Moment werde unheimlich plötzlich alles möglich, so Schneidewind weiter. Dann wird es entschieden und dann muss es einfach gehen – und geht auch, obwohl alle dachten, dass es das nicht tun würde. Die Plantagen waren weiterhin profitabel, und auch die Unternehmen von heute werden das sein, obwohl sie vielleicht zunächst erst mal mehr Investitionen in nachhaltige Lieferketten stecken müssen. Vom »Obwohl« kommen wir schließlich zum »Weil«: Weil Unternehmen es schaffen, nachhaltige Lieferketten zu garantieren, vertrauen ihnen ihre Kunden (wieder) – eine Frage der Ehre. Und zum Schluss werden unsere Enkel sich nur noch über uns wundern: »Sag mal, Oma, wie war das? Mit deiner Investmentfirma hast du tatsächlich in Industrien investiert, die den Planeten zerstörten? Ach, das habt ihr alle so gemacht? Und das war erlaubt?«

> Die 20er-Jahre dieses Jahrtausends sind die Weichensteller der Zukunft. In zehn Jahren wird es keine Unternehmensstrategie ohne gewichtigen Nachhaltigkeitsfokus mehr geben.

Die Unternehmen, die wir in diesem Buch vorstellen, deren Denkweisen, Entscheidungsmuster und Weltbilder wir sezieren, sie sind die Vorreiter genau dieser moralischen Revolution. Wer sich ihnen anschließt, eröffnet dem eigenen Unternehmen die Möglichkeit, die Veränderung früh mitzugestalten, bevor es für alle zu spät gewesen sein wird. Die 20er-Jahre dieses Jahrtausends sind die Weichensteller der Zukunft. In zehn Jahren wird es keine Unternehmensstrategie ohne gewichtigen Nachhaltigkeitsfokus mehr geben. Und vielleicht ergibt sich hier für alle, die beim Thema Digitalisierung noch geschlafen haben, nun die Möglichkeit, endlich aufzuwachen und die Chance wahrzunehmen, die sich auftut. Denn die Entwicklung wird auch an viele digitale Geschäftsmodelle noch einmal ein Fragezeichen machen. Wie wird sich eine Erhöhung des CO_2-Preises wohl auf den Onlinehandel auswirken? Und die drastisch zunehmenden moralischen Anforderungen von Kunden auf die Werbebranche? Auch wenn alles vertrackt und verloren scheint, unser Haus brennt und wir alle nur ein kleiner, unbedeutender Stern am Veränderungshimmel zu sein scheinen, als Menschheit stehen wir vor der größten Herausforderung unserer Geschichte. Wir könnten alles auf eine Karte setzen und eine große Rakete bauen, um uns selbst auf den Mars zu schießen. Oder wir schalten ein planetares Job-Angebot: Häufigkeitsverdichter*in m/w/d. Je mehr positive Beispiele, Aktionen, Botschaften wir in die Welt hinausrufen, desto eher wird sich das Blatt doch noch wenden lassen. Der Wirtschaft kommt dabei eine tragende Rolle zu, wenn wir ihr aus sich selbst heraus ordentlich in den Hintern treten. Genau das machen die Unternehmen in diesem Buch und liefern damit allen, die sich heute noch fragen, ob und wie eine neue Form des Wirtschaftens möglich sein kann, die Inspiration und vor allem den Ansporn, es ihnen gleichzutun. Business as usual is over, es ist Zeit für unusual Business. Es ist Zeit für die Öko-Nomie.

KAPITEL 1

START WITH WHAT THE FUCK

»Wie kommt man denn auf so etwas?!« Die Frage nach dem Ursprung einer brillanten Geschäftsidee ist sicherlich eine der häufigsten, die Unternehmer*innen gestellt wird. Nicht selten wirken die Antworten darauf erstaunlich trivial. Oft sind es beiläufige Beobachtungen, die einen nicht mehr loslassen, die sich verknüpfen mit Eindrücken aus ganz anderen Kontexten: der letzten Reise, Erfahrungen aus dem beruflichen Umfeld, dem Studium oder der Ausbildung. Und plötzlich ist da eine Idee. Auch wir bekommen diese Frage, ob nun im Freundeskreis, von Kunden oder der Presse, immer wieder gestellt. Auch bei uns war die Sache ziemlich trivial. In der Zeitung begegnete uns der Rote Amerikanische Sumpfkrebs als ein – zumindest in Berlin – prominenter Vertreter »invasiver Arten«. Es klang zunächst vor allem absurd-amüsant: Ein Krebs stört Jogger*innen im Park und bringt das Ökosystem aus dem Gleichgewicht. Unsere Hirne begannen zu rattern, das Thema ließ uns nicht mehr los. Wie kann es sein, dass eine amerikanische Krebsart zum Problem für heimische Ökosysteme wird? Wie ist sie überhaupt zu uns gekommen? Und warum ist niemandem folgender Widerspruch aufgefallen: Das Problem mit invasiven Arten ist in der Regel, dass sie eben keine Fressfeinde im jeweiligen Ökosystem haben. Aber ausgerechnet diese spezielle Krebsart gilt in Louisiana und weit darüber hinaus als Delikatesse – und wird in unsere Breitengrade von weit her importiert! Aber nicht nur das: Gleichzeitig wird auch noch unglaublich viel Geld dafür ausgeben, um invasive Arten wie diese in den

Ökosystemen vor unserer Haustür zu bekämpfen![21] Holy Crab, sozusagen! Ein schönes Wortspiel, denn unser Firmenname HOLYCRAB! heißt übersetzt sowohl »heilige Krabbe« als auch – freundlich ausgedrückt – »heiliger Mist!«. Es ist sowohl ein Ausdruck der *Ver*wunderung als auch einer der *Be*wunderung, angesichts des Potenzials, das in der Idee schlummert: nämlich das Problem selbst zur Lösung zu machen. Essen für den Naturschutz. Wirklich nachhaltiger Fleisch- und Fischkonsum. Hedonismus statt Verzicht. Je mehr wir uns mit der Thematik beschäftigten, desto bewusster wurde uns, dass wir mit HOLYCRAB! nicht nur eine irrwitzige Idee in die Welt gesetzt hatten, sondern dass der Krebs im Berliner Tiergarten Teil eines größeren Problems ist. Nicht nur, dass es allein direkt rund um Berlin zwei weitere invasive Krustentierarten gibt – global gehen die Schätzungen in die Zehntausende, jeden Tag kommen weltweit circa 1,5 invasive Arten hinzu.[22] Sie gelten laut UN als einer *der* Gründe für die derzeit so rasant sinkende Biodiversität. Oder um es noch drastischer auszudrücken: Wir leben im rasantesten Artensterben aller Zeiten, und invasive Arten sind einer der Haupttreiber dafür.[23] What the Fuck! Wir leben aber auch in einer Zeit, in der Regionalität, Erzeugerschaft, Tierwohl und die Nachhaltigkeit bezogen auf Lebensmittel lauter denn je diskutiert werden. Wir haben also invasive Arten auf der einen und den Wunsch nach mehr Nachhaltigkeit auf der anderen Seite. Schreit das nicht förmlich nach Synergie? Wir stellen fest: Viele Probleme tragen ihre Lösung bereits in sich.

Und das zeigt sich auch in der unternehmensaktivistischen Praxis: Bei den meisten der von uns interviewten Unternehmer*innen sind es ebenfalls alltägliche Beobachtungen, simple Momente der Irritation, die einen größeren Gedankenprozess anstoßen. Milena Glimbovski, die Gründerin des Zero-Waste-Geschäftes Original Unverpackt, erzählte uns von ihrer Irritation beziehungsweise ihrem persönlichen What-the-Fuck-Moment (WTF-Moment). Sie hielt einen Moment inne, als ihr auf einmal klar wurde, wie viele Müllsäcke zusammenkommen, wenn alle Menschen ihren Müll auf einmal vor die Haustür tragen würden, genau wie sie es gerade tat. Fridtjof »Fridel« Detzner, der mit dem Website-Baukasten Jimdo eine der erfolgreichsten deutschen Gründerkarrieren hinlegte, nahm sich 2016 eine Auszeit und erlebte während einer längeren Reise, die er für die TV-Serie *Founder's Valley* der Deutschen Welle unternahm, in einer ganzen Reihe von WTF-Momenten, wie Start-ups auf der ganzen Welt einen enormen Hebel für positive Veränderungen darstellen. Heute unterstützt er genau solche »Problemlösungsunternehmen« mit seinem Impact-Accelerator Planet A. Bei Thomas Krämer war es ein Nebensatz seines Professors für Forstwirtschaft in einer Vorlesung zu Erzeugnissen aus dem Wald, der ihn nicht mehr losließ. Der Breiapfelbaum gebe einen Baumsaft von sich, aus dem früher einmal Kaugummi gemacht wurde. Thomas absolvierte zu dieser Zeit ein Zweitstudium in Forstwirtschaft und ökologischer Landwirtschaft, nachdem er zuvor ein BWL-Studium und mehrere Jahre Berufserfahrung in der Automobilindustrie hinter sich gebracht hatte. Der eigentliche WTF-Moment folgte etwas später, als Thomas erkannte, aus was handelsüblicher Kaugummi mittlerweile besteht. Die auf der Packung angegebene Kaumasse ist aus Polyvinylether oder Polyisobuten – Kunststoff. Aus ähnlichen Stoffen sind unter anderem Gummihandschuhe gemacht. Na, wie geht es dir mit dieser Erkenntnis? What the Fuck!

In diesen WTF-Momenten kann man nicht glauben, dass die Welt so ist, wie sie ist. Sie ordnen sich ein in das Big Picture, welches wir in puncto Klimakrise und allen weiteren planetaren Problemen, die wir aus den Medien nur allzu gut kennen, vor Augen haben. Und plötzlich entsteht eine Lösungsidee. Vielleicht sogar eine, die man selbst im ersten Moment für wahnwitzig oder kurios hält. Kulinarischer Naturschutz; ein Geschäft vollkommen ohne Verpackungen; ein Fonds, der mit Impact auch Kapital skaliert; ein Kaugummi, das den Regenwald schützt; ein E-Auto, das sich selbst auflädt; eine Fluglinie, die mehr CO_2 aus der Luft zieht, als sie selbst emittiert; ein Insektenvernichtungsmittelhersteller, der sich gegen das Insektensterben einsetzt; Software, die Unternehmen hilft, CO_2-Neutralität zu erreichen; Mathematik, die Kants kategorischen Imperativ auf das 2-Grad-Ziel anwendet; Turnschuhe und Müllbeutel, die Plastik aus der Natur entfernen; eine Suchmaschine, die Bäume pflanzt; ein Konto, das den eigenen ökologischen Fußabdruck neutralisiert; ein Outdoor-Hersteller, der potenziellen Kund*innen empfiehlt, seine Produkte besser nicht zu kaufen; ein Bier aus altem Brot; ein ganzer Supermarkt, der sein Geschäftsmodell (allerdings ganz anders als branchenüblich) auf Lebensmittelverschwendung gründet; eine Influencerin zwischen Werbung und Konsumkritik; eine NGO, die mit Konzernen Start-ups gründet; eine Lebensmittelmarke, die Nachhaltigkeit mit Convenience verbindet und so zum Standard machen will; eine Crowdinvesting-Plattform, die ermöglicht, Renditen mit Energieeffizienz zu erwirtschaften; zwei ehemalige Digitalunternehmer, deren Geschäftsmodell nun ist, Bienenstöcke zu verschenken; ein Stadtmöbel, das Leben rettet; ein Landwirt mit klimapositiven Kühen …

> Es sind allesamt Unternehmen, die seit Jahren oder teilweise Jahrzehnten Grundsätzliches hinterfragen, Widersprüchliches vereinen und Erstaunliches bewegen.

Wahnwitzig oder kurios? Auf den ersten Blick trifft dies sicherlich für viele der genannten Ideen zu – aber halt, es sind eben nicht nur Ideen. Es sind allesamt Unternehmen, die seit Jahren oder teilweise Jahrzehnten Grundsätzliches hinterfragen, Widersprüchliches vereinen und Erstaunliches bewegen. Außergewöhnliche Zeiten brauchen ebensolche Ansätze. Sie alle vereint, dass sie von Menschen geschaffen wurden, die irgendwann einmal irritiert davon waren, dass die Welt so ist, wie sie ist. Aber sie haben sich an genau diesem Punkt nicht kopfschüttelnd wieder ihrem Alltag zugewendet. Sie haben innegehalten und in der Irritation Inspiration gefunden. Häufig ist es erst die Einordnung in einen größeren Kontext, die greifbar werden lässt, welches Potenzial eine Idee hat. In diesem Punkt unterscheiden sich Unternehmensaktivist*innen, die stark Impact-getrieben handeln, gar nicht so sehr von anderen Gründer*innen, Wissenschaftler*innen oder Kunstschaffenden, die Neues in die Welt bringen. Dass Ideen auf Erfahrungen aufbauen und dass unser Gehirn Input braucht, um Output zu produzieren, wurde mit Strummers Law prägnant auf den Punkt gebracht.[24] Doch allein der Fakt, dass etwas möglich oder erfolgversprechend ist, führt nicht automatisch dazu, dass wir Energie und Ressourcen investieren und das Risiko auf uns nehmen, eine Unternehmung zu starten. Was verleiht also einer Idee die Anziehungskraft, die uns persönlich anspricht und uns dazu bringt, etwas zu unternehmen? Wie lässt sich ein WTF-Moment in eine Handlung bringen?

FROM WHY TO WHAT THE FUCK

Frag immer erst: warum – Start with Why – rät uns Simon Sinek in seinem gleichnamigen Buch und dem Modell des Golden Circles (Why > How > What). Diese Herangehensweise an die persönliche und unternehmerische Sinnsuche hat seit 2009 weltweite Bekanntheit erlangt. Heute investieren unzählige Unternehmen, nachdem sie sich viele Jahre kaum mit ihrer Daseinsberechtigung beschäftigt haben, nun viel Zeit und Geld in die Frage nach ihrem Purpose, danach, wofür sie eigentlich da sind. Weil das im Nachhinein meist viel schwerer zu rekonstruieren ist, rät Sinek dazu, mit diesem Warum zu beginnen, bevor man sich einer Sache annimmt. In einer Welt, wie wir sie heute vorfinden, reicht Purpose, also die persönliche Selbstverwirklichung, jedoch nicht (mehr). Die Suche nach dem, was ich wirklich will, wird viel zu oft überschattet: von der Angst, dass man selbst oder zukünftige Generationen ihre grundlegendsten Bedürfnisse nicht mehr befriedigen können. (Ein Umstand, der heute für viel zu viele Menschen auf dieser Welt bittere Realität ist.) Psycholog*innen beschäftigen sich inzwischen mit der Diagnose »Klima-Angst«: »die Sorge, dass der Klimawandel das eigene Leben bedroht oder in absehbarer Zukunft massiv einschränken wird, und die generelle Angst, dass die menschliche Zivilisation oder alles Leben auf der Erde ernsthaft in Gefahr ist«.[25] Die oberste Stufe der viel zitierten Maslow'schen Bedürfnispyramide stellt die Selbstverwirklichung dar. Wir scheinen heute in einer wohl nie zuvor dagewesenen Anzahl endlich oben angekommen zu sein. Doch paradoxerweise sind wir davon bedroht, uns bald wieder mit den unteren Stufen befassen zu müssen: körperliche und seelische Sicherheit, materielle Grundsicherung.

Die eigene Selbstverwirklichung bekommt beim Blick hinaus in die Welt oder in die eigene Zukunft einen bitteren Beigeschmack. Die düsteren Klimaszenarien der Wissenschaft finden nach Jahren nun endlich Beachtung. Die

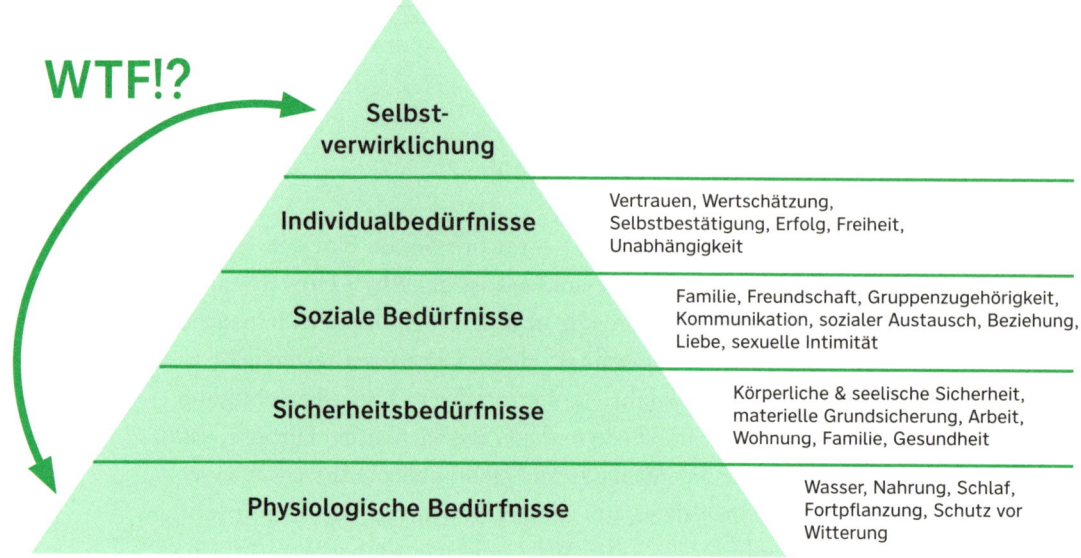

Abbildung 1: Bedürfnispyramide nach Abraham Maslow

global vernetzte Medienlandschaft lässt sich nur schwer ignorieren, ebenso wenig der lautstarke und anhaltende Protest von Schüler*innen. Plötzlich ist etwas, was wir geografisch und zeitlich noch in weiter Ferne wähnten, verdammt nah. What the fuck! Für wie viel Selbst ist angesichts dieser sich erschreckend schnell verwirklichenden Horrorszenarien noch Platz? Diesem sich gesellschaftlich einstellenden Grundgefühl folgend reicht es vielen heute nicht mehr, »nur« nach dem individuellen Warum zu suchen, einem Sinn, der sich aus der eigenen Persönlichkeit heraus ergibt. Die planetare und gesellschaftliche Sinnstiftung wird zur Quelle und zum Ziel individueller Selbstverwirklichung.

Wie kann es sein, dass wir mehr Fleisch produzieren, als wir (ver)brauchen, um dieses dann zu exportieren, während wir gleichzeitig um die 46 000 Tonnen Fleisch pro Jahr aus Brasilien[26] wieder importieren, bei dem davon ausgegangen werden kann, dass es teilweise auf Flächen erzeugt wird, die durch Brandrodung dafür erschlossen wurden?

Wie kann es sein, dass wir eines der weltweit elaboriertesten Mülltrennungssysteme haben, auf das wir unter ökologischen Gesichtspunkten auch wirklich stolz sein könnten, und gleichzeitig den hier fein säuberlich herausgetrennten Plastikmüll in horrenden Mengen wieder vor allem nach Südostasien exportieren – wohl wissend, dass er dort nur allzu häufig ohne jegliche Sicherheits- und Umweltstandards verbrannt oder deponiert wird oder in Flüssen und Meeren landet?[27]

> Die planetare und gesellschaftliche Sinnstiftung wird zur Quelle und zum Ziel individueller Selbstverwirklichung.

Wie kann es sein, dass die Finanzprodukte, mit denen wir für unser Alter vorsorgen, es im Gros zwar ganz gut schaffen, uns ein finanzielles Polster aufzubauen, gleichzeitig aber in Werte und Märkte investieren, die dafür sorgen könnten, dass wir im Alter zwar Geld, gleichzeitig aber auch Probleme mit unseren natürlichen Lebensgrundlagen haben?

Wie kann es sein, dass wir über den Kohleausstieg diskutieren, während anderswo derzeit 1400 Kohlekraftwerke[28] gebaut oder geplant werden – nicht ganz ohne Zutun deutscher Förderbanken[29] und damit deutsche Steuergelder?

Fragen wie diese gibt es unendlich viele auf der Welt. Eigentlich sind sie uns allesamt bekannt, zumindest dem Grundtenor nach. Wären sie beantwortet, bräuchte es dieses Buch nicht. Selbstverständlich sind die aufgeführten Punkte nur Ausschnitte einer noch sehr viel komplexeren Realität. Doch obwohl einer von ihnen aberwitziger ist als der andere, sind sie bisher nicht gelöst. Vielen von uns erscheinen sie trotz ihrer Ausschnitthaftigkeit als zu groß für den eigenen Wirkungsradius: So what? Was könnte *ich* dazu beitragen, solche großen Zusammenhänge zu verändern? Und selbst wenn, wäre es angesichts des großen Ganzen nicht ohnehin nur ein Tropfen auf den immer heißer werdenden Stein?

Auf der Internetseite www.klima-angst.de findet sich der für unsere Zeit obligatorische Online-Schnelltest zur Diagnose von Klima-Angst. Geht man die Fragen und Antwortmöglichkeiten der Reihe nach durch, fällt auf, dass ein maßgeblicher Faktor für die Diagnose wohl darin besteht, sich ohnmächtig zu fühlen. Auf die Frage »Denkst du manchmal, dass die Planung deiner Zukunft (Karriere, Familie etc.) sinnlos ist, weil sie vom Klimawandel bedroht ist?« steht ein Antwortspektrum zwischen »Nein, ich plane meine Zukunft unabhängig vom Klimawandel«, »Manchmal frage ich mich das, aber als komplett sinnlos betrachte ich meine Zukunftsplanung nicht« und »Ja. Ich glaube meistens nicht, dass es noch sinnvoll ist, groß für die Zukunft zu planen« zur Auswahl. Keine dieser Antwortmöglichkeiten fühlt sich für uns auch nur annähernd zutreffend an. Unsere intuitive, aber leider nicht zur Auswahl stehende Antwort wäre: »Ja. Natürlich planen wir unsere Zukunft im Hinblick auf den Klimawandel. Allerdings ver(sch)wenden wir nicht allzu viel Zeit darauf, uns in düsteren Farben Horrorszenarien auszumalen oder uns zu überlegen, wer alles schuld an der ganzen Misere ist, sondern wir fragen uns, was wir jetzt tun können.« Unsere Wunschantwort zeigt, dass unsere eigene Klima-Angst nicht nur in ein Gefühl von Ohnmacht mündet. Denn betroffen sind wir. Die Zukunft sitzt heute an unserem Frühstückstisch. Im Jahr 2100, auf das sich alle CO_2-Reduktions- und auch die Horrorszenarien eines menschheitlichen Versagens fokussieren, wird unser Sohn sehr wahrscheinlich noch am Leben sein. In unserem Fall ist Aufhören oder Nichtstun aus diesem Grund einfach keine Option. Während also eine nachvollziehbare Reaktion auf die planetare Sachlage darin besteht, sich zu ängstigen, agieren Unternehmensaktivist*innen, wie wir sie in diesem Buch beschreiben, aus ihrer Angst heraus: Ohnmacht schlägt um in Aktion, Angst wird zum Antrieb. Sie erkennen, dass diese neben einem großen *Irritations*potenzial ein *Innovations*potenzial bietet. Aus »So what?!« oder gar »Oh Gott!« wird »What the Fuck!?«. WTF-Momente sind also dadurch definiert, dass sie zwar aus einer Erkenntnis über die Welt, wie sie nicht sein sollte, entstehen, gleichzeitig aber immer im Auge des*r Betrachter*in ein Potenzial enthalten, das dem Wissen um die eigene Handlungsmacht entspringt. Eine Mischung aus Verzweiflung, Neugier, Geistesblitz und Tatendrang. Eine Mischung, die kleben bleibt.

VORSICHT, ANSTECKEND!

Nach seinem initialen WTF-Moment kümmerte Thomas Krämer sich zunächst um den Aufbau der sozialunternehmerisch geprägten Limo-Marken Charitea und Lemonaid, erst als Vertriebsleiter, dann als Geschäftsführer, eine, wie er selbst sagt, tolle und privilegierte Tätigkeit. Doch diese Kaugummi-Sache begleitete ihn auf Schritt und Tritt. Urlaub wurde in Zentralamerika gemacht, um entsprechende Erzeuger*innen ausfindig zu machen und mehr über diesen »Chicle« genannten Baumsaft, den Kontext der Erzeuger*innen und die regionalen Ökosysteme zu erfahren. Mehr als einmal verklebte Thomas seine Küche von oben bis unten, etliche Töpfe mussten beim Versuch, selbst Kaugummi zu »kochen«, dran glauben. Doch über die Jahre kam er seiner Vision immer näher: ein Kaugummi aus Chicle, das den Qualitäten von handelsüblichem Kaugummi in Sachen Geschmack, Konsistenz und »Crush« (diesem Moment, wenn die Hülle des Kaugummis beim ersten Beißen bricht) in nichts nachsteht. Was er auf dem Weg feststellte, war nicht nur, wie schwer es ist, Produzenten für ein solches Produkt zu finden, sondern auch, wie weitreichend die positiven Effekte über die Plastikvermeidung hinaus noch sind: Da der Breiapfelbaum nicht in Plantagen, sondern wild wächst und für einen vernünftigen Ertrag viele Jahrzehnte alt sein muss, trägt seine Bewirtschaftung dazu bei, Regenwald zu erhalten. Denn Regenwald, der Umsätze generiert, ist Regenwald, der seinen Bewohner*innen ein Auskommen ermöglicht. Und Regenwald, der den Lebensunterhalt generiert, den lässt man keiner Brandrodung anheimfallen. Je mehr Kaugummi Thomas produziert, desto größer der Bedarf an Chicle-Masse, desto mehr Regenwald kann bewirtschaftet und damit erhalten werden. Und seit 2019 ist Thomas' Kaugummi aus Chicle nun auf dem Markt: Forest Gum. Ein Kaugummi, das aus der simplen Einsicht heraus entstanden ist, dass alle Vorläufer des heutigen Kaugummis über den Globus verteilt früher Naturprodukte waren. Dass diese heute nun aus Plastik hergestellt werden, wirft sowohl aus gesundheitlicher, ökologischer, aber eben auch aus ökonomischer Perspektive eine ganze Kaskade von WTF-Momenten auf: Thomas trägt mit Forest Gum gerade durch die nachhaltige Bewirtschaftung der Breiapfelbäume dazu bei, den Tropenwald in Zentralamerika als Lebensraum und CO_2-Speicher zu erhalten. Ökologie und Ökonomie gehen Hand in Hand, denn die Nachfrage nach nachhaltig erwirtschafteten Erzeugnissen verbessert die Lebensbedingungen der lokalen Partnerkooperativen in den Erntegebieten. Auch im deutschen Zielmarkt vermag das Konzept zu punkten: Drei bis fünf Jahre braucht ein herkömmliches erdölbasiertes Kaugummi, um sich auf unseren Gehwegen klebend zu zersetzen. Richtig weg ist es damit aber immer noch nicht, denn das Mikroplastik gelangt ins Grundwasser. Daher geben die Stadtreinigungen deutscher Kommunen jährlich 900 Millionen Euro[30] für die Beseitigung der Kaugummirückstände aus. Das ist fast doppelt so viel, wie die Kaugummi-Branche umsetzt.[31] Ein Kaugummi, das vom Gehweg entfernt werden muss, kostet also die deutsche Steuerzahler*innen mehr als die Kund*innen, die sie gekauft, gekaut und ausgespuckt haben. What the fuck! Auch uns hat sich der Fakt, dass herkömmliches Kaugummi aus Plastik besteht, so eingebrannt, dass wir seit der ersten Begegnung mit Thomas unseren Kaugummi-Konsum zunächst stark zurückgefahren haben und nun gerne zu Forest Gum oder der Packung anderer Anbieter*innen naturbasierter Kaugummis greifen. Und so scheint es nicht nur uns zu gehen. Innerhalb von nicht einmal einem Jahr nach Marktgang ist Forest Gum deutschlandweit in 2500 Läden erhältlich, Anfragen erreichen die junge Firma aus Köln mittlerweile aus der ganzen Welt, und in der kultigen TV-Start-up-Show *Die Höhle der Löwen* bekommt Thomas gleich von vier der fünf »Löwen« Investmentangebote – jede*r der Juror*innen muss schwer schlucken angesichts der Vorstellung, auf Plastik zu kauen, und freut sich, im Moment der Erkenntnis, auch direkt Abhilfe präsentiert zu bekommen. Bei Forest Gum bekommt die Word-of-Mouth-Dynamik eine vollkommen neue Bedeutung. WTF-Momente regen Transformation an – die eigene und die der anderen. Was mit einem Nebensatz in einer Vorlesung begann, wurde ein marktreifes Produkt mit enormer Überzeugungskraft. Nach dem Motto »Wer kann, der muss« sind WTF-Momente eine Mischung aus persönlichem Purpose und planetaren Notwendigkeiten. Und sie haben einen gewissen Ansteckungsfaktor, sie erzählen sich fast von selbst weiter –

als klebten sie sich wie Kaugummi in unsere Gehirnwindungen, um uns nicht mehr loszulassen. Thomas Krämer nimmt bei dem Entstehungsprozess dieses Buches eine besondere Rolle ein. Wir hatten zwar immer diese unbestimmte Gewissheit, dass es noch mehr Unternehmen geben musste, die ähnlich agieren wie wir mit HOLYCRAB!. Als wir an einem ersten Konzept zu diesem Buch saßen, war nach dem Gespräch mit ihm klar, dass wir noch weitere Unternehmensaktivist*innen wie ihn suchen und unser Buch mit viel mehr Interviews füllen müssen. So gesehen brachte Thomas für uns den Stein erst so richtig ins Rollen. What the fuck! All diese Geschichten, diese Erkenntnisse, diese Strategien – sie müssen raus in die Welt!

WIE ENTSTEHEN WTF-MOMENTE?

Halten wir fest: Die Pionier*innentätigkeit von Unternehmensaktivist*innen beginnt auffallend häufig mit einer Einsicht, die sich – nicht selten sogar im Originalwortlaut der handelnden Personen – am ehesten mit »What the Fuck!« beschreiben lässt: einem Ausdruck völliger Irritation. Doch da ist noch mehr. In diesem Ausruf entlädt sich oft auch schon ein Heureka-Moment. Und jener beschränkt sich nicht nur auf diese eine Person, sondern verbreitet sich, fasziniert und begeistert auch andere Menschen. Schauen wir uns den dahinterstehenden Erkenntnisprozess im Detail an, sehen wir, dass es sich genau genommen eben auch nicht um *einen* Moment handelt, sondern eine Sequenz von Momenten, die in Beziehung zueinander stehen:

1. Zunächst ist da die Erkenntnis über den Zustand, in den wir Menschen unseren **Planeten** durch unser Leben hier bringen und schon gebracht haben. Wer nicht völlig die Augen verschließt, kann der medialen Konfrontation mit der Klimakrise kaum ausweichen. Das Thema ist omnipräsent, komplex und die wohl existenziell bedrohlichste Herausforderung, vor der die Menschheit je stand. Extremwetterereignisse, Kipp-Punkte[32] …

What the fuck, wie konnten wir es so weit kommen lassen, und warum geht alles immer noch weiter seinen verheerenden Gang?

2. Aus der **Reflexion** dieser Umstände resultiert ein Gefühl der **Dringlichkeit**, das oft auch mit Ratlosigkeit einhergeht. Das Spannungsfeld zwischen der Unausweichlichkeit des Status quo und der aus den sich zuspitzenden Tendenzen entstehenden Dringlichkeit ist zunächst bedrückend. In seiner Steigerung kann es zur Klima-Angst werden – und gepaart mit Tatendrang zu einer zwar immer wieder aussichtslos erscheinenden, aber dennoch drängenden Suche nach einer Nadel im Heuhaufen. What the fuck, wir müssen was tun – irgendwas!

3. Der Eindruck einer aus harten Fakten abgeleiteten Dringlichkeit schärft die Wahrnehmung für eine **Exploration** von im **Alltag** auftretenden Sachverhalten. Was uns bislang als normal galt, weckt unsere Aufmerksamkeit – was im Großen auf planetarer Ebene im Argen liegt, fällt in alltäglichen Beobachtungen plötzlich als widersinnig auf. Dabei kann es sich um Lebens- und Konsumgewohnheiten handeln, die nun hinterfragt werden, oder um wirtschaftliche Zusammenhänge. What the fuck, warum ist das so und nicht anders?

4. Aus der Beobachtung resultiert **Irritation**. Irritation resultiert in Ideen. Die Dringlichkeit entlädt sich in der **Möglichkeit**, etwas zu tun. Aus dem Gefühl, etwas tun zu müssen, erwächst die Einsicht, was getan werden kann. Die Kontextsensitivität in Bezug auf planetare Probleme verschmilzt mit dem eigenen Erfahrungshintergrund, der persönlichen Expertise zum konkreten Möglichkeitsraum, aus dem heraus die Aktivitäten im Kleinen immer auch auf das große Ganze einzahlen. What the fuck, warum macht das noch niemand? Die **Transformation** bricht sich Bahn.

WTF-Momente entstehen also im Spannungsfeld zwischen Planet und Individuum, zwischen Wir und Ich sowie zwischen Dringlichkeit und Möglichkeit, zwischen Müssen und Können. Sie vereinen diese Gegenpole. Sie sind das Material, aus dem die Heureka-Momente für genau jene Lösungsansätze gemacht sind, die wir in der heutigen Zeit mehr denn je brauchen. Sie sind

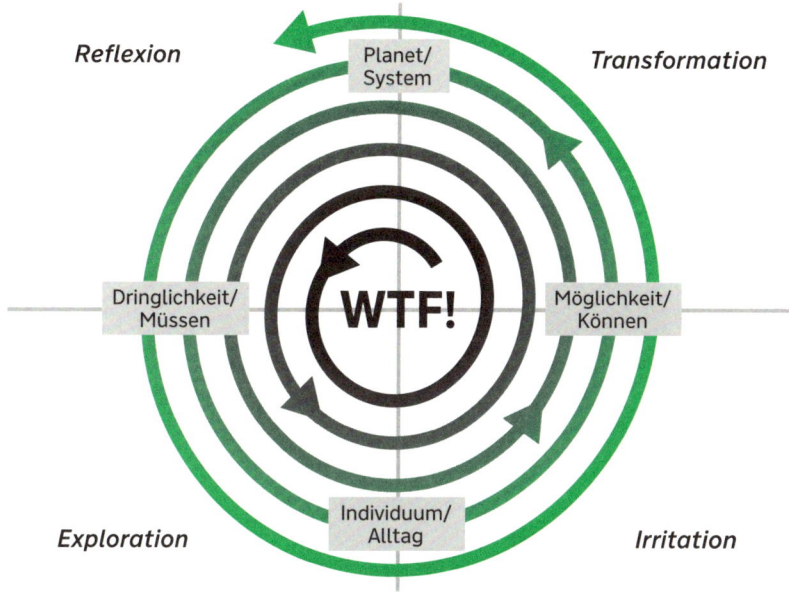

Abbildung 2: Start with What the fuck!

der Ausgangspunkt für Visionen mit großer Anziehungs- und Überzeugungskraft. In ihrer Prozesshaftigkeit setzt sich ihr Muster weit über den Moment der ersten Erkenntnis in einer zirkulären Bewegung weiter fort – sowohl was die Tragweite als auch die Wirkungstiefe angeht. WTF-Momente sind ansteckend, sie sind transformativ und sie verpflichten – zum Anfangen und zum Weitermachen: Jeder WTF-Moment erzeugt unzählige weitere, sowohl im Sinne einer Word-of-mouth-Dynamik als auch im Sinne eines kontinuierlichen Innovations- und Transformationsprozesses. Darin sind sie die Grundlage und der Wachstumspfad für Geschäftsmodelle, in denen Ökonomie und Ökologie keine Gegenspieler mehr sind, sondern sich als Komplizen aus dem bislang wahrgenommenen Spannungsfeld heraus zu neuem, zukunftsfähigem Potenzial entwickeln.

KAPITEL 2
UNTERNEHMEN STATT UNTERLASSEN

Den Unternehmer*innen, mit denen wir für dieses Buch gesprochen haben, stehen alle Türen offen. Mit ihren vielfältigen Kompetenzen, ihren Ambitionen, ihrer Disziplin und Kreativität könnten sie in anderen Jobs wahrscheinlich sehr viel schneller und einfacher mehr Geld verdienen, größere Karrieresprünge machen und sich ganz nebenbei auch leichter für ihr Alter absichern – Sicherheit und Selbstverwirklichung in einem, der Traum aller Eltern und Großeltern für ihre Kinder! Warum tun sie es dann nicht?

Abgesehen davon, dass es natürlich ganz schön viel Spaß macht, an einer Sache zu arbeiten, die entweder grundlegende Probleme löst oder Angebote schafft, die nicht nur neu und attraktiv, sondern auch umweltfreundlich sind, gibt es noch einen weiteren triftigen Grund: Es ist vollkommen unklar, ob unsere Unternehmensaktivist*innen das Geld, das sie auf noch so steilen Karrierepfaden verdienen würden, in einer kaputten Welt überhaupt genießen könnten und im Alter, für das sie sich absichern würden, überhaupt noch ein lebenswertes Umfeld vorfänden. Diese ganz persönliche Dimension des WTF-Moments, also die Einsicht der Konsequenzen für das eigene Leben, führt dazu, klassische Karrierefragen als zweitrangig zu betrachten – aus gleichzeitig egoistischen und altruistischen Gründen. Wir kennen diese Art zu denken von Aktivist*innen wie Greta Thunberg, die einen Tag in der Woche streiken, statt in die Schule zu gehen, denn warum sollte man für eine Zukunft lernen, die es vielleicht so bald schon gar nicht mehr gibt? Eine von Gretas deutschen Mitstreiter*innen ist Luisa Neubauer. In ihrem Buch *Vom Ende der Klimakrise* beschreibt sie einen der Momente, an dem sie vollkommen hoffnungslos war, weil sie erkannte, dass ihre individuelle Zukunft anders als die vorheriger Generationen, nicht genauso planbar war: »Ich erinnerte mich, wie ich kurz zuvor recht unbeschwert darüber gesprochen hatte, wie mein Leben in Zukunft wohl aussehen würde. Das musste ein Moment der Gutgläubigkeit gewesen sein; ein Moment, in dem ich vergessen hatte, dass es diese Zukunft so niemals geben würde. Weil ja alles zur Disposition stand: befreit und mündig älter und erwachsen zu werden, Erfahrungen zu sammeln, Mutter oder sogar Großmutter zu werden. Was für mich mein Leben war, war für die Mächtigen dieser Welt eine bloße Last im Alltagsgeschäft, eine unbequeme offene Rechnung, die niemand zahlen wollte. Der unwillkommene Gast, das Detail, das am liebsten ignoriert wurde. Eine Verantwortung, der niemand gerecht werden wollte. Alle hatten Wichtigeres zu tun.« Kurioserweise wurde bis vor ein paar Jahren in Medien und Politik noch vollkommen empört beklagt, die junge Generation sei zu angepasst, die »jungen Leute« lehnten sich nicht gegen ihre (Helikopter-)Eltern auf, seien zu unpolitisch. Spätestens seit Greta Thunberg und Millionen von anderen Schüler*innen auf der ganzen Welt für ihre Zukunft auf die Straße gehen, hat sich diese Ansicht über »die jungen Leute« erledigt. Auch dass man ihnen Unvernunft vorwerfen könnte, etwas, was man gemeinhin mit »jungen Leuten« assoziiert, haut nicht hin. Es sind die jungen Leute selbst, die an die Vernunft aller appellieren und die Unvernunft, das fehlende Verantwortungsbewusstsein der Eltern- und Großelterngeneration harsch kritisieren. Diese wiederum reagieren mit Verwunderung und Unverständnis: Die Kinder sollten doch lieber zur Schule gehen, um sich nicht selbst die Zukunft zu verbauen, wenn sie durch das Streiken schlechte Noten bekämen, weil sie keine Zeit mehr zum Lernen aufbringen. Die Elterngeneration und insbesondere die Politik wusste zu Beginn der Proteste von Fridays for Future überhaupt nichts damit anzufangen, sie konnten sie schlicht und ergreifend nicht verstehen. Ihrerseits versuchten sie wiederum, an die Vernunft »der Jungen« zu appellieren und die ihnen vernünftig erscheinende Unvernunft ihrer eigenen Generation zu predigen, die lange als das einzig sinnvolle

Lebensziel von jungen Leuten galt: »Seid doch nicht so ernst und angstvoll, ihr seid noch jung, habt doch mal ein bisschen Spaß im Leben, der Ernst kommt noch von ganz allein!« Und auch eine ganz spezielle weitere Variante von Vernunft konnte man heraushören: Die Jugendlichen sollten doch ein wenig an die Wirtschaft denken – generell und die eigene im Sinne einer Karriere – und nicht so viel ans Klima. Zwischen den Generationen klafft eine Schlucht aus Fragezeichen. Die Dringlichkeit, die viele jüngere Menschen spüren, die sie dazu veranlasst, ihre persönlichen Interessen und Pläne hinter die der globalen Erfordernisse zu stellen, leuchtet Menschen, die in einer Welt groß geworden sind, in der es immer um finanziellen und beruflichen Aufstieg, um die eigene Karriere und die Verwirklichung individueller Lebensziele ging, nicht ein – mein Haus, mein Auto, mein Zwerghamster. Aus einer Zeit kommend, in der diese Möglichkeiten erst erkämpft werden mussten, scheint es undankbar, wenn sie heute als selbstverständlich gelten und in die zweite Reihe der persönlichen Prioritäten gestellt werden. Doch die Jüngeren erleben die Welt, seit sie denken können, in einem Krisenmodus – verstärkt auch dadurch, dass diese Krisen es ganz leicht in die eigene Jackentasche schaffen. Arabischer Frühling, Fukushima, Finanzkrise, Klimakrise – alle auf dem Handy dabei, zusammen mit den Menschen, die diese Krisen, auch wenn sie weit weg passieren, am eigenen Leib erfahren. Als Generation Global bezeichnet das Zukunftsinstitut die Jungen von heute, weil sie die Welt nicht nur gesehen haben, sondern durch digitale Vernetzung auch über weite Entfernungen hinweg mit Menschen aus aller Welt zusammengewachsen sind. Diese Generation sieht, wie ihr Handeln sich an anderen Orten des Globus auswirkt – und sie will Verantwortung übernehmen. Genau das ist es, was Unternehmensaktivist*innen, sowohl die jüngeren als auch die

> Genau das ist es, was Unternehmensaktivist*innen, sowohl die jüngeren als auch die bereits erfahreneren, antreibt: Sie sind Global Citizens, sie haben die Welt gesehen – im Auslandssemester, beim Work and Travel, während Geschäftsreisen und jeden Tag auf ihrem Handy.

bereits erfahreneren, antreibt: Sie sind Global Citizens, sie haben die Welt gesehen – im Auslandssemester, beim Work and Travel, während Geschäftsreisen und jeden Tag auf ihrem Handy. Und auch wenn sie inzwischen mindestens zweimal überlegen, ob sie in einen Flieger steigen: Das Selbstverständnis, Weltbürger*innen zu sein, ist geblieben. Aus dem Wissen heraus, mit enormen Privilegien ausgestattet zu sein, wählen zu dürfen, wofür sie ihre Zeit einsetzen, übernehmen sie Verantwortung, nutzen ihr Unternehmen als Vehikel, stellvertretend für all diejenigen, die nicht in einer so vorteilhaften Position im Leben stehen.

RADIKALE VERANTWORTUNGSÜBERNAHME

Einen Vertreter dieser Generation Global treffen wir an einem heißen Sommertag im August 2020. Benedikt Bösel hat das Hofgut 2016 von seinen Eltern übernommen und experimentiert unter der Marke Gut & Bösel mit der Landwirtschaft der Zukunft. Diese soll in der Lage sein, Ressourcen wie insbesondere die CO_2-speichernden Böden nicht zu degenerieren, sondern sogar aufzubauen – bei gesteigerter Effizienz und Wirtschaftlichkeit (wie das genau funktioniert, beschreiben wir in Kapitel 8). Der ehemalige Investmentbanker hat die bisher längste Phase seines Lebens hinter sich gelassen, in der es ihm vor allem um das schnelle Geld ging. Schon mit 16 wollte er Investmentbanker werden, das große Geld machen. Heute lacht er über diese Phase in seinem Leben und ist dankbar, dass das Schicksal wohl anderes mit ihm vorhatte. Mit seinem Betrieb probiert er aus, was weltweit unter progressiven Landwirt*innen inzwischen an Fahrt aufnimmt: regenerative Öko-Landwirtschaft und multifunktionale Lebensmittel-Produktionssysteme, die durch die Bewirtschaftung die Bodenqualität, die Biodiversität und den Wasserkreislauf verbessern. Noch ist der Betrieb nicht profitabel. Drei Dürren in Folge und extreme Wetterereignisse haben ihn in den letzten Jahren stark gebeutelt – und gerade das sind gewichtige Gründe, die herkömmlichen Anbaumethoden grundlegend zu hinterfragen, denn je schlechter der Boden, desto weniger Wasser kann er speichern und desto eher wird er bei Starkregen einfach weggespült. Benedikt ist überzeugt: »Wenn man an eine Sache glaubt und sie machen kann, ist es meines Erachtens auch eine Pflicht, das zu tun. Wenn wir es schaffen, unter diesen Voraussetzungen, also mit diesem Boden und dieser Trockenheit, ein regeneratives, multifunktionales System der Landwirtschaft, das ökonomisch, ökologisch und sozial überlegen ist, zu entwickeln, dann schaffen es auch andere!« Verantwortung und Pflichtbewusstsein hört man bei jeder noch so fröhlichen Aussage des Neo-Bauern heraus. Doch wie kommt man als Investmentbanker dazu, einen solchen Weg einzuschlagen? Und was hat sich verändert seitdem, was hat er damals wohl gesagt und getan, worüber er heute lachen würde? »Wenn du einigermaßen egogetrieben, uninspiriert, uninteressiert bist, und sicherlich kommt das mit einer gewissen Form von Privilegiertheit – wenn du so ins Leben startest und eigentlich da rumsitzt und glaubst, das Leben schuldet dir einen Lottogewinn, dann passiert im Grunde genommen erst mal gar nichts. Ich habe viele Jahre gebraucht und musste vieles ausprobieren, um erst in Madlitz meine Bestimmung zu finden, weil ich auf einmal so deutlich sah, dass die Entwicklung in unserem Landwirtschafts- und Ernährungssystem völlig in die falsche Richtung geht. Da wurde mir klar: Wow, das ist meine Aufgabe! Jetzt checke ich endlich, was meine Bestimmung ist. Das, was ich hier als Hochprivilegierter habe, muss ich nutzen, um Lösungen für andere zu finden, denn nicht alle haben diese Voraussetzungen. Auf einmal hat auch alles, was ich davor gemacht habe, wieder Sinn ergeben. Vielleicht aus Glück, vielleicht aber auch nicht. Ab dem Zeitpunkt ging es gar nicht mehr um mich, sondern vielmehr um das große Ganze, das Finden von Lösungen für eine Landwirtschaft die unseren und den nachfolgenden Generationen gerecht wird.«

Und da ist es wieder, das große Wort: Privileg! Anfang 2020 rollte eine Welle der Empörung über die Welt als Reaktion auf die wieder einmal sichtbar gewordene rassistische Polizeigewalt in den USA. Spätestens jetzt sind sich auch in Deutschland und Europa viele ihrer Privilegien bewusst geworden: sie sind weiß, mit 50-prozentiger Wahrscheinlichkeit männlich, wohlhabend und gut ausgebildet.

Es gibt nun zwei Möglichkeiten, mit seinen Privilegien umzugehen. Entweder, wir finden heraus, wer welchen Anteil an der Misere hat, und sorgen dafür, dass jeder den »eigenen Dreck« vor der gemeinsamen Haustür wegkehrt. Das spiegelt in etwa die aktuelle politische Herangehensweise an die Klimakrise wider, bei der unter anderem die CO_2-Budgets berechnet werden, die jedes Land und jedes Unternehmen noch zur Verfügung hat. Gleichzeitig kann man mit dieser Methode auch sehr schön auf »die anderen« zeigen, die noch schlimmer als man selbst ihrer Verantwortung nicht gerecht werden. In naher Zukunft wird uns zu diesem Zweck Software zur Verfügung stehen, die in der Lage sein wird, exakt zu berechnen, zu wie viel Prozent Extremwetterereignisse und andere Katastrophen menschengemacht sind und zu wie viel Prozent bestimmte Länder oder Firmen durch ihre zerstörerischen Praktiken die Schuld daran tragen, um sie anschließend – auch wenn es dann im Grunde genommen schon zu spät ist – zu verklagen.[33]

> Das klingt zwar nach verdammt viel Arbeit, ist aber genau die Strategie, die unsere Unternehmensaktivist*innen wählen. In gewisser Weise stellt sie auch eine Ermächtigung dar.

Oder aber man nutzt seinen privilegierten Status dafür, nicht nur das eigene Stockwerk zu fegen (und ansonsten darauf zu hoffen, dass die Nachbarn auch den Besen in die Hand nehmen werden), sondern das ganze Treppenhaus gleich mit. Man nutzt also seine Privilegien nicht nur dafür, sich ein möglichst angenehmes Leben zu machen, sondern will das Leben der (Welten-)Gemeinschaft ebenfalls verbessern. Das klingt zwar nach verdammt viel Arbeit, ist aber genau die Strategie, die unsere Unternehmensaktivist*innen wählen. In gewisser Weise stellt sie auch eine Ermächtigung dar. Sie wissen, dass die Zeit zu knapp ist, um lange nach den Schuldigen zu suchen und sie dann auch noch zum Handeln zu bringen, bevor es zu spät ist. Auch wenn heute niemand sagen kann, wie viele brasilianische Regenwaldbäume aufgrund des Verspeisens eines Steaks abgeholzt wurden, zählen Unternehmensaktivist*innen zu der Gruppe von Menschen, die durch den »westlichen« Lebensstil, ein Leben in Wohlstand und Überfluss, den Klimawandel wesentlich stärker vorantreiben als andere. Sie sind es, die die Folgen des Klimawandels, die heute schon in anderen Ländern drastische Folgen haben, auch bei uns in Europa zu spüren bekommen werden, weil sie vorwiegend jung sind. Es ist also doppelte Dringlichkeit geboten, selbst etwas zu tun, anstatt nur mit dem Finger auf »die anderen« oder »die da oben« zu zeigen oder als Unternehmen zu behaupten, man wäre zu klein, um groß etwas zu bewegen, oder man sei zu groß, und deshalb würde das auch nicht gehen. Diese Form der Verantwortungsdelegation ist momentan gang und gäbe, sie lähmt. Sie zeugt von schlimmer Einfallslosigkeit, dem simplen Verkennen der wahren Dringlichkeit des Problems, einem latenten Schuldgefühl und einer allumfassenden Ohnmacht. Menschen, die Unternehmer*innen sind, haben jedoch meistens die Erfahrung gemacht, dass das, was sie tun, Wirkung erzielt, sie wissen, sie sind »selbstwirksam«. Deshalb krempeln sie die Ärmel hoch, jetzt, sofort. Cyrill Gutsch, der Gründer der NGO und Agentur Parley for the Oceans, von dem wir in Kapitel 3 noch mehr hören werden, findet klare Worte dafür:.»You can go out to the streets and attack all those big brands, or: you look into the mirror. And that's what I did«, beschreibt er das Gefühl der großen, persönlichen Verantwortung – er, der als »Creator« sein halbes Leben hinter Geld und Auszeichnungen her gewesen sei und den »Fame« der Möglichkeit vorgezogen habe, das Bestreben dieser Unternehmen zu nutzen, um sie in eine ungiftige und unschädliche Richtung zu bewegen. Er habe sich wie ein Arzt gefühlt, der zwar wisse, wie man Krebs bekämpft, aber es nicht tue. Gutsch spricht von der großen Scham, die das im Moment der Erkenntnis in ihm ausgelöst habe. Die Kreativen sollten ihre Wirkmacht also nutzen, um die Wirtschaft zu verändern, denn kein*e Politiker*in könne das so schnell wie sie.[34]

Clive Jackson, Gründer der Charterfluglinie Fly Victor, nennt das im Interview »Owning the Problem«, also »sich das Problem zu eigen machen«. Dass ausgerechnet ein Unternehmen, das im Luftverkehr tätig ist, eine solche Philosophie vertritt, klingt erst mal nach einer dicken Portion Greenwashing. Doch das Team von Fly Victor meint es ernst. Natürlich könnten sie aufhören, Flüge anzubieten, doch das würde nicht dazu führen, dass ihre Kund*innen nicht mehr fliegen. Diese würden sich einfach einen anderen Anbieter suchen. Aus diesem Grund hat Clive beschlossen, alle seine Kund*innen mit der Thematik der Umweltzerstörung, die durch ihr Verhalten ausgelöst wird, zu konfrontieren. Die Menschen verbrächten ja viel Zeit an Bord, die könne man nutzen, um gezielte Kommunikation zu betreiben. Außerdem werden Charterflüge im Normalfall von Menschen gebucht, die in für die Zukunft entscheidenden Positionen sitzen: Konzernchef*innen, Politiker*innen, Stars, Vermögende, die mit ihrer besonderen Strahlkraft auch Einfluss auf die Einstellungen und Denkweisen vieler anderer nehmen und so als Multiplikator*innen fungieren. Das Unternehmen startete 2019 eine Kampagne unter dem Titel #beyondoffset, die den CO_2-Ausstoß jedes Flugs mit firmeneigenen Mitteln aus dem Marketingbudget zu 200 Prozent kompensiert, also an Regenwalderhaltungs- und -aufforstungsprojekte spendet. Kund*innen werden dazu angehalten, auch selbst tätig zu werden. Nach den ersten sechs Monaten Kampagnenlaufzeit hatten bereits 11 Prozent der Kund*innen auf diese Weise überkompensiert. In Relation zum Preis für einen solchen Charterflug ist nämlich sogar eine 1000-prozentige oder noch höhere Kompensation eigentlich Kleingeld. Die Metapher, die Clive wählt, um das Vorgehen zu erklären, leuchtet ein – es gehe ganz einfach darum, den eigenen Dreck auch selbst wieder zu beseitigen. Wer zu Hause eine Tasse Kaffee verschütte, werde sich schließlich auch darum kümmern. Dies sei die klare Botschaft, die er seinen Kund*innen mit auf den Weg geben wolle. Fly Victors Strategie enthält neben der Kompensation den Aufruf, unnötige Flüge sein zu lassen, Flugrouten so effizient wie möglich zu berechnen, um unnötige Wartezeiten in der Luft zu vermeiden, sowie die Forschung zu alternativen, umweltfreundlicheren Treibstoffen zu unterstützen.

Die Eigenschaft, Verantwortung für etwas zu übernehmen, ohne zuvor die Schuldfrage im Detail klären zu wollen, nennt man in Leadership-Kreisen auch »Extreme Ownership«. Die ehemaligen US-Navy-SEALs-Soldaten Jocko Willink und Leif Babin veröffentlichten das gleichnamige Buch im Jahr 2015. Beide verbrachten um die 20 Jahre in der Army als Soldaten im Einsatz und als Ausbilder, heute sind sie gefragte Berater für Entscheidungsträger*innen aus Politik und Wirtschaft. Die Leadership-Prinzipien, die sie während ihrer

Einsätze in Kriegsgebieten erlernt haben, übertragen sie im Buch unter anderem auch auf Unternehmenskontexte. Extreme Ownership bedeutet, dass man sich, wenn etwas schiefläuft – egal in welchem Kontext –, nicht darin verliert, eine*n Schuldige*n zu suchen oder Ausreden parat zu haben, sondern die Verantwortung vollkommen selbst übernimmt. Das spart einerseits Zeit, hilft aber außerdem dabei, die Probleme, die da sind, tatsächlich zu lösen, weil man im einzigen Handlungsradius operiert, den man unter Kontrolle hat: dem eigenen. Zu überlegen, was man selbst ändern müsste, um die gleichen Probleme beim nächsten Mal zu verhindern, lehrt etwas Neues und entwickelt die eigene Persönlichkeit weiter. Ein Beispiel: Wenn ich es immer von mir wegschiebe, verantwortlich dafür zu sein, keinen Job zu finden, weil die Personaler*innen einfach nicht verstehen, wie gut ich bin, werde ich wahrscheinlich bis ans Ende meines Lebens ohne Job dastehen. Wenn ich mir eingestehe, dass ich selbst die Ursache dafür bin, dass meine Talente nicht deutlich werden, kann ich an vielen Punkten ansetzen: an der Art und Weise, wie ich spreche oder schreibe, ich kann versuchen, meinen Lebensweg besser zu erklären, oder aber eine Demonstration meiner Fähigkeiten zum Vorstellungsgespräch mitbringen – eine Berechnung, eine Schreibprobe oder was auch immer der potenzielle Job erfordert. Jockos »Ted Talk« aus dem Jahr 2017 wurde auf YouTube beachtliche 4,3 Millionen Mal angeklickt.[35] Darin schildert er eine Situation aus dem Irak-Krieg, in der sein Team aus verschiedensten Gründen gegen die eigenen Verbündeten kämpfte. Im Anschluss daran sollte geklärt werden, was genau passiert war und wer zur Verantwortung gezogen werden musste, sprich: Wer soll gefeuert werden? Jede*r seiner Teamkolleg*innen gab die eigenen Fehler zu. Jocko selbst machte alle Fehler, auch die der anderen, zu seinen eigenen. Genau das ist mit Extreme Ownership gemeint. »And that is true on the battlefield, it is true in business and it is true in life.« Und so fordert der hulkähnliche Hühne jede*n dazu auf, nicht nach Ausreden zu suchen oder mit dem Finger auf »die Schuldigen« zu zeigen, sondern seinen Job, die Zusammenarbeit im Team,

> **Unternehmen ist das Gegenteil von Unterlassen!**

das eigene Leben und die eigene Zukunft in die Hand zu nehmen – und damit auch die aller anderen. Gefeuert wurde in Jockos Geschichte letztendlich niemand. Und auch wenn die Parallele der Klimakrise zum Kriegszustand (noch) nicht sehr nahe liegt – schließlich »kämpfen« wir alle auf der gleichen Seite, nämlich gegen die Klimakatastrophe –, hilft uns die radikale Verantwortungsübernahme, einerseits Zeit zu sparen, weil wir uns nicht mehr darin verlieren, mit dem Finger auf die anderen zu zeigen, und andererseits die Probleme zu lösen, weil wir selbst und im Idealfall auch alle anderen etwas unternehmen. Peter Sänger, einer unserer Unternehmensaktivist*innen, von dem wir später in diesem Kapitel noch mehr erzählen, hat von seinem Unternehmer-Vater das passende Motto der verantwortungsvollen Unternehmer*innen gelernt: »Unternehmen ist das Gegenteil von Unterlassen!«

ALLES IST DESIGNED

Für unseren Landwirt Benedikt Bösel eröffnete sich aus der Einsicht, dass es in seinem Tun nicht mehr um ihn als Person geht, sondern um etwas sehr viel Größeres, eine vollkommen neue Welt. In dem Moment, als ihm bewusst wurde, welche Tragweite sein Tun hat (nämlich eine Antwort auf die Frage: Wie ernähren wir eine wachsende Weltbevölkerung angesichts der Klimakrise?), entwickelten sich die Dinge von ganz alleine. Denn er musste keine I0nnenschau mehr betreiben, um herauszufinden, wonach er streben sollte, sondern der Weg war von da an vollkommen klar: »Das musst du machen!« Durch Recherchen auf der ganzen Welt wurde ihm bewusst, dass die Art und Weise, wie wir momentan Landwirtschaft betreiben, nicht der Weisheit letzter Schluss ist. Neben der Empörung, die ein WTF-Moment enthält, ist die Einsicht in die Gestaltbarkeit der Welt und der damit einhergehende Befreiungsschlag wohl eine der wichtigsten im Leben von Unternehmensaktivist*innen. Im Design Thinking, der Innovationsmethode, die wir seit vielen Jahren mit unterschiedlichsten Unternehmen praktizieren, um auf der Basis von Kundenbedürfnissen neue Lösungen und Prozesse zu entwickeln, nennt man diese Einstellung den Designer's Mindset: Viel wichtiger als das perfekte Beherrschen unterschiedlicher Methodiken ist es, begriffen und verinnerlicht zu haben, dass die Welt (um)gestaltbar und nicht unveränderbar ist. Einer der bekanntesten Vertreter dieser Lebenseinstellung war Steve Jobs: »Alles um dich herum, das du Leben nennst, wurde von Menschen geschaffen, die auch nicht smarter waren als du. Du kannst es also verändern, du kannst es beeinflussen (…). Wenn du das erst einmal verstanden hast, wirst du nie wieder der- oder dieselbe sein.«[36] Jede noch so kleine oder große Sache wurde einmal von jemandem erdacht oder wurde in einem Prozess der Interaktion von Menschen in eine Form gebracht, die durchaus veränderbar ist, auch wenn wir uns das häufig gar nicht mehr vorstellen können, weil es ja »schon immer so war« – vom Bleistift zum Wahlsystem über die Notenvergabe in der Schule bis hin zu monetär definierten Wachstumszielen von Unternehmen. Auch die Zerstörung unserer natürlichen Lebensgrundlagen wird aus diesem Blickwinkel zur Aufgabe für Designer*innen. Sie gehört zur Kategorie der sogenannten »wicked problems«,[37] auf die wir in Kapitel 6 näher eingehen. Es handelt sich dabei um Probleme, die so groß sind, dass wir davor erstarren: Hunger, Armut, Sklaverei, Unterdrückung von Minderheiten und so weiter. Eine Person, die das Designer's Mindset verinnerlicht hat, begreift eine solche Herausforderung als »Design Fail«, also als etwas Gestaltetes, das fehlerhaft ist. Doch anstatt darauf zu setzen, dass da »mal jemand was machen müsste«, fühlt sich diese Person selbst dazu in der Lage, einen Teil zur Lösung beizutragen, indem sie in dem ihr zur Verfügung stehenden Rahmen Umgestaltungen vornimmt. In dem Moment, in dem ein »wicked problem« auf die Gestaltungsfähigkeit von Menschen trifft, die Verantwortung übernehmen wollen, entsteht aktivistisches Unternehmer*innentum, werden Unternehmer*innen

> In dem Moment, in dem ein »wicked problem« auf die Gestaltungsfähigkeit von Menschen trifft, die Verantwortung übernehmen wollen, entsteht aktivistisches Unternehmer*innentum.

zu Unternehmensaktivist*innen. Wieso führt Landwirtschaft zu degenerierten Böden, wo doch die Landwirt*innen es sein sollten, die sich um sie kümmern? Benedikt Bösel definiert ihre Rolle im Ökosystem neu als diejenigen, die die wertvolle Ressource Boden wieder aufbauen, dabei große Mengen CO_2 binden (statt sie durch zu intensive Landwirtschaft entweichen zu lassen) und gleichzeitig eine unglaubliche Vielfalt an Produkten anbieten können. Und wenn wir gerade schon dabei sind, Dinge grundsätzlich in Frage zu stellen: Wer hat eigentlich gesagt, dass Bio-Lebensmittel so stark verpackt werden müssen? Milena Glimbovski und ihr Team denken mit Original Unverpackt nicht nur neu, wie ein Supermarkt bestückt werden sollte (Verpackungen in ein Regal einordnen vs. lose Lebensmittel in einen Behälter füllen), sondern verändern durch ihre Nachfrage nach verpackungsarmen oder -freien Großgebinden ganze Lieferketten. Dr. Reckhaus, der mittelständische Hersteller von Insektenvernichtungs-, aber eben auch einem -rettungsprodukt, von dem wir in Kapitel 3 mehr hören werden, stellt in unserem Interview die alles entscheidende Design-Frage: »Wie kann es sein, dass wir heute solche Produkte kennzeichnen, die gut für die Umwelt sind, und die meisten Dinge, die schlecht für uns oder die Umwelt sind, stehen als das Normale da? Was wäre, wenn wir es umgekehrt machen würden?«

AKTIVISMUS TRIFFT UNTERNEHMER*INNENTUM

Verantwortungsbewusstsein und Gestaltungsfähigkeit sind also die Grundzutaten unternehmerischen Aktivismus. Dieser unterscheidet sich grundlegend von anderen Arten des Aktivismus, wie wir ihn von Demonstrationen oder dem »zivilen Ungehorsam« kennen. In seiner langen und bewegten Geschichte hat der Begriff des Aktivismus schon viele Bedeutungszuschreibungen erlebt. Im Nationalsozialismus und der DDR waren Aktivist*innen paradoxerweise die besonders aktiven Verfechter*innen des jeweiligen Regimes. Seine heutige

Bedeutung ist insbesondere durch die sozialen Bewegungen der 1960er- und 1970er-Jahre bestimmt, die nicht nur unser Verständnis in Sachen Gleichberechtigung oder Umweltschutz radikal verändert haben, sondern zu weitreichenden Gesetzesänderungen führten und diese Themen bis heute grundlegend im öffentlichen Diskurs verankerten. Und auch die von diesen und früheren Bewegungen genutzten Werkzeuge sind uns bis heute erhalten geblieben: Demonstrationen, Flugblätter, offene Briefe, Plakate, Boykott oder auch aktive Politikgestaltung, also das Eintreten für eine Sache in der Interaktion mit politischen Entscheidungsträger*innen (aka Lobbyismus). Die Bezeichnung »unternehmerischer Aktivismus« erscheint auf den ersten Blick kontrovers angesichts der Tatsache, dass sich viele Aktivist*innen gegen den Kapitalismus positionieren, während die meisten Unternehmer*innen wohl Kapitalist*innen sind. Unternehmer*innentum wie auch Aktivismus haben mit den aufgeführten Vorgehensweisen jedoch gemein, dass es im Grunde nicht darum geht, untätig abzuwarten (Attentismus), plan- und kopflos irgendetwas zu tun (Aktionismus) oder an politischen Prozessen selbst mitzuwirken, sondern außerhalb dieser Entscheidungsprozesse aktiv zu sein. Doch während es im alltäglichen Verständnis von Aktivismus insbesondere um Öffentlichkeitsarbeit zu den als wichtig erkannten Themen geht und darum, Druck auf die Politik auszuüben, geht es beim Unternehmensaktivismus um die Möglichkeit, auf das System, das kritisiert wird, von innen heraus selbst verändernd einzuwirken und der Politik konkret aufzuzeigen, was wirtschaftlich möglich ist. Im Englischen etabliert sich der Begriff des »brand activism«, der beschreibt, wie sich Marken mit sozialem, ökonomischem und ökologischem Engagement neu aufladen können. Unternehmenktivismus, wie wir ihn meinen, fügt eine weitere Dimension hinzu: Unternehmen, die die aktivistischen Inhalte, die ihre Gründer*innen

> Unternehmensaktivismus, wie wir ihn meinen, fügt eine weitere Dimension hinzu: Unternehmen, die die aktivistischen Inhalte, die ihre Gründader*innen und Mitarbeiter*innen vertreten, zum Kern ihrer Geschäftstätigkeit machen.

und Mitarbeiter*innen vertreten, zum Kern ihrer Geschäftstätigkeit machen. Diese Unternehmen setzen sich also nicht nur für eine Sache ein, weil sie wichtig ist und gesellschaftlich relevant, sondern sie gründen ein Unternehmen, um die systemischen Voraussetzungen für dieses Problem *durch* ihre Unternehmensaktivitäten umzugestalten. Während sich viele Unternehmen zum Beispiel dafür aussprechen, dass sie Plastikverpackungen vermeiden wollen, und es auch hier und da schon schaffen, Plastik wegzulassen, dafür Rezyklate einzusetzen oder es durch Alternativen gänzlich zu ersetzen, ist das Prinzip des Zero Waste die Existenzgrundlage für Original Unverpackt. Und während Biobauernhöfen neben vielen anderen Dingen auch daran gelegen ist, Humusaufbau zu betreiben, um bessere Erträge zu erzielen, ist es der Unternehmenszweck von Benedikt Bösels Gesellschaft für regenerativen Landbau, solche Anbausysteme zu entwickeln, die CO_2 in der Erde speichern, und diese anderen zur Verfügung zu stellen. Das Unternehmen wird also selbst zum gewaltfreien Mittel für gesellschaftliche Veränderung hin zu einem wünschenswerten System. »Klassische« Aktivist*innen stehen am Rand der politischen Entscheidungsmanege und versuchen von *außen* darauf einzuwirken. Unternehmensaktivist*innen schauen ebenfalls von außen, sind aber Akteure *im* System Wirtschaft, dem sie durch Interventionen – also ihre Unternehmenstätigkeit – zu alternativen Funktionsmustern verhelfen wollen. Vom »Man müsste doch«, »Die sollten doch mal«, »Es kann doch nicht sein, dass …« kommen sie zur Frage »Was kann ich da machen?« und beantworten sie mit einer Unternehmensgründung. Sie verleihen der Problemlösung eine Form, die es anderen – Kund*innen, Stakeholder*innen, Mitarbeiter*innen – ermöglicht, über Mitarbeit oder Konsum Teil davon zu werden und gemeinsam eine grundlegende Veränderung herbeizuführen.

> So, wie der aktivistische Impuls die Ausgangslage für das Unternehmerische bildet, organisiert das Unternehmerische die Art und Weise, wie Unternehmensaktivist*innen ihren Aktivismus ausüben.

So, wie der aktivistische Impuls die Ausgangslage für das Unternehmerische bildet, organisiert das Unternehmerische die Art und Weise, wie Unternehmensaktivist*innen ihren Aktivismus ausüben. Die Kognitionswissenschaftlerin Saras Sarasvathy forschte viele Jahre an der Frage, was das Denken erfolgreicher Mehrfach-Gründer*innen – sogenannter Supraentrepreneurs – ausmacht, um zu ermitteln, ob man wohl lernen könnte, unternehmerisch erfolgreich zu sein. Aus Tonaufnahmen und Mitschriften von 27 Unternehmer*innen, deren Firmen zwischen 200 Millionen und 6,5 Milliarden Dollar Umsatz machten, leitete sie die Theorie der »Effectuation«[38] ab und veröffentlichte 2005 ihre Studie *Elements of Entrepreneurial Expertise*. Ihren Ergebnissen zufolge weicht unternehmerisches Denken eklatant von unserer Vorstellung logischer und strukturierter Projektplanung ab. Sarasvathy beschreibt, wie sich »effectual reasoning«, also ein handlungsbasierter Erkenntnisprozess, von der Denkweise klassischer Manager*innen (»causal reasoning«) unterscheidet.

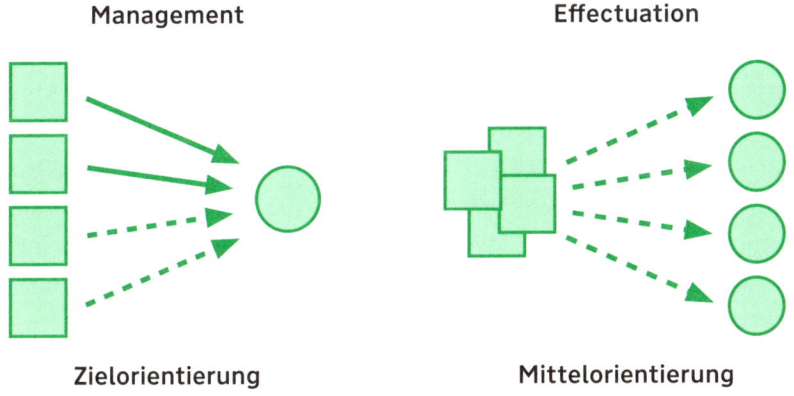

Abbildung 3: »Effectual Reasoning«: Mittelorientierung statt Zielorientierung nach Saras Sarasvathy

Ein zentraler Unterschied zwischen jener in den klassischen Managementprinzipien vorherrschenden linear-kausalen und der von ihr beschriebenen effektuierenden Logik bestehe in der grundlegenden Orientierung: Kausale Modelle begännen mit dem zu erreichenden Ziel. Seien die Mittel zur Zielerreichung nicht gegeben, so müssten diese entwickelt oder akquiriert werden. Ein Vorgehen nach dem Prinzip der Effectuation hingegen funktioniere kreativer und zunächst ergebnisoffen. Es starte mit den gegebenen Mitteln und leite daraus ab, welche Ziele sich mit den vorhandenen Mitteln erreichen lassen könnten[39] – ganz ähnlich, wie einige von uns am liebsten nach Rezept kochen und andere mit dem, was im Kühlschrank ist, improvisieren. Die nötigen Fähigkeiten und Kenntnisse sind die gleichen, der Grad an Kreativität, Spontanität, Risikobereitschaft, Experimentierfreude und Verkaufsgeschick vollkommen unterschiedlich. Gerade in Zeiten von Unsicherheit und in Anbetracht der Tatsache, dass für die großen Herausforderungen – wir erinnern uns: »wicked problems« –, vor denen wir heute stehen, noch keine simplen Lösungsansätze vorhanden sind, wird Effektuieren notwendiger denn je. Würden wir alle strikt kausal denken, könnten wir erst anfangen, Lösungen zu entwickeln, wenn wir wüssten, was diese Lösungen sind. Unternehmerisch Denkende hingegen fangen an, mit dem, was sie haben, mit ihren persönlichen Fähigkeiten, ihren Kontakten und der Vorstellung davon, was sie wollen: Nach Sarasvathy lassen sich die von den beforschten Entrepreneur*innen zum Einsatz gebrachten Mittel in drei Kategorien gliedern: »(1) Wer sie sind – ihre Eigenschaften, Einstellungen und Fähigkeiten; (2) Was sie können – ihre (Aus-)Bildung, Expertise und Erfahrung; und (3) Wen sie kennen – ihre sozialen und professionellen Netzwerke«.[40]

Besonders deutlich wird diese Vorgehensweise bei denjenigen unserer Unternehmensaktivist*innen, die bereits mehrere Gründungen hinter sich gebracht haben und nun die Fähigkeiten, die sie im Laufe ihrer Unternehmens-

> Würden wir alle strikt kausal denken, könnten wir erst anfangen, Lösungen zu entwickeln, wenn wir wüssten, was diese Lösungen sind.

geschichten erworben haben, auf das für sie neue Feld des Aktivismus anwenden. Während bis vor ein paar Jahren noch reihenweise Software-Start-ups gegründet wurden, um auch die noch so abwegigste Dienstleistung zu digitalisieren, fragen sich heute immer mehr Gründer*innen, wie sie ihre Digitalkompetenz, ihr Geschick in Sachen Geschäftsmodellentwicklung und ihre kreativen Problemlösungsfähigkeiten für sinnvollere Zwecke einsetzen können. Mit Sarasvathy gesprochen: Das, was sie können (2), hat sich nicht geändert, das, was sie damit erreichen, wer sie sein wollen (1), schon. Bevor beispielsweise die beiden Brüder Mark und Martin Poreda vor wenigen Jahren Hektar Nektar ins Leben riefen, gründeten sie 2007 zunächst die Arbeitgeberbewertungsplattform Kununu, die heute aus der Arbeitswelt kaum wegzudenken ist. Sie entstand aus dem Bedürfnis von Arbeitnehmer*innen, Erfahrungswerte von Mitarbeiter*innen bei potenziellen Arbeitgeber*innen zu erfragen. 2012 verkauften die Brüder Kununu für 12 Millionen Euro an Xing. Das nächste Projekt ist nun Hektar Nektar, das sie ebenfalls aus der Einsicht über ein gravierendes Problem ins Leben riefen: Wer Bienensterben verhindern möchte, muss bei den Imker*innen anfangen. Doch wer heutzutage ein funktionierendes Imkerei-Unternehmen aufbauen möchte, versinkt in der Komplexität des Themas einerseits und in Organisationstätigkeiten andererseits. Weder gibt es genug Zeit, um sich um die Bienen zu kümmern, noch ist es ohne Weiteres möglich, einen ausreichend großen Kundenstamm aufzubauen, damit sich die Erwerbsimkerei finanziell rechnet. Das Naturprodukt Honig ist zu günstig, weil es auf dem Weltmarkt gehandelt wird, eine Imkerei zu eröffnen mit sehr viel Aufwand und Kosten verbunden. Mit ihren Fähigkeiten in der Softwareentwicklung und im Marketing, also zwei Kompetenzen, die sie aus ihren bisherigen Tätigkeiten mitbrachten, schienen die Poreda-Brüder in der Lage, eine Lücke in der Branche – die wohl eine der am wenigsten digitalisierten überhaupt war – zu schließen. Und: »Wir mögen es schon, wenn wir 'n bisserl die Welt verändern können«, fasst Mark ihre Motivation im schönsten Österreichisch zusammen. Je mehr sie sich mit dem Thema Imkerei befassten, desto mehr verstanden sie nicht nur die Hürden für angehende Erwerbsimker*innen, sondern auch die Thematik rund um das Bienensterben. Sie sahen die Chance, durch ein funktionierendes Unternehmen nicht nur die Imkerei, sondern gleichzeitig auch die Bienenpopulation zu stärken, denn ohne Bienen stehen wir irgendwann vor leeren Supermarktregalen, schließlich bestäuben sie zwei Drittel unserer Obst- und Gemüsesorten. Hektar Nektar startete mit einem Online-Marktplatz, der es Imker*innen ermöglicht, Ausrüstung für ihre Bienenstöcke zu kaufen, die Standardmaßen entsprechen – ein Novum in der Branche, denn bisher bauten viele Imker*innen ihre Ausrüstung selbst, was die Hürde, selbst Imker*in zu werden, enorm erhöhte. Auch Bienenvölker können über die Plattform erworben werden. Während uns die Medienbilder von menschlichen Bestäubungsarbeiter*innen in China in den Sinn kommen und Unternehmen wie Walmart in die Entwicklung von Bestäubungsdrohnen investieren, starteten die Poredas 2018 Projekt 2028. Ihr Ziel: in zehn Jahren die Bienenpopulation in Österreich und Deutschland um 10 Prozent zu steigern und damit die von der Natur eigentlich kostenlos bereitgestellte Bestäubungsdienstleistung zu sichern. Ihr Modell in diesem kampagnenartigen Geschäftsmodellansatz verbindet auf gewiefte Weise die Corporate-Social-Responsibility-Ambitionen (CSR) von Unternehmen mit Imker*innen. Die Unternehmen sponsern auf der Grundlage ihrer Nachhaltigkeitsziele die Bienenvölker und -stöcke, schenken sie den Imker*innen, die sich um sie kümmern und im Gegenzug professionelles Material für den Social-Media-Auftritt des Unternehmens zur Verfügung stellen – und natürlich Honig! Während wir dieses Buch schreiben, wurden bereits 308 Imker*innen unterstützt und 28 099 020 Bienen verschenkt (Stand vom 8. Februar 2021).[41]

In ihrer Vorgehensweise entsprechen Mark und Martin sehr genau den von Saras Sarasvathy beschriebenen Effekturierenden, die mit den Mitteln starten, die ihnen zur Verfügung stehen, anstatt zu überlegen, was ihnen noch fehlen könnte, um eine ganz bestimmte Zielvorstellung zu erreichen. Unterwegs entstehen weitere Möglichkeiten, die vorliegenden Probleme zu lösen. Das Gute ist: Diese Art und Weise zu denken und zu entscheiden, diese Haltung ist lernbar – Effectuation als Methode, die konkret auch auf Projektebene in klassischen Unternehmen gute Ergebnisse zu erzielen vermag, zeigt auf, wo wir von gelernten Handlungsweisen abweichen müssen und welche Perspektive wir stattdessen einnehmen können. Die Grundlage dieser Vorgehensweise ist schlichtweg die menschliche Intuition, auf die wir immer dann zurückgreifen, wenn wir die Zukunft nicht exakt berechnen können, die uns allerdings in keinem BWL-Studium im Lehrplan begegnet. Illustrieren lässt sich diese Art zu handeln mit der sogenannten Blickheuristik: Wirft jemand einen Ball in einem hohen Bogen in eine bestimmte Richtung, berechnen wir nicht im Vorfeld, wo er aufschlagen wird, um dann genau dorthin zu rennen und auf ihn zu warten, sondern wir bewegen uns mit dem Ball immer so weit, dass sich der Winkel, den unser Blick zum Ball einnimmt, nicht verändert, um gleichzeitig mit dem Ball an der Stelle anzukommen, an der wir ihn auffangen können. In unsicheren Umfeldern hilft uns diese Art zu denken dabei anzufangen, ohne die finale Lösung zu kennen. Dieses Risikobewusstsein ist es, was aktuell eines der größten Nadelöhre für Veränderung darstellt, denn immer weniger Menschen gründen ein Unternehmen, ganz egal, wie gehypt die Start-up-Welt gerade ist. Und das heute, wo wir diese grundsätzlichen Veränderungen mehr denn je brauchen! Schon Joseph A. Schumpeter – ein großer Vordenker in Sachen Innovationstheorie – sah die Unternehmer*innen als den Kern jeder Innovation. Technologie und Fremdkapital, die anderen beiden Zutaten unternehmerischen Handelns, seien ausreichend vorhanden. Erst der leider selten anzutreffende unternehmerische Geist, gepaart mit einer Portion Risikobereitschaft, könne es schaffen, Ideen wirklich in die Tat umzusetzen.[42]

HELD*INNEN DER VERÄNDERUNG: FRANK THELEN UND GRETA THUNBERG

Einen möglichen Hebel sehen einige unserer Unternehmensaktivist*innen in der Kombination aus Umweltschutz und Digitalisierung. Denn Digitalisierung ermöglicht Transparenz und Effizienz bezüglich der Wertschöpfungsketten, und sie legt ökologische und soziale Probleme auf der ganzen Welt offen, ein Wegsehen ist fast unmöglich geworden. Gleichzeitig kann Digitaltechnologie eines der Mittel sein, um zu messen, wo wir ansetzen müssen, um das, was wir dann tun, wirkungsvoller zu machen, Impact zu skalieren. Es ist also kein Wunder, dass Peter Sänger, Co-Gründer von Green City Solutions, auf die Frage nach seinen Idolen Frank Thelen und Greta Thunberg nennt. Frank Thelen bewundert er für die Überlegung, dass Unternehmen »exponentiellen Fortschritt« auf der Grundlage von Technologieinnovationen wie KI, 3D-Druck oder synthetischer Biologie anstreben sollen, ein Ansatz, den er in dem Buch *10xDNA – Das Mindset der Zukunft* darlegt. Über Greta Thunberg sagt er: »Sie hat geschafft, was kein Politiker geschafft hat«, nämlich das Thema Klimarettung auf die allgemeine Agenda zu setzen und unglaublich viele Menschen zusammenzubringen, um sich der wichtigsten Herausforderung unserer Zeit anzunehmen. Als Unternehmer weiß er um die Möglichkeiten, die Technologie bietet, als Aktivist weiß er, wofür er sie einsetzen will: »In diesen Dienst habe ich mich gestellt«, fasst er die Vision hinter seiner Unternehmung zusammen und meint damit die Mitarbeit an der Lösung der Klimakrise. Green City Solutions lebt von der Synergie aus digitaler Technik und Ökologie. Die Lösung nutzt Moose und optimiert durch Technologie die besonderen Leistungen, die unterschiedliche Moose im Ökosystem übernehmen, um Städte lebenswerter zu machen. Bevor wir mit Peter gesprochen haben, waren wir wie wohl viele der Ansicht, dass allein Bäume ausreichen, um das Stadtklima – also Luftqualität und -temperatur – zu verbessern. Doch Peter erklärte uns, dass auch in der Stadt ein Mosaik an Ökosystemleistungen von unterschiedlichsten Pflanzen und Tieren übernommen wird. Die Aufgabe von Bäumen ist es, CO_2 aus der Luft zu filtern, sie kümmern sich also um Gase. Zu wirklich guter Luft gehört aber auch, dass sie möglichst frei von Feinstaub ist, und diese Filterleistung übernehmen Moose. Denn tatsächlich sterben wohl sogar mehr Menschen an Feinstaub als an den Folgen des Rauchens, und uns Deutschen gehen im Durchschnitt 2,4 Lebensjahre verloren, weil wir so viel Feinstaub einatmen.[43] Ökosysteme sind also erst wirklich stabil, wenn sie vielseitig sind. Daher reicht es nicht aus, Bäume zu pflanzen, sondern wir brauchen weitere Bausteine, die alle zusammen möglichst viele Ökosystemleistungen abdecken. Die CityTrees, wie Peter Sänger und seine

Abbildung 4: CityTree von Green City Solutions (© Green City Solutions)

Kolleg*innen ihre »klimaaktiven Grünelemente« nennen, sind so etwas wie große Möbelstücke für die Stadt. Sie sehen ein bisschen aus wie übergroße Bienenstöcke und bestehen aus Holz, Moos und viel Technik.

Zum jetzigen Zeitpunkt geht es darum, noch weitere Daten an unterschiedlichen Standorten zu sammeln. Peter hat seine Woche entsprechend strukturiert: »Mittwoch Sales-Tag, Donnerstag Moos-Tag, Freitag Mess-Tag«, und dazwischen alles andere. Das Team will mit den Daten einen Moos-Algorithmus entwickeln, der für jeden Standort auf der Welt die Zusammensetzung der Moos-Sorten optimal steuern und so möglichst viel Feinstaub aus der Luft ziehen kann. Für seine Arbeit hat Peter viel Kritik geerntet, insbesondere aus der Wissenschaft, die die Wirksamkeit seiner Lösung anzweifelte. Mittlerweile bescheinigen das Leibniz Institut für Troposphärenforschung Leipzig und das Institut für Luft- und Kältetechnik Dresden den CityTrees, 82 Prozent des

Feinstaubs aus der Umgebung zu filtern und die Temperatur um das Objekt herum um 4 Grad zu kühlen. »Als wir angefangen haben, waren wir bezüglich der messbaren Zahlen nicht so gut aufgestellt«, erinnert sich Peter. Auch die optimale Architektur war noch nicht gefunden: der erste, sehr schicke CityTree hatte eine Alu-Hülle, mit der sich die Moose durch Sonneneinstrahlung stark aufheizten und austrockneten. Obwohl all diese Fragen noch ungeklärt waren, sind sie vom ersten Prototypen an an den Markt gegangen. »Wir hatten nie den Luxus, im stillen Kämmerlein zu experimentieren. Zwischen Version 1.0 und 1.1 lagen zwei Wochen, zur nächsten Weiterentwicklung vier. (…) Seit Ende 2019, Anfang 2020 haben wir das Produkt komplett neu erfunden, was insbesondere in puncto Nachhaltigkeit eine ganz neue Dimension eröffnet.« Heißt: Der gesamte CityTree lässt sich im Sinne der Circular Economy auseinanderbauen und wiederverwenden. Der Mut, mit etwas Unfertigem an den Markt zu gehen und unterdessen immer wieder anzupassen, also zu »iterieren«, wie es in der Start-up-Sprache gerne heißt, lässt sich bei Peters großen Vorbildern wie Frank Thelen, aber auch Elon Musk mit Tesla beobachten. Es ist einerseits hochwissenschaftlich, denn es werden fortlaufend Daten gesammelt, die die Lösung optimieren. Begeisterte Kund*innen werden zum Teil des Entwicklungsteams, das ständig Feedback in die Verbesserungsschleifen einspeist. Andererseits erntete Peter Sänger genau für dieses Vorgehen Kritik von wissenschaftlich Denkenden, denn etwas Unfertiges kann man doch nicht guten Gewissens verkaufen – oder doch? »Wenn der Status quo ist, dass ein Problem unlösbar ist, und man dann Indizien für eine Lösung gesammelt hat, gibt es einen enormen Ansporn, zu beweisen, dass es wirklich eine Lösung gibt«, findet Peter und fährt fort: »Und etwas zu probieren, also zu unternehmen, ist allemal besser, als nichts zu tun, weil man sich nicht traut zu scheitern – in Krisenzeiten noch mehr als sonst.« Das Aktivistische am Unternehmer*in-

> Das Aktivistische am Unternehmer*innentum besteht also auch darin, positive Realitäten zu erschaffen, die zuvor allein in der Vorstellung vorhanden waren.

nentum besteht also auch darin, positive Realitäten zu erschaffen, die zuvor allein in der Vorstellung vorhanden waren. Die Kombination aus digitaler Technik, Ökologie und einer großen Portion Risikobereitschaft ermöglicht es potenziell, Ökosystemleistungen zu skalieren, also großflächig wirksamer zu machen. Der Weg zur Realisierung ist geprägt von Anpassungsvorgängen, Iterationen, weil wir für viele Probleme (noch) keine finalen Lösungen haben. Auf dem Weg dorthin vertreten Unternehmensaktivist*innen die Meinung: Wenn es sonst keiner tut, dann mache ich es eben!

UNTERNEHMEN ALS LÖSUNGSINFRASTRUKTUR

Nur wenige der Unternehmensaktivist*innen haben an der Uni oder in der Schule gelernt, wie sie ihre Unternehmen aufbauen sollten. Viel wichtiger, um etwas zu unternehmen, war es, dass sie aus einem tiefen Verantwortungsbewusstsein heraus Probleme lösen wollten und daran geglaubt haben, dass das auch möglich ist. Wer auf diese Art Unternehmen gründet, kann auf diverse Vorteile setzen: Kund*innen werden zu Fans, die ihre Zeit, ihr Geld und ihre Energie investieren, um die Idee voranzutreiben. Man schaue sich nur die hoch begeisterten Kund*innen von Green City Solutions an, die schon für Prototypen bezahlten, auch ohne messbare Beweise für die Wirksamkeit des Modells. Auch Investor Luis Hanemann, den wir ebenfalls für dieses Buch interviewt haben, weiß um die enormen Vorteile dessen eine Mission zu haben: »Neben der Tatsache, dass man dadurch einen messerscharfen Differenzierungsfaktor hat, bekommt man außerdem bessere Leute leichter und aktuell sogar auch noch für geringere Gehälter.« Das ist insbesondere deshalb wichtig, weil vor allem jüngere potenzielle Mitarbeiter*innen – die Zukunft auf dem Arbeitsmarkt – noch einmal eklatant gesteigerte Bedürfnisse in Sachen Purpose äußern. Laut der *Deloitte Millennial Survey* aus dem Jahr 2019 gaben 46 Prozent der deutschen Millennials an, dass es ihnen sehr wichtig ist, in der

Gesellschaft positive Wirkung zu entfalten, nur 47 Prozent glaubten aber, dass Unternehmen eine solche Wirkung auf die Gesellschaft haben.[44] In einer Studie aus den USA gaben sogar 70 Prozent der Befragten an, eher in einem Unternehmen mit einer deutlichen Nachhaltigkeitsstrategie arbeiten zu wollen.[45] Für Anna Alex, Gründerin des CO_2-Management-Tools Planetly, von der wir in Kapitel 4 ausführlicher erzählen werden, gehören diese Fakten zu den stärksten Argumenten, um Unternehmen zu überzeugen, sich – egal ob mit ihrem Software-Tool oder anders – der eigenen Verantwortung in Sachen CO_2-Emissionen zu stellen. Wenn man es schon nicht aus sich selbst heraus tut, dann doch wenigstens, um in Zukunft nicht aufgrund von Fachkräftemangel die Geschäfte einstellen zu müssen. Während es vielen etablierten Unternehmen heute immer schwerer fällt, gutes Personal in Zeiten eines gravierenden Fachkräftemangels zu rekrutieren, berichten unsere Unternehmensaktivist*innen, dabei keinerlei Probleme zu haben. Ganz im Gegenteil, jede Woche erhalten sie unzählige richtig gute Initiativbewerbungen. Menschen folgen Menschen mit starken Überzeugungen. Der US-Wirtschaftsautor Seth Godin beschreibt dieses Phänomen mit dem Begriff der »Tribes«, das er im gleichnamigen Buch ausführlich beschreibt (*Tribes: We Need You To Lead Us*). Er meint damit Menschengruppen, die durch Kooperation ein gemeinsames Ziel verfolgen. Zwar gebe es immer viele Einzelne, die der Meinung seien, man müsse bestimmte Probleme doch endlich mal lösen. Doch ein echter Tribe entstehe erst, wenn Führungspersönlichkeiten die Mittel bereitstellten, die Sache wirklich anzugehen – nicht nur im finanziellen Sinne. Gute Führung bedeute dabei nicht, alle herumzukommandieren, sondern sie bestehe darin, es zu ermöglichen, untereinander effektiv zu kommunizieren und tatsächlich etwas zu tun. Führung sei also ein Dienst an der Gruppe, die dann die »eigentliche« Arbeit erledige. Wie Schumpeter glaubt auch Seth Godin, dass die Umsetzung dringender Aufgaben oft deshalb so lange dauert, weil es an mutigen Personen fehlt, die diese Lösungsinfrastruktur bereitstellen. So wie

> Menschen folgen Menschen mit starken Überzeugungen.

Straßen uns befähigen, mit dem Auto oder Fahrrad an ein ganz bestimmtes Ziel zu kommen, das wir ohne die Straße entweder sehr viel später erreicht oder aufgrund des nicht vorhandenen Weges gar nicht erst angestrebt hätten, sind Unternehmen also die Infrastruktur, die Menschen befähigt, das zu tun, was sie eigentlich sowieso gerne tun wollen – in unserem Fall, die Zukunft retten. Unternehmensaktivist*innen sind diejenigen Mitglieder einer Gruppe von Gleichgesinnten, die den Startschuss geben, die risikoaffin genug sind anzufangen, auch wenn sie noch nicht die Antwort auf alle relevanten Fragen parat haben. Aus der Erfahrung der Krisenhaftigkeit unserer Welt treffen sie die Entscheidung, etwas tun zu wollen, um die Probleme anzugehen. Geboren in eine maximal von Individualismus geprägte Gesellschaft, ebnen sie den Weg für eine neue, globale Wir-Kultur. Sie krempeln die Ärmel hoch und ziehen sich ihre Sportschuhe an, denn die Aufgabe ist groß, der Weg weit, Stillstand ist keine Option und Innovation eine existenzielle Notwendigkeit.

> Sie krempeln die Ärmel hoch und ziehen sich ihre Sportschuhe an, denn die Aufgabe ist groß, der Weg weit, Stillstand ist keine Option und Innovation eine existenzielle Notwendigkeit.

KAPITEL 3

BESSER IST GUT
(WENN BESSER BESSER UND BESSER WIRD)

Die Sache ist sch*** komplex! Während im Zuge der Corona-Pandemie 2020 plötzlich klar wurde, wie essenziell ein zuvor (und danach) nichtssagendes Alltagsprodukt, das Klopapier, für das Gros der Deutschen ist, gibt es auch Menschen, denen die ganze Hamsterei wohl ziemlich am Allerwertesten vorbeigegangen sein muss: aus Gründen der Nachhaltigkeit dem Klopapier Entsagende. In einem Artikel[46] schildert Daniel Hautmann, freiberuflicher Autor für das Online-Magazin *Utopia*, die furchtbaren Konsequenzen unseres Klopapierkonsums – Abholzung von Regenwald, enormer CO_2-Ausstoß durch Herstellung und Transport, Entstehung von Giftstoffen, horrende Mengen von Plastikmüll – und fragt: »Und wozu das alles? Ganz genau: für 'n Arsch.« Während Menschen in anderen Ländern Wasserflaschen zur Reinigung für unterwegs dabeihätten, wischten und wischten und wischten wir, ohne über die Auswirkungen und generell den Sinn der Sache nachzudenken, jedes Jahr 18 Kilogramm pro Person durch die Ritze. In Krisenzeiten schlagen wir uns die Köpfe ein, wenn die Gefahr besteht, dass das Klopapier knapp wird (was es nicht tut, denn wir müssen ja nicht öfter aufs Klo, nur weil wir mehr Zeit zu Hause verbringen). Daniel selbst ist inzwischen zum Lappen gewechselt. Den hängt er dann ausgewaschen im Badezimmer neben dem Klo auf, wenn er mit dem Geschäft fertig ist.

So absurd es durch die Nachhaltigkeitsbrille scheint, überhaupt noch Klopapier zu verwenden, so absurd ist es auch, sich vorzustellen, alle Menschen hätten in Zukunft einen kleinen Haken neben dem Klo – für den Popo-Lappen! Wie wir dieses Dilemma lösen werden, ist noch nicht absehbar. Es führt tatsächlich zu einer Frage, die Malte Schremmer von Goldeimer sehr häufig gestellt wird: Warum verkauft ein Start-up, das sein Geschäftsmodell auf dem nachhaltigen Toilettengang aufgebaut hat, überhaupt Klopapier?! Wie kann es sein, dass sich das Unternehmen trotz seines Nachhaltigkeitsfokus anhand dieser Umweltsünde »die Taschen vollmacht«?

Malte stimmt dem zu: »Eigentlich müssen wir das Klopapier irgendwann abschaffen.« Doch er hat vor allem auch das große Ganze im Blick: »Was ist die Alternative? Dann brauchst du so 'ne Po-Dusche und speist das Ganze in die Kanalisation ein, und da findet halt der eigentliche Energieverbrauch statt. Und da wird am Ende der Klärschlamm verbrannt und enorme Mengen CO_2 produziert, das bedeutet Nährstoffverluste, keinen Humusaufbau mehr und so weiter. Die Sanitärkette insgesamt ist eine riesige Katastrophe!« Erste Ideen, wie man das in Ländern ohne etablierte Abwassersysteme, wie beispielsweise Äthiopien, noch ändern kann, bevor es auch dort zu spät gewesen sein wird, um die Sanitärversorgung von Grund auf ökologisch(er) zu gestalten, verfolgt er bereits.[47] Doch hier in Deutschland fokussiert er sich auf das, was getan werden kann: »Ich glaube, und das hat man ja jetzt auch in Corona-Zeiten gemerkt: Von diesem ›Kulturgut Klopapier‹ können wir uns schwer lösen, und dann geht's doch eigentlich eher darum, Klopapier zu verkaufen, das so umweltfreundlich wie möglich ist. Also ein Recyclingpapier, kein frischer Zellstoff. (…) Das sind, glaube ich, genau diese Kompromisse, die du eingehst!« Malte erklärt, in welcher komplexen Zwickmühle sogar ein so nachhaltiges Unternehmen wie das seine stecken kann: »Wir sind mit unseren Komposttoiletten, mit denen Goldeimer vor Jahren angefangen hat, auf Musikfestivals, das sind Umweltkatastrophen hoch sonst was, da stehen alle 500 Meter riesige Dieselgeneratoren, die die Bühnen und die Beleuchtung am Laufen halten, da kommen 30 000 Autos aus ganz Deutschland angefahren und parken 'ne Wiese kaputt, die komplett verdichtet und kein Wasser mehr aufnehmen kann und und und. Und trotzdem sind wir ja da, statt zu sagen: Nee, das ist eine Katastrophe, der verweigern wir uns. Weil, dann erreichst du wieder nur die kleine Gruppe von Leuten, die's eh schon verstanden hat und sich klugscheißerisch das Ganze im Fernsehen anguckt und sagt: ›Ja, ich hab's ja schon immer gewusst, dass das alles hier den Bach runtergeht!‹ Ich glaube wir sollten versuchen, eine Trendwende einzuleiten und was anders zu machen, was besser zu machen, anstatt das Feld einfach anderen zu überlassen und so überhaupt keinen Einfluss auf Veränderung und die Awareness der Menschen zu haben.«

In komplexen Umfeldern – wie in unserem Beispiel der Abwasserentsorgung – scheinen die Kategorien »falsch« und »richtig« außer Kraft gesetzt, denn jede Aktion ist darin gleichzeitig beides: Es ist falsch, Klopapier zu verkaufen, es ist aber auch falsch, es nicht zu tun. Es ist falsch, auf Festivals zu gehen und die Anwesenden als Kund*innen zu adressieren, sich damit zum Teil des Problems von CO_2-Ausstoß und verdichteten Wiesen zu machen. Es wäre aber auch falsch, es nicht zu tun und damit Chemietoiletten weiterhin als unhinterfragte und alternativlose Normalität dastehen zu lassen. Die meisten Probleme, vor denen wir heutzutage stehen, sind komplexe Probleme, für die eine Schwarz-Weiß-Brille nicht ausreicht, um sie in ihrer Gänze zu begreifen. Wer an einer Lösung arbeiten will, wird mit Verweigerung gegenüber unperfekten Ansätzen nicht weit kommen. Unternehmer*innen wie Malte knüpfen an die Realität an, arbeiten mit dem, was momentan zur Verfügung steht, und versuchen diesen Status quo nach und nach zu verbessern. Nachhaltigkeit wird zur Skala aus unterschiedlich weit entwickelten Startpunkten, von denen aus wir in die gleiche Richtung laufen – eine Skala von »50 Shades of Green«.

> Die meisten Probleme, vor denen wir heutzutage stehen, sind komplexe Probleme, für die eine Schwarz-Weiß-Brille nicht ausreicht, um sie in ihrer Gänze zu begreifen.

50 SHADES OF GREEN

Nahezu jede erdenkliche Art von unternehmerischer Tätigkeit verbraucht Energie und Ressourcen. Die simple Tatsache, dass wir da sind, dass wir leben, verbraucht Ressourcen und erzeugt CO_2. Neutral betrachtet ist Konsum also die Grundlage unserer Existenz. Doch zwischen solchem Konsum, der dem Planeten sowie sozialen Systemen schadet, und solchem, der das nicht tut, weil er neutral ist, also wichtige Ressourcen so erhält, wie sie sind – beziehungsweise »nachhält« im Sinne des allgemeinen Verständnisses von Nachhaltigkeit –, lässt sich eine Skala aufspannen. Da wir uns in einer Zeit befinden, in der bereits viele Ressourcen ausgeschöpft und Lebensräume maßgeblich vernichtet worden sind,[48] dürfen wir die Skala allerdings nicht an diesem Punkt der Nachhaltigkeit aufhören lassen. Wir müssen die Darstellung zur Seite erweitern: Wir brauchen Lösungen, die nicht zerstörerisch sind, die aber auch nicht an der bloßen Erhaltung dessen, was ist, haltmachen. Wir wollen diesen Punkt aus Praktikabilitätsgründen lieber »Neutralität« nennen, um mit dem alltäglich dafür gerne verwendeten Begriff »Nachhaltigkeit« hier nun die gesamte Skala zu bezeichnen. Am Punkt der Neutralität geht es also weiter! Und zwar in eine Welt von Lösungen (technischen, unternehmerischen, sozialen et cetera), die den Planeten nicht nur nicht kaputt machen oder auch nur etwas weniger kaputt machen, sondern Ökosystemleistungen wiederherstellen und letztendlich in einem immerwährenden, regenerativen, also sich selbst wieder- und fortwährend aufbauenden Zyklus mit ihnen interagieren. Die Transformationsforscherin Maja Göpel spricht in ähnlicher Weise von den beiden Extremen »Schadschöpfung« – also der bisher weit verbreiteten Normalität, wenn es um den Umgang mit Ressourcen geht – und Wertschöpfung, die entgegen unser aller Annahme keineswegs die Normalität ist.[49] Dazwischen lassen sich eine unendliche Anzahl von konsumistischen und unternehmerischen Zwischenstufen positionieren.

Wenn es also, wie oben beschrieben, kein Richtig und kein Falsch gibt, ist die sogenannte Nachhaltigkeit eine Skala aus »50 Shades of Green« – sie hat unzählige Facetten! Produkte, Angebote, Lösungen sind nicht einfach nur

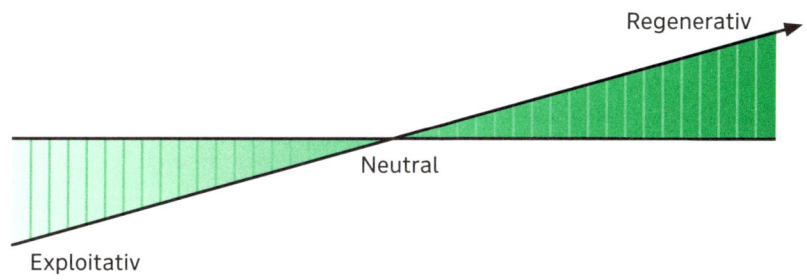

Abbildung 5: »50 Shades of Green«, in Anlehnung an Bill Reed, Regenesis Group

»nachhaltig« oder »nicht nachhaltig« – es gibt hier kein binäres Urteil, nicht nur 1 oder 0 –, sondern die einen sind in bestimmten Dimensionen nachhaltiger als die anderen. Das Team von Goldeimer produziert zum Beispiel Klopapier, das zwar insofern nachhaltiger ist, weil es aus Recycling- und nicht aus Frischfasern besteht. Es ist trotzdem (noch) nicht komplett nachhaltig: Es wird in Plastikfolie verpackt und mit dieselbetriebenen Lkws transportiert. Für Unternehmen ist vor allem wichtig, zu wissen, wo auf der Skala sie sich befinden, um zu ermitteln, in welche Richtung sie sich entwickeln wollen und wie weit der Weg noch ist. Im Grunde wirken verschiedene Ansätze von nachhaltige(re)n Lösungen zusammen auf eine bessere Variante unseres heutigen Wirtschaftssystems hin. Die einen sorgen dafür, dass wir Ressourcen optimal und effizient nutzen (wie beispielsweise mit dem Bier Knärzje: Lebensmittelverschwendung wird drastisch minimiert, wenn altes Brot zu Bier wird). Andere wirken restaurativ, beseitigen zum Beispiel bestehende Verschmutzung (wie Wildplastic, die, unterstützt durch Frithjof Detzners Fonds Planet A, unter anderem Mülltüten aus eingesammeltem Plastik herstellen und so zurück in den Recyclingkreislauf bringen). Wiederum andere stellen Ökosystemleistungen wieder her, arbeiten also regenerativ (dazu zählt jede Form der regenerativen Landwirtschaft, die Böden aufbaut und damit sowohl fruchtbarer macht als auch CO_2 darin speichert). Außerdem gibt es noch diejenigen, die etwa durch die Schaffung effizienter Datennetze für das Internet der Dinge, Installation von E-Ladesäulen oder die Herstellung von Solarautos als Infrastruktur für Individualmobilität (wie es das für dieses Buch ebenfalls interviewte Unternehmen Sono Motors tut – du lernst es in Kapitel 5 besser kennen) langfristig nachhaltiges Leben für eine Welt mit neun bis zehn Milliarden Menschen überhaupt erst möglich machen.

> Für Unternehmen ist vor allem wichtig, zu wissen, wo auf der Skala sie sich befinden, um zu ermitteln, in welche Richtung sie sich entwickeln wollen und wie weit der Weg noch ist.

Die Betrachtung von Nachhaltigkeit als Skala hilft uns einerseits dabei, der Komplexität der Sache gerecht zu werden, anstatt in binären Denkmustern zu verharren. Andererseits gibt sie Anstoß, zweifelsfrei festlegen zu wollen, wo auf der Skala sich einzelne Unternehmen genau befinden und welche Ziele sie verfolgen, wie genau sie sich auf der Skala vorarbeiten, um besser (und immer besser) zu werden. Die Bedeutung der Messbarkeit von positivem Impact wächst aktuell auch so enorm, weil Digitalisierung und Nachhaltigkeit – die zwei stärksten Treiber von Veränderung unserer Epoche – sich immer mehr zusammentun und dadurch eine Transparenz über den Status quo in Sachen Nachhaltigkeit für Unternehmen erst nachprüfbar ermöglichen. Der Fokus liegt dabei nicht (nur) darauf, etwas richtiger zu machen als andere, um die schöneren Marketinggeschichten zu erzählen, sondern darin, überhaupt mal zu überlegen, was verändert werden muss, und dann auch wirklich danach zu handeln. Es geht ums Anfangen! Und jede Reise beginnt von einem ganz individuellen Startpunkt aus. Bin ich beispielsweise ein großer Player im Zahnbürstenmarkt, besteht ein sinnvoller erster Schritt wahrscheinlich darin, den Anteil an Recyclingplastik meiner Produkte zu erhöhen, was aufgrund der Menge an verkauften Zahnbürsten einen ziemlich starken Veränderungshebel darstellen würde. Wendige Start-ups entscheiden sich häufig dafür, nicht inkrementell, sondern radikal vorzugehen, also »die bestmögliche Alternative am Markt« anzubieten – das nachhaltigste Klopapier, die Mooswand mit der effektivsten Filterleistung. Sie senden so einen kleinen, aber intensiven Veränderungsimpuls in ihre Branche und etablieren sich im klassischen Sinne als Qualitäts- beziehungsweise Innovations- respektive in unserem Kontext Impactführer*innen. Auch followfood-Gründer Jürg Knoll nutzt diese Strategie, um neue Märkte zu erschließen. Das Unternehmen gilt als Erfinder des Tracking-Codes auf Fischprodukten, mit dem die Herkunft der Zutaten eindeutig nachvollziehbar gemacht wird, und ist ein Vorreiter in Sachen nachhaltige Convenience-Produkte. Anders als die Branchenkolleg*innen wächst es jedes Jahr zweistellig. Angefangen beim Dosenthunfisch über Fischstäbchen bis hin zu Wein und Tiefkühlpizza gibt es inzwischen in unterschiedlichsten Kategorien Produkte der Marke, in einem Bodenretter-Fonds fördern Teile des Gewinns den regenerativen Öko-Landbau, um in Zukunft die eigenen Produkte mit noch nachhaltigeren Zutaten herstellen zu können. Das followfood-Team folgt im strategischen Vorgehen seinem »Öko-Hero-Prinzip«. Dieses hilft dabei, zu entscheiden, ob ein neues Produkt ins Programm aufgenommen wird. Das ist nur dann der Fall, wenn im bestehenden Supermarkt-Sortiment noch gar kein oder nur ein sehr rudimentär nachhaltiges Produkt vorhanden ist. Auf diese Art ist das Produkt von Followfood immer die erste nachhaltige Alternative für Convenience-begeisterte Kund*innen, die schon immer nach einer nachhaltigen Aufbackpizza gesucht haben. Followfood wird in diesem Moment Innovationsführer im bestehenden Segment und gewinnt dadurch Marktanteile in einem ansonsten stagnierenden Marktumfeld.

Je nachdem, wo wir also als Unternehmen starten und welche strategischen Entscheidungen wir treffen, ergeben sich unterschiedliche Wege zum Ziel. Wichtig ist dabei insbesondere, dass wir uns nicht auf dem Status quo ausruhen, es nicht bei den 30 Prozent Recyclinganteil oder der einen Produktkategorie bleibt, sondern dass wir unseren Ausgangspunkt zur Entscheidungsgrundlage machen und Zielbilder formulieren, auf die wir uns im Sinne eines Prozesses der stetigen Verbesserung des gesamten Problemlösungs-Ökosystems hinbewegen wollen.

VIVA LA (R)EVOLUCION!

Aber halt mal! Es gibt doch aber ein paar Produkte, bei denen man klar sagen kann, was richtig und falsch ist, dass sie schlecht für die Umwelt sind und abgeschafft gehören, oder? So was wie Flugreisen oder Insektenvernichtungsmittel? Ja klar, die gibt es! Sollten die Unternehmen deshalb von heute auf morgen aufhören, sie zu verkaufen? Wir wagen ein Gedankenexperiment: Stell dir vor, du bist Unternehmer*in und dein Unternehmen verkauft ein richtig schlechtes Produkt. Zwar befriedigt es die vorhandenen Kundenbedürfnisse, es ist der stärkste Umsatzbringer deines Unternehmens, es entspricht dem Zeitgeist ... aber es ist leider einfach ein schlechtes Produkt! Es zerstört die Erde, es vernichtet Insekten, es ist ungesund und macht viele Menschen unglücklich. Was machst du?

Drei der Unternehmen, mit deren Gründern wir gesprochen haben, standen genau vor dieser Frage. Das Familienunternehmen von H. D. Reckhaus vertreibt seit vielen Jahrzehnten Insektenvernichtungsmittel unter der Marke Dr. Reckhaus. Keine gute Idee angesichts des Insektensterbens. Bevor Jürg Knoll followfood gründete, handelte er mit russischem Zander – einer in vielen Fanggebieten bedrohten Fischart. Clive Jackson gründete vor einigen Jahren eine Charterfluglinie, weil er einen bis dahin vollkommen intransparenten Markt durch Digitalisierung aufrollen wollte. Dann kam Greta Thunberg und mit ihr die Flugscham.

Was würde wohl passieren, wenn die drei alles hinschmeißen, um gemeinsam eine NGO zu gründen? Oder sich unter die Aktivisten von Extinction Rebellion gesellen? Oder Politiker werden? Sicher wären sie erfolgreich, denn auch in diesen Bereichen werden Menschen gebraucht, die anpacken, Projekte auf die Beine stellen und gut kommunizieren können. Alle drei haben sich die Frage bereits gestellt und sind zum gleichen Schluss gekommen: Wenn ich aussteige, macht es jemand anders genauso schlecht weiter wie ich bisher. Wenn Dr. Reckhaus vom Markt ginge, gäbe es allein in Europa trotzdem mehr als 300 000 Produkte, die chemisch oder mechanisch Insekten töten.[50] Die Nachfrage sinkt ja nicht, nur weil ein Anbieter vom Markt geht. Wäre Jürg Knoll vom Zander nicht auf konsequent nachhaltige Fischprodukte umgeschwenkt, würde followfood heute keine neuen Branchenstandards setzen, gäbe es vielleicht noch immer keine Trackingcodes auf Verpackungen, mit denen der Ursprung des Fischs und damit auch die Nachhaltigkeit der Fangmethode und die Größe der vorhandenen Bestände vor Ort nachvollzogen werden können. Und würde Fly Victor nicht lauthals darauf hinweisen, dass seine Branche – (Business) Aviation – die Luft verpestet, ohne »den Dreck hinter sich aufzuwischen«, könnten sich die Entscheider*innen der großen Luftfahrtunternehmen weiterhin hinter niedrigen CO_2-Kompensationszahlen verstecken. Tatsächlich übernehmen bisher nur sehr wenige Fluggäste die Verantwortung für ihr Handeln auf diese Weise selbst – der Anteil der Kund*innen, die selbst ein solches »Offsetting« betreiben, lag 2019 im niedrigen einstelligen Prozentbereich.[51] Für die Flugunternehmen ein Grund, das Problem auf das fehlende Interesse ihrer Kund*innen zu schieben.

»Als etabliertes Unternehmen kann man am besten einen Markt transformieren, wenn man in der Branche bleibt«, ist H. D. Reckhaus überzeugt. Und so wird er, der sich seit Jahren dadurch hervortut, mit seinem Label Insect Respect, dem Anlegen von Ausgleichsflächen sowie nun auch eigens entwickelten Insektenrettungsprodukten gegen das Insektensterben vorzugehen, nicht müde, seiner Branche immer wieder den Spiegel vorzuhalten. Die zeigt sich wenig vergnügt, denn im übertragenen Sinne sägt Reckhaus schließlich am Ast, auf dem sie alle gemeinsam sitzen. Auch Clive bekommt den größten Gegenwind für sein Engagement in Sachen Offsetting von CO_2-Emissionen nicht etwa aus der Richtung von Umweltaktivist*innen, sondern aus der eigenen Branche. Denn jede Innovation, die das bisherige Geschäftsmodell in Frage stellt, wirft natürlich ein schlechtes Licht darauf! Für bestehende (Groß-)Unternehmen spricht also so einiges gegen ein sofortiges Umlenken. Ganz oben auf der Bedenkenliste stehen insbesondere kurzfristige Shareholder-Interessen, die ein

> »Als etabliertes Unternehmen kann man am besten einen Markt transformieren, wenn man in der Branche bleibt«

BESSER IST GUT

Investment in Veränderung so lange scheuen, bis es, zum Beispiel aufgrund von Gesetzesänderungen, nicht mehr abzuwenden ist. Für sie gibt es keinen Grund, Erster sein zu müssen, sie können auch dann erst ihre Angebote anpassen, wenn die kleinen und wendigen Unternehmen gezeigt haben, dass es geht, und am Markt Bedarf nach neuen Lösungen besteht. Auch das Vorurteil, mit Nachhaltigkeit ließe sich kein Geld verdienen, behindert hier die Weiterentwicklung vieler Industrien. Die Bremswirkung, die wir heute in Sachen Nachhaltigkeit bei Unternehmen beobachten können, ähnelt allerdings stark derjenigen in den ersten »Stunden« der Digitalisierung. Während die ersten Shoppingplattformen an der Börse bereits hoch gehandelt wurden, verschliefen große Handelsunternehmen den Onlinehandel, weil zu Beginn der Anteil am Gesamtumsatz der Branche noch gering ausfiel, ab einem gewissen Punkt allerdings die Umstellung der einzig mögliche Weg blieb. Nicht wenige verschwanden im Zuge dessen von der Bildfläche oder kriegten erst durch eine rasante Aufholjagd knapp die Kurve. Die Strategien, die Unternehmensaktivist*innen wie Clive, Jürg und H. D. Reckhaus als die Nachhaltigkeitspioniere ihrer Branchen wählen, nutzen die Trägheit des Marktes zu ihrem Vorteil, auch wenn sie sich wünschen würden, die Transformation aller Akteur*innen würde schneller voranschreiten. Denn heute geht es nicht allein um Marktanteile, Gewinnaussichten, Überlegenheit durch Disruption, heute geht es um die menschliche Existenz auf unserem Planeten und das Erschaffen eines Wirtschaftsmodells, das damit im Einklang ist.

Anders als seine Branchenkolleg*innen ist Clive Jackson überzeugt, dass es unvermeidbar sein wird, möglichst bald einen deutlich höheren Preis für CO_2 gesetzlich festzulegen, denn der CO_2-Preis, der aktuell gilt, sei viel zu gering, um wirklich etwas zu verändern. Die Ängste in der Branche, Kund*innen könnten ein schlechtes Bild einer Firma bekommen, wenn sie zugäbe, Verschmutzerin zu sein, teilt er nicht. Denn es sei doch allen klar und nicht zu übersehen: »Our industry is a polluter!« In diesem Wissen übernimmt er für seine Kund*innen eine wertvolle Dienstleistung: »I'm doing this for you and it doesn't cost you anything.« Wenn man der Erste mit einem solchen Service sei, bevorzugten einen die Kunden vor der Konkurrenz. Mit der Kampagne

#beyondoffset gehe es aber nicht um das Kompensieren an sich, das sei keine langfristig tragbare Lösung, sondern vor allem um das Mindset derer, die Verantwortung für ihr Handeln übernehmen: »free choice comes with responsibility«, sagt Clive dazu. Natürlich zahlt die Initiative auch auf das positive Markenimage von Fly Victor ein. Es wäre jedoch zu einfach, sie als »bloßes Marketing« abzutun – die erzielten Auswirkungen in der Realität sowie der Fakt, dass das eigene Geschäftsmodell damit von Grund auf in Frage gestellt wird, sprechen dagegen.

Für Unternehmen mit einem klaren Angebot ist es unheimlich aufwendig, komplett die Richtung zu wechseln – sie müssen Shareholder*innen, Kund*innen und Mitarbeiter*innen gleichermaßen davon überzeugen, dass das, was sie vorhaben, der richtige Weg ist. Denken wir zum Beispiel an Rügenwalder und die strategische Entscheidung, als seit 1834 mit Fleischprodukten handelndes Unternehmen, ab 2014 auch vegetarische »Wurst« herzustellen. Zugegeben, am Anfang dachten wir alle: Das ist doch nur Marketing! Und heute? 2020 überstieg der Umsatz, den das Unternehmen mit vegetarischen Produkten macht, erstmals den der Fleischwaren.[52] Auch wenn es also in manchen Bereichen und Branchen »richtig« und »falsch« zu geben scheint, der richtige Weg, mit den Herausforderungen umzugehen, heißt nicht immer »aufhören!«. Richtiger – und dabei mit mehr Arbeit und mehr Risiko behaftet – ist es, entgegen den Unkenrufen der eigenen Branche *und* denen von Aktivist*innen und Konsument*innen weiterzumachen, und zwar drastisch anders als bisher. In Anbetracht der Lage, in die wir uns gebracht haben, ist Nichtstun keine Option.

DEFAULT TRUMPIFICATION

Für Außenstehende erfordert es ein enormes Kontextwissen, einzuschätzen, ob ein Unternehmen sich tatsächlich seiner Veränderungs-Verantwortung bewusst ist und wirksame Strategien verfolgt, um diese stetige Verbesserung umzusetzen, oder nicht. Der Grat zwischen Greenwashing und einer authentischen Nachhaltigkeitsstrategie ist schmal, wie wir insbesondere in Kapitel 4 sehen werden, aber nicht unmöglich zu entdecken. Noch dazu erfordert die dargestellte Komplexität der Problemlage(n) sowohl von den Akteur*innen als auch von Außenstehenden eine gewisse Toleranz gegenüber Imperfektion.

Komplexe Problemstellungen können nicht mit simplen Lösungen (oder dem Einstellen der Geschäftstätigkeit von Unternehmen) einfach ausgelöscht werden. Und so liefert jeder noch so wirkungsvolle Veränderungsansatz immer Futter für Kritik (etwa das Klopapier, das aus Nachhaltigkeitsgründen gleichzeitig ein gutes und ein schlechtes Produkt darstellt). Die Grundlage dieser Kritik liegt dabei häufig in unserer Vorliebe für binäres Denken begründet, in einem Muster aus Schwarz und Weiß. Ist eine Handlung nicht eindeutig und vollkommen als richtig einzustufen, muss sie falsch sein und bekommt aus Medien, Öffentlichkeit und in privaten Küchentischrunden ordentlich Gegenwind. Auch wenn uns diese Haltung durchaus helfen kann – in brenzligen Situationen mit wenig Zeit –, gute Entscheidungen zu treffen, ist sie für die Nachhaltigkeitstransformation nicht sehr zweckdienlich. Wir haben sie spaßhaft »default trumpification« genannt. Denn eine der vielen wertvollen Fähigkeiten des ehemaligen US-Präsidenten Donald Trump ist es, Personen und Sachverhalte pauschal zu bewerten. Das klingt dann ungefähr so: »Ich habe mich zwar nicht so genau mit der Sache beschäftigt, aber ich halte sie für brandgefährlich!« Klar, keine*r von euch oder uns würde sich jemals dieser verurteilungswürdigen Denkweise schuldig machen, wir schauen uns *natüüürlich* immer erst das Gesamtbild an und steigen *tiiief* in die Details ein, bevor wir eine Meinung entwickeln und sie lautstark kundtun! Leider ticken nicht alle wie ihr und wir! Als Raphael Fellmer und sein Mitgründer Martin Schott ihr Unternehmen Sirplus in der Sendung *Die Höhle der Löwen* vor den Investor*innen präsentierten, bekamen sie eine regelrechte Standpauke für ihren vermeintlichen Egoismus: »Also, was mich fundamental stört, ist euer moralisierendes Schöngerede von eurem Geschäftsmodell«, rastet Investor Dr. Georg Kofler in der Sendung vom 24. September 2019 aus. Sirplus ist ein innovativer Supermarkt, der es sich zur Aufgabe gemacht hat, Lebensmitteln, die in anderen Geschäften entsorgt werden, weil das Mindesthaltbarkeitsdatum abgelaufen ist oder bald ablaufen wird oder es sich um schon leicht matschiges Gemüse oder welches mit Schönheitsfehlern handelt, eine zweite Chance zu geben – zu sehr viel niedrigeren Preisen als im herkömmlichen Handel. Die Produkte werden von den Partnermärkten oder den Herstellern selbst deutlich im Preis reduziert, teilweise auch zu Abschreibungspreisen an das Start-up weitergegeben und von diesem weiterverkauft. Es kommen also Schnäppchenjäger*innen und Personen mit einem Bewusstsein für nachhaltigen Konsum gleichermaßen auf ihre Kosten.

Georg Kofler ist mit seiner Tirade noch lange nicht am Ende: Die beiden sollten doch nicht behaupten, ihnen gehe es ums Lebensmittelretten, wenn der eigentliche Antrieb der Gewinn sei, der sich aus der großen Marge zwischen dem günstigen Einkaufs- und dem hohen Verkaufspreis ergebe. Dass sich die Gründer ein unterdurchschnittliches Gehalt zahlten und Raphael zuvor viele Jahre ohne Geld gelebt hatte,[53] die beiden damit also meilenweit davon entfernt waren, vor allem von ihrer Geldgier getrieben zu sein, schien für Herrn Kofler, obwohl kurz zuvor im Pitch erwähnt, nicht von Belang zu sein. Im Grunde hätte er sich freuen sollen, dass ein Impact-Start-up auf ein solides Geschäftsmodell bauen kann. Denn der andere Vorwurf, den Gründer*innen wie Raphael und Martin häufig zu hören bekommen, lautet: »Das ist ja schön und gut, aber damit kann man doch kein Geld verdienen!« Dennoch gründet er sein Werturteil lieber auf einer leider verbreiteten Schwarz-Weiß-Ansicht: Entweder du bist einer von »den Guten« und verdienst kein Geld, oder aber du bist gierig und geizig, dann verdienst du zwar Geld, bist aber nicht »gut«. Diese Pauschalaussage hat allerdings viel mehr mit dem Weltbild des Sprechenden als mit dem tatsächlichen Sachverhalt zu tun.

Aussagen wie diese hören wir leider immer wieder in Gesprächen mit Freunden und Bekannten: »Die fahren doch bestimmt auch alle Mercedes«

(über Gründer*innen, die sich für gleichberechtigte, basisdemokratische Entscheidungsprozesse einsetzen), »Das ist doch alles Greenwashing, da committet sich keiner wirklich!« (über Schuhe aus Ozeanplastik) und so weiter und so fort! Wir leben in einer Gesellschaft, die im Grundmodus auf »Trumpifizierung« eingestellt ist, also auf pauschale, simplifizierende Kritik, ohne über das nötige Kontextwissen zu verfügen. Geschweige denn die Einsicht, dass dieses erforderlich wäre, um eine Meinung in die Welt posaunen zu dürfen und eben nicht zu »trumpeten«. Man glaubt an einen eindeutigen Widerspruch zwischen »richtig« und »falsch«. Halten wir Geldverdienen für moralisch verwerflich, glauben wir nicht, dass jemand Geld für Nachhaltigkeitsthemen einsetzt. Und verhält sich eine Person oder ein Unternehmen in Bezug auf eine moralisch beladene Thematik – und Nachhaltigkeit gehört in einem enormen Ausmaß dazu – in unseren Augen falsch, stellt das alles andere, was diese Person für »die Sache« antreibt, ebenfalls in das gleiche negative Licht.

> Wir leben in einer Gesellschaft, die im Grundmodus auf »Trumpifizierung« eingestellt ist, also auf pauschale, simplifizierende Kritik, ohne über das nötige Kontextwissen zu verfügen.

Jakob Berndt, einer der Gründer der nachhaltigen Banking-App Tomorrow, erzählt uns von einer E-Mail, die einmal bei ihnen im Support eingegangen ist und diesen Gedanken verdeutlicht. Das Start-up hat sich der Aufgabe verschrieben, das Geld, das auf unseren Girokonten liegt, nicht wie andere Banken in Waffen, Atomkraft und dergleichen zu investieren, sondern ausschließlich in Fonds mit ausgewiesenen Nachhaltigkeits- und Sozialstandards. Außerdem geht von jeder Kreditkartentransaktion ein Teil der Gebühren an Regenwalderhaltungsprojekte, und die Bezahlvariante des Kontos sorgt durch Offsetting für die CO_2-Neutralität der Kund*innen. Der Inhalt dieser E-Mail wird seitdem gerne als Anekdote vom Team erzählt. Er lautete ungefähr so: »Ich bin über eure Website gestolpert, supergeil, darauf hab ich ewig gewartet! Aber dann hab ich gesehen, auf einem Foto in eurem Blog hat einer von euch Gründern Lederschuhe an, was seid ihr denn für Schweine?! Mit euch will ich nichts mehr zu tun haben!« Grundsätzlich ist das für Jakob natürlich eine legitime und auch nachvollziehbare Einstellung – viele Menschen setzen sich für die Rechte von Tieren ein, auch für ihr Recht auf Leben. Doch wie geht man mit einem solchen Thema ganz praktisch, im Sinne der eigenen unternehmerischen Ziele, um, ohne sich in den Details zu verlieren? Sich also im vorliegenden Fall als Banking-Anbieter um die Modevorlieben seiner Team-Kolleg*innen Gedanken machen zu müssen? Unsere Unternehmensaktivist*innen haben unterschiedliche Herangehensweisen entwickelt, wie sie selbst die enorme Komplexität für sich handhabbar machen und dabei außerdem Wege finden für einen kompetenten Umgang mit binär gepolter Kritik abseits simplifizierender Rechtfertigungstiraden.

STRATEGIE 1: FOKUS AUF DAS WESENTLICHE

Die meisten Unternehmensaktivist*innen folgen in dem, was sie tun, ihrer Intuition. Eine Reihe von WTF-Momenten bringt sie auf ein Thema, das sie nicht mehr loslässt, bei dem sie denken: Hier kann und muss ich etwas unternehmen, ein Unternehmen gründen! Über die Arbeit an der Problemstellung wird ihnen nach und nach bewusst, wie groß die Sache ist, wie komplex, wie bedeutsam im Gesamtkontext der Nachhaltigkeit. Sie stellen fest, wie viele Baustellen es unterwegs gibt, wie eng und kompliziert verschaltet die Problemstellungen sind und dass sie wahrscheinlich vieles falsch machen werden, weil es (noch) keine bessere Lösung gibt. Und wahrscheinlich verzweifeln einige auch immer wieder an ihrem eigenen Perfektionismus, dem Drang, alles richtig machen zu wollen – denn klar, auch Unternehmensaktivist*innen sind nicht vor binärem Denken gefeit. Wie also damit umgehen? Anne-Marie Bonneau, eine Zero-Waste-Heldin aus Kalifornien, vertritt folgendes Credo, das auch die Ansicht vieler Unternehmensaktivist*innen zu sein scheint: »Wir brauchen keine Handvoll Menschen, die Zero Waste perfekt umsetzen. Wir brauchen Millionen, die es nicht perfekt tun.«[54] Oder um es in Anlehnung an ein dem Management-Guru Peter Drucker zugeschriebenes Bonmot auszudrücken: »Complexity eats perfectionism for breakfast.«[55] Mit dieser Einstellung im Hinterkopf ergeben sich auch unternehmerisch konkrete Vorgehensweisen im Umgang mit Komplexität. Für Jakob Berndt und sein Team war die Entrüstung desjenigen, der aufgrund ihrer fehlenden Sensibilität für Tierrechte nun nicht zum Kunden der Banking-App wird, nachvollziehbar. Jakob blieb ruhig und suchte eine abstrakte Ebene: »Man bewegt sich immer in diesem Spannungsfeld und muss sich irgendwie einordnen: Wie viele Kompromisse an ›der Sache‹ bin ich bereit zu machen, um an Geschwindigkeit, an Skalierbarkeit oder an Massentauglichkeit zu gewinnen? Da gibt's auch kein ›Richtig‹ oder ›Falsch‹. Es bleibt ein Aushandlungsprozess, der fängt bei der Auswahl der Investoren an und erstreckt sich auf alle Bereiche.« Die Frage sei letztendlich, in welchem unternehmerischen und auch thematischen Feld man sich positioniert und dann auch in allen seinen Handlungen fokussiert, also konkret: Muss ein Banking-Anbieter darauf achten, dass die Kleidung seiner Teamkolleg*innen den höchsten Nachhaltigkeitsstandards entspricht? Um diese und ähnliche Fragen akkurat zu beantworten, hat das Team von Tomorrow gemeinsam mit dem Wuppertal Institut eine sogenannte Wesentlichkeitsanalyse angestoßen. Dabei wird über Interviews mit Mitarbeiter*innen, NGOs, Investor*innen und weiteren Stakeholder*innen ermittelt, in welchen Bereichen das Unternehmen im Wesentlichen wirksam sein kann. »Auf diese Felder konzentrieren wir uns! Dazu gehört nicht die Frage, welche Schuhe wir tragen, aber die Frage, wohin wir Geld lenken, ist immens wichtig, und da braucht es superstrikte Kriterien. Ohne deswegen zu sagen, Lederschuhe sind egal. Für Influencer ist das wahrscheinlich anders, die müssen im Bereich Fashion alles richtig machen, weil es eher um einen Lebensstil geht, das ist dann aber auch 'n anderer Job als meiner«, fasst Jakob das Ergebnis ihres Vorgehens zusammen. Unternehmen wie Tomorrow haben also nicht nur ein Kerngeschäft, sondern auch einen Kern in Sachen Impact, der eng mit diesem verknüpft ist. Für Tomorrow sind das zum Beispiel Themen, bei denen das Team der Meinung ist, etwas in den Köpfen der Menschen bewegen zu können, wie zum Beispiel das Thema der Verwendung der Kundeneinlagen oder auch »Financial Literacy«, also die Kompetenz, mit Geld umzugehen, die in einer Gesellschaft, in der immer noch zu wenig über Geld gesprochen wird und der kompetente Umgang damit dem Klischee nach Geizhälsen vorbehalten ist, eher wenig verbreitet ist.

Genau in diesem Kern ihres Impact-Radius liegt das größte aktivistisch-unternehmerische Potenzial, hier lässt sich besonders viel Impact mit möglichst geringem Aufwand erzeugen. Und genau deshalb ist es hier besonders wichtig, alles möglichst richtig zu machen, Feedback von außen einzusammeln und sich weiterzuentwickeln, immer besser und besser zu werden. Außerhalb dieses Radius ist der eigene Wirkungsgrad gering, und es gibt andere, die sich dieser Felder annehmen und wahrscheinlich sehr viel besser darin sind. Je mehr unterschiedliche Unternehmen und auch Einzelpersonen dann auf die Vision einer Nachhaltigkeits-Transformation hinarbeiten, desto ganzheitlicher die Umsetzung, desto vielschichtiger das Problemlösungs-Ökosystem.

STRATEGIE 2: PLAN IT FOR THE PLANET

Eine gute Fokussierung führt also zur Definition des unternehmerischen Wirkungsrahmens und macht so die enorme Komplexität in der Welt handhabbar. Innerhalb dieses durch den Fokus definierten Rahmens tun sich verschiedene Themenfelder auf, innerhalb deren das Unternehmen im Verlauf der stetigen Verbesserung tätig wird. Während das Unternehmen selbst also immer besser und besser darin wird, ein Problem zu lösen (Effizienz), löst es dieses Problem auch immer wirkungsvoller (Effektivität). Stellen wir uns noch einmal die Skala aus 50 Grüntönen vor, so arbeitet sich das Unternehmen als Ganzes und für jedes Produkt, das es anbietet, inkrementell immer weiter auf der Skala nach vorne: von weniger schlecht zu neutral, bis es im regenerativen Bereich angekommen ist. Für die Unternehmensstrategie heißt das, dass sie untrennbar an die Weiterentwicklung in Sachen Nachhaltigkeit geknüpft ist – Unternehmenswachstum und Impact gehen Hand in Hand. Kooperationen entfalten in dieser Hinsicht eine katalysatorische Wirkung: Sie können Nachhaltigkeitsbestrebungen von Unternehmen beschleunigen. Diese Dynamik macht sich unter anderem Parley for the Oceans zunutze. Die Erkenntnis dahinter: Große, etablierte Unternehmen sind Meister*innen in Sachen Wachstum. Knüpfen wir dieses Unternehmenswachstum an Impact, führt das eine zum anderen. Die Herausforderung: Beginnt ein etabliertes Unternehmen damit, sich für nachhaltig(er)es Wirtschaften einzusetzen, entsteht meistens eine Empörungswelle, basierend auf dem Vorwurf des Greenwashings. Aus diesem Grund liefert die Umweltorganisation den Teil der Zusammenarbeit, den das etablierte Unternehmen (noch) nicht authentisch vermitteln kann, nämlich den Impact, den Parley of the Oceans durch die Verpflichtung auf eine vorgegebene Abfolge von langfristig verfolgten strategischen Schritten sicherstellt. Parley for the Oceans hat sich zum Ziel gesetzt, jedwede Arbeit ausschließlich für ihren wichtigsten Kunden zu erbringen, den Ozean, um zu bewirken, dass dieses einzigartige und für Mensch und Tier überlebenswichtige Ökosystem erhalten bleibt. Laut wissenschaftlichen Prognosen könnte es – wenn wir weiterhin so ruppig damit umgehen – bereits 2048 seine Funktion als essenzieller Sauerstoffproduzent nicht mehr ausüben.[56] Uns würde dann also buchstäblich die Luft wegbleiben. Parley for the Oceans wurde von Cyrill Gutsch gegründet, einem Designer aus Deutschland, und hat seinen Hauptsitz in New York. Das wohl bekannteste Projekt, das Parley nutzt, um die Plastikverschmutzung in den Weltmeeren zu bekämpfen, ist die seit 2015 bestehende Kooperation mit Adidas, die stellvertretend für viele andere sehr erfolgreiche Kampagnen der NGO stehen kann. Aus dem von Parley neu entwickelten Rohstoff »Ozeanplastik« (bisher hieß der Stoff, der vor allem an Stränden eingesammelt wird, Meeresmüll und hatte keinerlei wirtschaftliche Bedeutung) entstand im Zuge der Kooperation eine Kollektion von Sportschuhen und mittlerweile weiteren Kleidungsstücken. Viele namhafte Designer*innen haben im Laufe der vergangenen Jahre eigene Modelle gestaltet und so dafür gesorgt, dass »Adidas X Parley«-Schuhe auf dem Sekundärmarkt oft mehrere Tausend Euro wert sind. Aus dem Meeresmüll sind also wertvolle Sammlerstücke geworden, die das Material sinnvoll in Benutzung bringen und aufwerten, die Aufmerksamkeit der Öffentlichkeit auf das Thema der Verschmutzung der Meere lenken und einen enormen Push für das Marketing von Adidas bedeuten, das nun eine Community von sportbegeisterten, Lifestyle-affinen Meeresretter*innen auf seiner Seite weiß.

Um zu vermeiden, dass es sich bei diesem Engagement um eine einmalige Aktion handelt, die kurz viel Aufmerksamkeit bringt, deren Effekt aber rasch verfliegt, stellt Parley for the Oceans strikte Regeln auf für alle, die sich mit der Kooperation schmücken wollen, um zu zeigen, wie sehr ihnen daran gelegen ist, Teil der Lösung zu werden. Die sogenannte AIR-Strategie setzt voraus, dass sich die Partner*innen darauf einlassen, ihre Wertschöpfungskette nach und nach komplett zu überarbeiten. AIR steht für »avoid«, »intercept«, »redesign«, also die Vermeidung von Plastik (Adidas hat sich unter anderem dazu verpflichtet, im Unternehmen keine Plastikwasserflaschen zu verwenden, und stellte die Verwendung von Mikroplastik in Körperpflegeprodukten ein), das Integrieren von existierendem Plastik in funktionierende Recyclingkreisläufe (auf der Grundlage der von Parley entwickelten Lieferkette für Ozeanplastik wurden über die Jahre um die 30 Millionen Schuhe produziert) sowie die Entwicklung von alternativen, umweltverträglichen Materialien (wie beispielsweise veganes, biologisch abbaubares Leder aus Pilzmyzel, an dessen Entwicklung Adidas sich beteiligt).

> Große, etablierte Unternehmen sind Meister*innen in Sachen Wachstum. Knüpfen wir dieses Unternehmenswachstum an Impact, führt das eine zum anderen.

Die Partnerschaft der beiden Unternehmen ist bis heute nicht vorbei. Noch immer arbeiten Parley und Adidas (und viele andere mit ihnen) an der Realisierung der gemeinsamen Vision einer plastikfreien Welt. Dass diese über die Entwicklung eines funktionierenden Plastikkreislaufes realisiert werden soll, klingt im ersten Moment verwirrend. Wie kann man gleichzeitig an der Abschaffung und der Verwendung von Plastik arbeiten? Die Moderatorin des britischen Podcasts »Fashion Fix«[57] fragte Cyrill vollkommen verwirrt, ob es denn jetzt gut sei, ein Kleid aus Recyclingplastik zu kaufen, wo wir doch wüssten, dass beim Waschen Mikroplastik in den Wasserkreislauf gelangen würde, also dass diese Lösung auch aus ökologischer Sicht nicht perfekt ist. Cyrills Antwort: »Ja, unbedingt!« Denn der erste Schritt sei, die komplette Lieferkette der Fashion-Industrie auf Recyclingplastik umzustellen, den Kreislauf damit möglichst zu schließen – und jedes gekaufte Kleidungsstück aus Recyclingplastik könne dabei helfen. Die einfache Antwort auf die Frage, ob Plastik gut oder schlecht ist, gibt es wieder einmal nicht. Die Frage muss eher lauten: Ist das angebotene Produkt unter Nachhaltigkeitsgesichtspunkten besser als die bisherigen? Wenn die Antwort darauf Ja ist, ist das der erste Schritt. Wir haben das Ziel vor Augen, doch der exakte Weg dorthin entsteht erst, indem man ihn geht. So wie mit Plastik trifft das auf viele Produkte und Materialien zu, auf deren Grundlage die Weltwirtschaft aktuell operiert. Hörten wir von heute auf morgen damit auf, Plastik in unserer Kleidung zu verwenden, müssten wir wahrscheinlich nackt auf die Straße, ins Büro, die S-Bahn.[58] Würden wir ab jetzt alle dem Kaffee abschwören, brächen die Kaffeeindustrien in Asien, Afrika und Südamerika zusammen. Verzicht hilft in diesen Fällen also nur bedingt weiter. Wir stecken schon viel zu tief in der Sch****, könnte man sagen!

Parleys Drei-Phasen-Strategie gleicht in ihrer Simplizität einem altbewährten Konzept aus der Unternehmensberatung: den »Three Horizons of Growth«[59] von McKinsey. Die Beratung hilft Entscheider*innen mit diesem Modell, die Bedarfe der Gegenwart mit denen der Zukunft zusammenzubringen und so das Unternehmenswachstum strategisch vorauszuplanen. Es handelt sich um eine Darstellung verschiedener Maßnahmen, die sich in der Tragweite der Veränderung und im Innovationsgrad unterscheiden: »Horizont 1« sind diejenigen unternehmerischen Tätigkeiten, die am nächsten am Kerngeschäft liegen und die aktuell größten Profite bringen, die jedoch nach und nach Veränderungen ausgesetzt sein werden, weil das Unternehmen in seiner Entwicklung nicht stehen bleibt und äußere Rahmenbedingungen (Wettbewerber*innen, Konsumtrends, Regulierung et cetera) sich ändern. Im ersten

> Wir haben das Ziel vor Augen, doch der exakte Weg dorthin entsteht erst, indem man ihn geht.

Horizont befinden sich also alle Maßnahmen, die ergriffen werden müssen, um die aktuelle Leistung des Unternehmens und die bestehenden Werte zu maximieren. »Horizont 2« beinhaltet sich bereits abzeichnende Potenziale, die in Zukunft Einkommensströme generieren könnten, jedoch mit beträchtlichen Investments verbunden sind. Beim dritten Horizont geht es um langfristige Veränderungsmöglichkeiten, die sich heute vielleicht nur in einzelnen Forschungsprojekten zeigen, zukünftig aber enorme Bedeutung erlangen könnten. Auch wenn die drei Horizonte grafisch nacheinander angeordnet werden und sich auch in der zeitlichen Dimension voneinander unterscheiden, ist die grundlegende Wirkungsmacht des Modells darin begründet, dass alle drei Horizonte gleichzeitig bearbeitet werden. Es wird nicht zunächst an der Optimierung des Bestehenden getüftelt, um erst, nachdem man damit fertig ist, an Innovationen und andere Veränderungen zu denken. Sondern all das geschieht gleichzeitig mit dem klaren Bild im Kopf, wo die Entwicklung hinführen wird: zu einer grundlegenden Weiterentwicklung des Geschäftsmodells und dem Wachstum des Unternehmens. Die Gleichzeitigkeit der Aktivitäten, angeordnet in einer strategischen Roadmap, ermöglicht es, im Hier und Jetzt mit den bereits vorhandenen Mitteln zu agieren und gleichzeitig daran zu arbeiten, in Zukunft mehr Möglichkeiten zur Verfügung zu haben, um letztendlich das angestrebte Gesamtziel – Unternehmenswachstum – zu erreichen.

Wir wissen nicht, ob McKinsey bei seinem Modell an die Lösung existenzieller globaler Herausforderungen gedacht hat (hoffentlich!). Mithilfe des Modells sind wir aber in der Lage, Ansätze in einen zeitlichen Kontext zu setzen und heute dringende Entscheidungen zu treffen, ohne finale Antworten parat zu haben – was sich auch im Kontext von Nachhaltigkeit als äußerst wertvoll erweist. Denn auch wenn wir wissen, dass Plastik ein »Design-Fail« ist, haben wir, wie wir von Parley for the Oceans wissen, noch keine Antwort auf die Frage, welches Material beziehungsweise welche unterschiedlichen Materialien Plastik, wie wir es heute kennen, langfristig ersetzen könnten. Denn die Vorteile des Materials sind nicht zu übersehen. Wie grandios wäre es, diese in nicht-schädlichen Alternativen zu realisieren. Bis wir wissen, wie das geht, könnten wir natürlich nackt herumlaufen. Knüpfen wir aber im Kontext der Nachhaltigkeitstransformation Unternehmenswachstum an Nachhaltigkeits-Impact und wandeln das Modell entsprechend ab, ergeben sich drei Horizonte als strategische Ansatzpunkte, wie in der folgenden Grafik dargestellt.

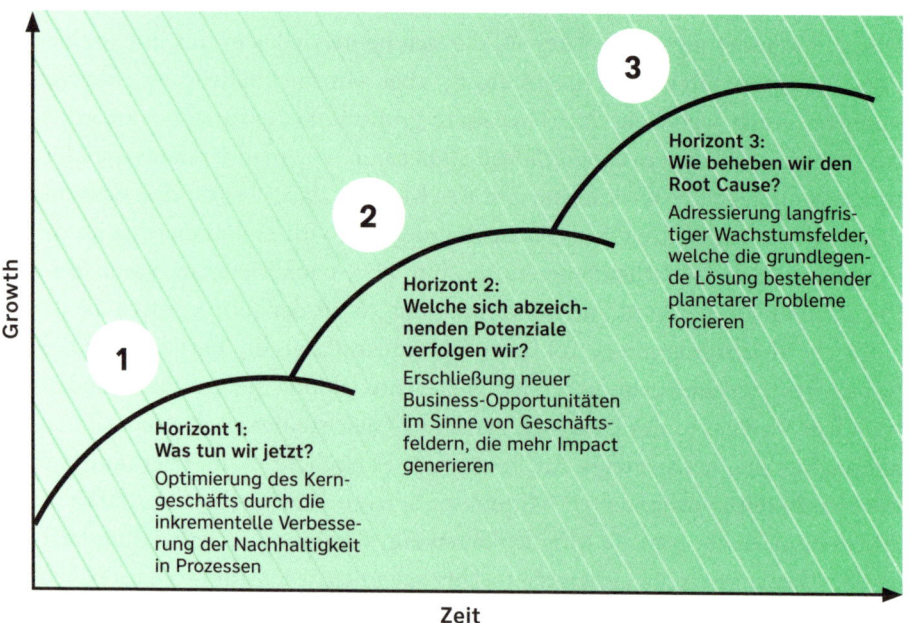

Abbildung 6: Three Horizons of Green Growth: Business und Impact gehen Hand in Hand. In Anlehnung an McKinseys Three Horizons of Growth.

Besser ist also gut, allerdings nur, wenn besser immer besser wird. Wenn ein Plan dahintersteht, eine Strategie, ein ernst gemeintes, authentisches Commitment, dem Taten folgen. Dieser Plan enthält dabei allerdings noch keine finalen Antworten, kann keine »von oben« gesteuerte Abfolge von »richtigen« Maßnahmen zur Verfügung stellen, denn diese können hinsichtlich der komplexen, kaum greifbaren Zusammenhänge nur falsch liegen. Eine derart holistisch planende Wirtschaft begreift sich immer als Teil der gesamten Realität, des Gesamt(öko)systems, das es zu transformieren gilt. Mit jedem Schritt erzeugen wir neues Wissen, müssen unseren Fokus neu ausrichten, unsere Handlungen gegebenenfalls anpassen. Wenn wir uns also wieder unsere Skala der 50 Grüntöne vorstellen, können wir uns zwar langsam immer einen Schritt nach vorne arbeiten, diesem Zweck dient »Horizont 2«. Letztendlich müssen wir aber grundlegend etwas anders machen und das System, in dem wir uns als Unternehmen befinden, anders denken und (um)bauen – »Horizont 3«. Das erfordert die Fähigkeit, Komplexität zu ertragen, Schwarz-Weiß-Denken auszuhebeln und einen Fokus zu setzen, in dessen Rahmen wir Pläne schmieden und umsetzen.

Heute versuchen die allermeisten Unternehmen diese Herausforderungen im Rahmen mehr oder weniger ambitionierter Nachhaltigkeitsstrategien und mit etwas mehr Budget ausgestatteter CSR-Abteilungen anzugehen – ganz ähnlich übrigens, wie das Thema Klimawandel auf politischer Ebene vor allem im Umweltministerium behandelt wird. Diejenigen, die es nicht nur mit der Transformation ernst meinen, sondern sie auch als unternehmerische Chance, als gefragtes Differenzierungsmerkmal und oft auch eine Entscheidung in Bezug auf das Risikomanagement begreifen, sind ihre Wachstums- und Innovationsziele grundlegend an ihre Fortschritte in Sachen Nachhaltigkeit geknüpft. Unternehmenserfolg, Innovation und Nachhaltigkeit werden in ihrer gegenseitigen Verschränkung zu maßgeblichen strategischen Fixpunkten. Auf diese Weise werkeln Unternehmen nicht im Kleinen an den Symptomen der Veränderung, sondern sie nehmen das große Ganze, das System, in dem sie operieren, in den Fokus. Sie übernehmen Verantwortung und erarbeiten sich gleichzeitig zukünftige Marktvorteile. So, wie wir vor einigen Jahren begriffen haben, dass Digitalisierung keine Abteilung ist, müssen wir jetzt begreifen, dass die Umsetzung wirksamer, unternehmensübergreifender Nachhaltigkeitsstrategien keinen Nachteil im globalen Wettbewerb erzeugt. Verankern und verschränken wir Nachhaltigkeit, Innovation und Wachstum in der Unternehmensstrategie, entstehen die entscheidenden Differenzierungs- und Erfolgsfaktoren für das 21. Jahrhundert. Wenn wir langfristig wirtschaftlich erfolgreich sein wollen, müssen wir nicht nur besser werden, sondern drei Wellen auf einmal reiten, um uns selbst in der Art und Weise, wie wir momentan wirtschaften, zu überholen.

WHAT'S NEXT? THE INFINITE GAME

Das »Spiel« mit der Rettung der Menschheit ist, wie wir gesehen haben, leider nicht ganz so simpel, wie es von der Seitenlinie aus manchmal aussieht. Wer Veränderung anstoßen will, bekommt Gegenwind, und die eigenen Annahmen stellen einem obendrein regelmäßig ein Bein. Noch dazu sind die Dinge so komplex, dass man noch nicht einmal weiß, ob man jetzt wirklich alles verstanden hat, um das Richtige zu tun. Wahrscheinlich nicht! Ein paar einfache Prinzipien können wir uns aber merken:

1. Die Welt ist komplex, binäres Denken hilft uns nicht weiter.
2. Nachhaltigkeit ist eine Skala aus »50 Shades of Green«.
3. Egal an welchem Punkt auf der Skala man sich befindet, es geht ums Anfangen.
4. Fokus und Strategie schlagen Zynismus und Pauschalisierung.
5. Impact und Wachstum werden ein Team.
6. Besserwerden heißt immer besser und besser werden.

Über die Wissenschaft sagt man, je tiefer ein Thema erforscht wurde, desto mehr Fragen tauchen auf, desto mehr haben Forschende das Gefühl, nichts zu wissen. In diesem Sinne sind viele Unternehmensaktivist*innen Forscher*innen. Sie forschen an neuen Angeboten, die Problemlösungen sind – für Kund*innen, die Gesellschaft, den Planeten, alles zusammen! Durch ihre unternehmerischen Aktivitäten fangen sie an, jeden einzelnen Stein in der Wertschöpfungskette umzudrehen, um zu sehen, ob Dreck darunter ist. Sie beginnen, die eigene Branche in Frage zu stellen. Wie Forschende kommen auch sie zu der Einsicht, dass das, was sie tun, (noch) nicht genug ist. Die ersten Produkte sind Ansatzpunkte, um tiefer in die Materie einzusteigen, das Gesamtsystem zu verstehen – und zu verändern! Waldemar Zeiler, Co-Gründer von einhorn, nennt das »unfuck the system«.[60] Als nachhaltige Kondommarke haben sie wie keine andere Firma der Branche in die nachhaltige Gestaltung ihrer Wertschöpfungskette investiert und damit neue öko-soziale Standards für die Kautschukproduktion geschaffen (sie nennen das »fairstainable«), die inzwischen immer mehr an Relevanz auch für andere Branchen, wie beispielsweise die Reifenindustrie, den größten Abnehmer für Kautschuk weltweit, gewinnen. So wie Waldemar geht es vielen: Sie kommen vom Detail ihrer Unternehmenstätigkeit wieder zurück zu den größeren Zusammenhängen und finden darüber neue und vielleicht sogar größere Hebel für Veränderung. So startete Goldeimer mit Komposttoiletten und arbeitete mit an einer DIN-Norm, die es langfristig ermöglichen könnte, chemiefreie Düngemittel aus dem Kompost ihrer Toiletten herzustellen. Der Impact läge dann nicht mehr nur in einer Verbesserung des Abwassersystems, sondern zusätzlich in einer nachhaltiger agierenden Landwirtschaft. Bei HOLYCRAB! starteten wir mit invasiven Krebsen, tauchten weiter ein, lernten mehr und mehr über invasive Arten und beschäftigen uns inzwischen mit möglichen Lösungen für mehr Biodiversität in Gewässerökosystemen sowie dem Thema (wirklich!) nachhaltigen Fleisch- und Fischkonsums. Clive Jackson wollte eigentlich nur die Charterfluglandschaft digitalisieren und ist nun – über die Frage nach der Verantwortungsübernahme für den eigenen CO_2-Ausstoß, der sich durch Digitalisierung natürlich sehr viel leichter bemessen lässt – auf das Thema nachhaltiger Kraftstoffe als möglichem Hebel für wirkliche Veränderung gestoßen. Wer einmal angefangen hat, sich mit einer Sache zu beschäftigen und nach Lösungen für drängende Probleme zu suchen, kann kaum noch damit aufhören, denn es gibt immer wieder noch mehr zu lernen. Immer neue Ansatzpunkte für unternehmerische Lösungsfindung ergeben sich im gedanklichen Pendeln zwischen den einzelnen Lösungen und dem Blick auf den größeren Zusammenhang fast täglich – ein unendliches Spiel, wie es im Buche steht![61] Besser ist gut, wenn besser besser und immer besser wird. Anstatt allen auf die Finger zu *hauen*, die versuchen, den ersten Schritt zu gehen, sollten wir sie feiern … und ihnen immer wieder auf die Finger *schauen*, um zu sehen, wie sie vorankommen … und ihnen dabei helfen, noch einen Zahn zuzulegen!

KAPITEL 4
ZAHLEN FÜR WERTE

In den 70er-Jahren gab es in den USA eine Sorte Frühstückscerealien mit Erd-beergeschmack mit dem grusel-schönen Namen »Franken Berry«, die, steckte man sie oben in die Kinder hinein, nicht nur die Zunge färbte, sondern auch alles andere, wie man bemerken konnte, sobald es hübsch rosa unten aus den Kindern wieder herauskam – eine lustige Sache, die einen eigenen Namen erhielt: »Franken Berry Poo«! Heute machen wir uns etwas mehr Gedanken um unsere Gesundheit und haben herausgefunden, dass der verwendete Farbstoff krebserregend ist, weshalb er wenige Jahre nach seinem Einsatz in so ziemlich jedem Erdbeereis verboten wurde. Statt Rosa benutzen wir heute für Markenbotschaften jeder Art sowieso viel lieber Grün. Es gibt grün gebrandete Hausratversicherungen, grüne Verpackungen für Milch von Kühen aus Massentierhaltung, grünen Hustensaft aus der Apotheke. Grün macht uns glücklich, denn die Farbe steht für die Natur, für weite Wiesen und frische Luft. Grüne Frühstückscerealien gibt es auch, gefärbt mit einer bunten Mischung aus E-Zusatzstoffen. Denn bekanntermaßen ist nicht alles, was grün aussieht auch wirklich *grün*, also biologisch angebaut, nach ethischen Prinzipien produziert oder ganz allgemein gut für die Umwelt und für uns, auch wenn genau das für einen Großteil von Konsument*innen immer wichtiger für ihre Kaufentscheidung wird. Oft *glauben* wir nur, wir kauften »grüne« Produkte, lassen uns vielleicht sogar auf höhere Preise ein, doch im Grunde entsprechen diese häufig nur den gesetzlichen Mindeststandards. »100 Prozent natürliche

Zutaten«, »ohne Zusatzstoffe«, »von Müttern empfohlen« – Aussagen wie diese sollen Vertrauen vermitteln, sind jedoch meistens nichts anderes als das seit den 1980ern bekannte Greenwashing – Unternehmen, die ihre Angebote mithilfe von »grünen« Botschaften anpreisen, ohne dass diese eine wirkliche Aussagekraft über die tatsächliche Qualität, die Herstellungsmethoden oder die ökologischen und sozialen Standards des Unternehmens haben. Und weil wir anders als bei den Cerealien nur sehr schwer nachprüfen können, ob das, was wir oben in uns hinein gelöffelt haben, unten auch in der erwarteten Farbe wieder herauskommt, also ob es von höherer Qualität war oder gesündere Inhaltsstoffe hatte, ist es ganz schön schwer, zu erkennen, ob ein Angebot tatsächlich qualitativ besser oder schlechter ist, nur weil es auf der Verpackung steht. Das gilt natürlich nicht nur für Lebensmittel, sondern auch für vieles andere – Versicherungen, Geldanlagen, Sportschuhe, Kindermode, Autos, ja sogar Kreuzfahrten. Insbesondere, weil es keine schnellen und eindeutigen Erkennungsmerkmale dafür gibt, ist Greenwashing heute gang und gäbe, und zwar nicht nur in Form von vermeintlich grünen Etiketten und irreführenden Verkaufsbotschaften.[62] Viel subtiler und noch weniger zu durchschauen sind die Praktiken von Unternehmen, die sich auf der Grundlage von besonderen Aktionen als ökologisch nachhaltig oder sozial engagiert darstellen, im Großteil ihrer Geschäftspraxis aber das Gegenteil von dem tun, was sie im Einzelfall groß vermarkten. Das ist zum Beispiel der Fall, wenn Unternehmen Geld für die Aufforstung des Regenwaldes spenden, in ihren Produkten aber unhinterfragt Palmöl steckt, dessen Anbau nachweislich zur großflächigen Abholzung von Regenwald führt. Oft genug ist das Budget, das für die Vermarktung des Nachhaltigkeitsimages aufgewendet wurde, auch noch sehr viel höher als die besagte Spende selbst. Es ist unglaublich aufwendig, wirklich zwischen wahren Aussagen über Qualität, Inhalt und Herstellungskontexten von Angeboten und solchen, die nur leeres Gerede sind, zu unterscheiden. Während also immer mehr Menschen darauf achten, möglichst nachhaltig zu konsumieren, machen Unternehmen sich dieses Bedürfnis nach sozial und ökologisch nachhaltigem Konsum zunutze, meist ohne ihr Geschäftsmodell nach diesen Prinzipien (um-) zu gestalten und die kommunizierten Werte wirklich zu leben. Im Englischen gibt es einen schönen Ausdruck dafür, wenn auf die großen Worte auch Taten folgen: »walking the talk«. Diese Verbindlichkeit schafft Vertrauen, Greenwashing ist jedoch das Gegenteil davon, der Redensart folgend könnte man es als »talking the talk« beschreiben.

VON GREENWASHING ZU GREENDOING

Unternehmen, insbesondere große Player, haben oft einen schlechten Ruf. Sie sind dafür bekannt und verschrien, dass sie mit zerstörerischen Praktiken schnelles Geld verdienen, das sich wenige Profiteur*innen in die eigenen Taschen stecken, wobei sie an anderer Stelle entweder nur so tun, als würden sie die Welt zu einem besseren Ort machen, oder es zumindest in einem viel geringeren Maße tun, als sie uns glauben machen. Im Gegensatz dazu fragen sich Unternehmensaktivist*innen, wie sie Unternehmer*innentum tatsächlich für sinnvolle Zwecke nutzen können. Denn unternehmerisches Wirken ohne wirklichen Impact hätte für sie keinerlei Sinn, reines Geschichtenerzählen über schöne Visionen von grünen Wiesen und glücklichen Kühen auch nicht. Für sie ist die Frage, wie sie das unternehmerische Risiko, das sie ohnehin eingehen, eben nur für etwas nachweislich Sinnvolles in Kauf nehmen. Fridtjof »Fridel« Detzner weiß um die Fähigkeit von Unternehmen, schnell neue Ideen umzusetzen und zu beweisen, dass Unmögliches doch möglich ist. Um die gesellschaftlich notwendige Veränderung rasch voranzutreiben, plant er, mit seinem Investmentfonds Planet A das Wachstum von öko-sozialen Start-ups zu fördern, um ihren jeweiligen Impact schneller größer zu machen, als wenn sie nur mit Eigenkapital oder Bankkrediten arbeiten würden. Die größte Herausforderung in Sachen Impact-Investing besteht für ihn und viele

> Für sie ist die Frage, wie sie das unternehmerische Risiko, das sie ohnehin eingehen, eben nur für etwas nachweislich Sinnvolles in Kauf nehmen.

andere Geldgeber*innen momentan noch darin, überhaupt erst mal zu definieren, was Impact denn eigentlich genau sein soll, inwiefern ein Unternehmen eine öko-soziale Verbesserung erreichen und wie man diesen Impact messen und transparent machen kann. Fridel ist es enorm wichtig, dass die Unternehmen, in die Planet A investiert, »von den Fakten aus handeln und nicht danach, was schön klingt oder was sich schön anfühlt. Es wäre purer Zufall, wenn wir die Welt so besser machen würden. Dabei nicht auf wissenschaftliche Erkenntnisse zu hören ist ein bisschen so, wie wenn man mit geschlossenen Augen versucht, nach Paris zu fahren – mit dem Fahrrad.« Er will daher die harten Fakten, die Zahlen hinter den Werten der Start-ups ermitteln: »Ich glaube, dass das eine der größten systemischen Veränderungen sein kann, da wirklich hinzugucken!« Jedes Produkt und jedes Start-up wird auf Herz und Nieren geprüft, bevor für Planet A die Frage der Investierbarkeit geklärt werden kann – ein konsequenter Gatekeeper, der dem Start-up nicht nur zu einem Investment verhilft, sondern gleichzeitig zur Messung und Optimierung des weiteren Unternehmenserfolgs dient und eine Grundlage für faktenbasierte Kommunikation darstellt. Denn Fridel ist es leid, immer wieder in den gleichen Diskussionen zu stecken, wie zum Beispiel, wenn jemand aus Nachhaltigkeitsgründen aufhört, Fleisch zu essen, und dann zu hören bekommt, dass Soja »ja auch schlecht für die Umwelt« sei, weil Regenwald dafür abgeholzt wird. »Es nervt, dass an dieser Stelle keine Gewichtung stattfindet. Ja, beides ist nicht ideal, aber das eine ist eben doch unterm Strich viel schlechter als das andere«, kommentiert er die gängige Pauschalkritik an Menschen, die versuchen, im Rahmen ihrer Möglichkeiten kleine Verbesserungen in Sachen Nachhaltigkeit zu erzielen, die heutzutage auch viele junge Unternehmen trifft, die (noch) nicht perfekte Lösungen vorantreiben. Die im vorigen Kapitel beschriebene Haltung des »better is good« bekommt hier ihr zahlenmäßiges Fundament: »netto besser« oder »netto schlechter«. Wenn in einem Vergleich von Produkten alle relevanten ökologischen und sozialen Messgrößen berechnet wurden, können wir exakt bestimmen, welches das bessere ist, welches weniger negative Auswirkungen auf die Umwelt hat. Eines der Unternehmen, die er in letzter Zeit mitgegründet hat, ist Wildplastic. Es produziert Müllbeutel aus »wildem« Plastik, also Müll in der Landschaft. Bevor das Team diese Idee in die Tat umsetzte, schaute es sich den gesamten Lebenszyklus seines Basismaterials an. Die herkömmliche Mülltüte aus Neuplastik schneidet mit 52,03 Gramm CO_2 gegenüber der Mülltüte aus »Wildplastic« schlechter ab, die mit nur 21,39 Gramm CO_2 pro Tüte zu Buche schlägt.[63] Von außen betrachtet, scheint es unlogisch, dass ein Material, das mehrmals durch die halbe Welt transportiert wird, um hier zu einer Mülltüte zu werden, ökologischer sein sollte als neu produziertes Plastik. Doch gerade dadurch, dass das Geschäftsmodell darauf basiert, ein ökologisches Problem in der Welt zu lösen, wird es doppelt wichtig, dass es im Zuge der Problemlösung nicht ein anderes Problem befeuert – den Klimawandel. Die Wildplastic-Mülltüte ist also »netto besser«, als eine »normale«

> Auf der Basis solch exakter Berechnungen wird Greenwashing ausgeschlossen und Greendoing, also unternehmerisches Handeln nach prüfbar »grünen« Maßstäben, gefördert.

und löst das eine Problem (Plastik) zusammen mit dem anderen (CO_2-Emissionen) – nicht perfekt, aber doch besser als bisher. Und sie sorgt dafür, dass die Lebensbedingungen der Sammler*innen durch faire Löhne verbessert werden. Auf der Basis solch exakter Berechnungen wird Greenwashing ausgeschlossen und Greendoing, also unternehmerisches Handeln nach prüfbar »grünen« Maßstäben, gefördert. Ökologische und soziale Werte werden durch Zahlen untermauert, die nachvollziehbar machen, wie nachhaltig ein Produkt oder auch ein ganzes Unternehmen *wirklich* ist. Als Venture-Capital-Geber trifft Fridel seine Investmententscheidungen also nicht allein auf Basis finanzieller Skalierungspläne oder anhand von hehren Visionen, die die Start-ups verfolgen, sondern er prüft, ob und wie diese sich messen lassen und ob sie den Status quo tatsächlich verbessern. Angenommener wirtschaftlicher Erfolg, der die Grundlage für jedes Investment ist, wird an Impact-Ziele geknüpft. Und das funktioniert besonders gut bei Unternehmen, deren Geschäftsmodell von vornherein auf dem Lösen von Problemen basiert, also auf Impact. Eine Formel, mit deren Hilfe bei Planet A Investmententscheidungen getroffen werden und die den angestrebten Impact definiert, lautet entsprechend »Impact = Verbesserungsrate mal Anzahl der Nutzungen« – wirtschaftlicher Erfolg und Impact hängen untrennbar zusammen. Je erfolgreicher das Unternehmen, desto größer das Potenzial, die anvisierten Probleme zu lösen. In all ihrer Simplizität fördert die Formel auf systematische Weise das Denken in der viel beschworenen »Triple Bottom Line« (TBL)[64] – »people, planet, profit«.

WHAT GETS MEASURED GETS MANAGED

Fridel ist dabei natürlich nicht der Erste und schon gar nicht der Einzige, der sich mit der Frage beschäftigt, was Impact genau ist und wie man ihn messbar, sichtbar und skalierbar machen kann. Auch wenn sich bisher nur wenige Unternehmen mit den beschriebenen Fragestellungen befassen, wächst die Anzahl derer, die verstanden haben, dass das größte Risiko für Unternehmen heute darin liegt, nichts zu tun, um ihr Geschäftsmodell an die sich verändernden Umwelt- und damit auch Umfeldbedingungen anzupassen. Gleichermaßen gilt es, an der Aufrechterhaltung unserer Lebensgrundlagen mitzuwirken, denn ohne Zukunft gibt es schließlich auch kein Business mehr. Auch fernab dieser menschheitlich-existenziellen Ebene gedacht, sind solche Umstellungen wichtige Stellschrauben für die langfristige Resilienz von Unternehmen vor dem Hintergrund sich verändernder politisch-regulatorischer, aber auch marktseitiger Einflüsse.

Dienstleistungen im Feld der Bewertung und des Managements genau solcher Risiken haben sich nun auch etliche Start-ups selbst zur Aufgabe gemacht: So arbeitet right. based on science, oder kurz right., dabei mit einer eigens entwickelten Kennzahl, der sogenannten X-Degree Compatibility (XDC). Diese beschreibt, wie das analysierte Unternehmen in seiner Art und Weise zu wirtschaften zur Erreichung des im Pariser Abkommen gesetzten Temperaturziels beiträgt. Genauer gesagt drückt die XDC-Kennzahl aus, mit wie viel Grad Erwärmung die aktuellen Emissionen des Unternehmens, auf das

Jahr 2050 hochgerechnet, kompatibel sind – also wie stark sich der Planet bis zum Jahr 2050 erwärmen würde, wenn die gesamte Weltwirtschaft so wirtschaften würde wie das analysierte Unternehmen. Die Kennzahl ist deshalb so aussagekräftig, da sie eben nicht (nur) deutlich macht, wie viele Gigatonnen im Jetzt ausgestoßen werden, sondern wo sich das analysierte Unternehmen in seinem Ausstoß global und in Zukunft einordnet – ganz konkret: Welches Zukunftsszenario das eigene wirtschaftliche Wirken befördert. Die zündende Idee für diese Kennzahl entstand, so Gründerin Hannah Helmke, bei einem Workshop in der Anfangszeit von right.: »Einer der Workshopteilnehmer fuhr mich regelrecht genervt an: ›Ich will nicht wissen, wo ich in 2050 sein muss! Das sagt mir nix! Ich will wissen, wo ich heute stehe! Ich muss wissen, was ich heute mit dem Klimawandel zu tun habe!‹ Da haben wir innegehalten. Uns wurde klar, dass wir berechnen müssen, ›wie-viel-Grad-kompatibel‹ ein Unternehmen ist. Und wie sich das ändert, abhängig von verschiedenen Entscheidungen, die ja alle im Hier und Jetzt getroffen werden.«

Um eine Vergleichbarkeit herzustellen, werden Emissionen bei der Errechnung der XDC-Kennzahl zunächst in Relation zur wirtschaftlichen Wertschöpfung des Unternehmens gesetzt: Wie viele Emissionen – also CO_2 und CO_2-Äquivalente (CO_2e) – benötigt ein Unternehmen für je eine Million Euro Bruttowertschöpfung? Diese Menge wird dann mit der globalen Bruttowertschöpfung multipliziert und anhand gängiger sozio-ökonomischer Szenarien in die Zukunft projiziert: Welche Emissionsmenge würde bis 2050 in die Atmosphäre gelangen, wenn die gesamte Weltwirtschaft in gleichem Maße emissions-intensiv agierte? Die durch diese gesamte emittierte Menge CO_2e zu erwartende klimatische Erwärmung findet in der XDC-Kennzahl Ausdruck und führt Unternehmenslenker*innen und der Allgemeinheit nachdrücklich vor Augen: Das würde passieren, wenn wir einfach so weitermachen – und wenn sich alle so verhalten würden wie wir. Das Grundprinzip ihrer psychologischen Wirkmächtig- und Verbindlichkeit wurzelt tief in den Grundfesten der abendländischen Aufklärung: In gewisser Weise stellt die XDC-Kennzahl den für unsere aktuelle Situation elegant in eine einzige Zahl gegossenen kategorischen Imperativ nach Kant dar. Sie generalisiert die eigenen Handlungsweisen

ZAHLEN FÜR WERTE

hypothetisch zu einer allgemeinen Regel beziehungsweise einem kollektiven künftigen Zustand. Der Sinnspruch »Was du nicht willst, das man dir tu', das füg auch keinem andern zu« lässt sich als goldene Regel der praktischen Ethik geschichtlich über Jahrtausende zurückverfolgen und funktioniert heute bei Kindergartenkindern genauso gut wie bei Manager*innen: Die XDC-Kennzahl lässt den allzu häufig zu beobachtenden Reflex, Fehler und Verantwortlichkeiten überall sonst – bei anderen Branchen, anderen Unternehmen, der Politik, den Kund*innen –, nur eben nicht bei sich selbst zu suchen, gar nicht erst aufkommen. Der Philosoph Kwame Appiah, der uns schon in der Einleitung begegnet ist, würde im Rahmen seiner Abhandlung zu moralischen Revolutionen[65] genau in diesem Punkt von »Ehre« sprechen – die XDC-Kennzahl appelliert nicht nur an die Ratio, sondern in Verbindung mit der Ethik eben auch an das Ego: Möchte ich jemand sein beziehungsweise als jemand wahrgenommen werden, der mit den eigenen wirtschaftlichen Entscheidungen direkt dazu beiträgt, dass wir im Jahr 2050 eine Erderwärmung von 6,2 Grad Celsius haben, mit all den Folgen, die es für meine Kinder und Enkelkinder und je nach Alter eben sogar noch für meine eigene Existenz haben wird? Kann ich das vor meinen Mitmenschen und vor mir selbst verantworten? Diese Kraft steckt in Zahlen wie der XDC, die vermeintlich unschuldig als »einfach nur eine Zahl« daherkommt – eine Zahl, die Fragen aufwirft und eine Positionierung erzwingt. Während die Presse auf die Veröffentlichung der XDC-Werte für beispielsweise die DAX-Unternehmen reagiert[66] – der Newswert der Botschaft, dass diese im Schnitt auf 5-Grad-Kurs unterwegs sind, während man sich auf der politischen Weltbühne mit dem Paris-Abkommen auf deutlich unter 2 Grad geeinigt hat, ist groß – fallen die Reaktionen der bewerteten Unternehmen eher durchwachsen aus: »Da wird erst mal richtig viel Energie reingesteckt, diese Zahl zu denunzieren. Man will nicht wissen, dass man

> In gewisser Weise stellt die XDC-Kennzahl den für unsere aktuelle Situation elegant in eine einzige Zahl gegossenen kategorischen Imperativ nach Kant dar.

6-Grad-kompatibel ist«, so Hannah Helmke. Doch trotz aller schwergewichtigen Angriffe und Widerlegungsversuche beauftragter Expert*innen – die XDC-Kennzahl, die dahinterliegenden Daten und Rechenmodelle halten stand und können nach vielfacher kritischer Überprüfung nun erst recht als valide gelten. Die Bredouille, in die Unternehmen angesichts der Veröffentlichung der XDC-Kennzahl geraten, zeigt sich in einer Aussage, die Hannah Helmke im Gespräch mit dem Nachhaltigkeitschef eines großen deutschen Pharmakonzerns zu hören bekam: »Eigentlich muss ich es wissen, aber wenn ich es weiß, kann ich es nicht mehr ignorieren.«

Vielerorts löst sich das Dilemma des Nicht-mehr-ignorieren-*Könnens* derweil auch ohne konkreten Druck von außen in einem Nicht-mehr-ignorieren-*Wollen* auf. Eine wachsende Zahl von Unternehmen kümmert sich proaktiv um ihren Beitrag zur notwendigen Eindämmung der Klimakrise. Sie erhalten von right. Unterstützung in Form einer Softwarelösung, welche den Unternehmen dabei hilft, ihre Klimawirkung besser zu verstehen und den Faktor Klima über die XDC-Kennzahl in künftigen Entscheidungen ergänzend zu einer klassischen Wirtschaftlichkeitsbetrachtung (Return on Investment/ROI) zu berücksichtigen. Ein zweites Geschäftsfeld erschließt sich right. im Sektor der Finanzdienstleister. Auf Basis des XDC-Modells bietet man hier eine Softwarelösung an. Mit deren Hilfe können Akteur*innen am Kapitalmarkt, in der Regel Fondsmanager*innen, ihre Investments ganz ähnlich wie die strategischen Entscheidungen innerhalb der Unternehmen nicht mehr nur in Orientierung an börsenüblichen Value-Kennzahlen, anhand charttechnischer Belange oder der Betrachtung vager Trendfelder vornehmen, sondern auch hier erweitert um eben jenen in der XDC-Kennzahl ausgedrückten Klimafaktor betrachten und bewerten.

Es ist an dieser Stelle doch irgendwie paradox: Da schiebt man die Schuld für die fehlende Langfristorientierung von börsengelisteten Unternehmen auf das Prinzip des alles dominierenden Shareholder-Values: »Reduktion von CO_2-Emissionen? Geht nicht, das würde zu sehr auf unsere Profitabilität und Wettbewerbsfähigkeit drücken – das kommt nicht gut an … Denkt an den Shareholder-Value!« Und nun kommen diese als fies und geldgierig verschrienen Shareholder*innen doch tatsächlich auf die Idee, die Frage nach der Nachhaltigkeit als das Thema, das man über Jahrzehnte als so langfristig betrachtet hat, dass man es getrost immer wieder ein paar Jahre aufschieben konnte, selbst auf die Agenda zu setzen – und zwar nicht ganz unten, sondern immer weiter oben auf der Liste. Da kann einem als Vorstand eines börsengelisteten Unternehmens doch schon mal schwindelig werden. Was denn nun? Shareholder-Value oder Nachhaltigkeit? Auch an dieser Stelle zeigt sich wieder, wie dieser Widerspruch eigentlich schon immer ein rein vermeintlicher war. Investor*innen (keine Shortseller, keine Day-Trader, keine »Heuschrecken«, nein, tatsächliche Investor*innen) denken langfristig. Dem Grundprinzip von Investment folgend, sind sie mindestens an Werterhalt, in der Regel aber an Wertsteigerung ihrer Investments interessiert. Dass die sich zuspitzende Klimakrise nicht »nur« für die Menschheit eine Bedrohung darstellt, sondern eben folgerichtig für die gesamte Wirtschaft, kommt mittlerweile auch in diesen Kreisen an. Das Abstruse ist genau genommen also gar nicht einmal, dass ökologische und auch soziale Nachhaltigkeit nun nach und nach vom vermeintlichen Gegenspieler zum integralen Bestandteil des Shareholder-Values werden, sondern vielmehr, dass das lange Jahre eben nicht so war.

Was man diesen plötzlich fast aktivistischen Investor*innen vielleicht vorwerfen könnte, ist, dass auch sie in gewisser Weise eine Jugendbewegung brauchten, um nach Jahren der Untätigkeit in der Breite aufzuwachen und der Wissenschaft Aufmerksamkeit zu schenken. Aber lassen wir diesen rückwärtsgewandten Vorwurfskonjunktiv bewusst beiseite und schauen uns an, zu was die Erkenntnis in diesen Kreisen geführt hat. Besonders herausstechend war hier sicherlich, sowohl aufgrund des Einflusses als auch der deutlichen Wortwahl, Larry Finks jährlicher Brief an die CEOs der Unternehmen, in die seine Firma BlackRock investiert ist. Sein Einfluss auf die Wirtschaft lässt sich kaum unterschätzen, ist BlackRock doch mit 7,4 Billionen Dollar verwalteter Einlagen der größte Vermögensverwalter der Welt und allein bei acht DAX-Unternehmen der größte Einzelaktionär. Fink an die CEOS: »Der Klimawandel ist für die langfristigen Aussichten von Unternehmen zu einem entscheidenden Faktor geworden. Im vergangenen September gingen Millionen Menschen auf die Straße, um Maßnahmen gegen den Klimawandel zu fordern. Viele von ihnen brachten die erheblichen und nachhaltigen Auswirkungen der Klimaveränderung für Wirtschaftswachstum und Wohlstand zum Ausdruck. Ein Risiko, das die Märkte bislang nur zögerlich zur Kenntnis nehmen. Aber das Bewusstsein ändert sich rasant, und ich bin überzeugt, dass wir vor einer fundamentalen Umgestaltung der Finanzwelt stehen. Die nicht von der Hand zu weisenden Klimarisiken zwingen Anleger, ihre zentralen Annahmen zur modernen Finanzwirtschaft zu überdenken. Die Forschungsergebnisse einer Vielzahl von Organisationen, darunter der Weltklimarat IPCC, das BlackRock Investment Institute und viele andere, aber auch neue Studien von McKinsey über die sozioökonomischen Auswirkungen von Klimarisiken zeigen uns, wie sich die Klimarisiken gleichermaßen auf die Umwelt wie auch die globale Finanzwirtschaft, die das Wirtschaftswachstum begleitet, auswirken. (…) Angesichts der wachsenden nachhaltigkeitsbezogenen Anlagerisiken sind wir zunehmend geneigt, Vorständen und Aufsichtsräten unsere Zustimmung zu verweigern, wenn ihre Unternehmen bei der Offenlegung von Nachhaltigkeitsinformationen und den ihnen zugrunde liegenden Geschäftspraktiken und -plänen keine ausreichenden Fortschritte machen.«[67]

> Das Abstruse ist genau genommen also gar nicht einmal, dass ökologische und auch soziale Nachhaltigkeit nun nach und nach vom vermeintlichen Gegenspieler zum integralen Bestandteil des Shareholder-Values wird, sondern vielmehr, dass das lange Jahre eben nicht so war.

Am liebsten hätten wir den Brief an dieser Stelle hier komplett abgedruckt. Nicht, weil wir von Herzen so große BlackRock- oder Investmentbanking-Fans wären, nein, sondern einfach, weil dieser Brief aus der Perspektive eines Feindbilds derer, die sich schon Jahre und Jahrzehnte dafür einsetzen, beschreibt, dass und wie gegen die Klimakrise angegangen werden muss – und zwar in gleicher Konsequenz und Klarheit. Selbst wenn Larry Fink das alles – wie ihm teilweise vorgeworfen wird – nur tut, weil er damit seine Investments absichert und dafür sorgt, dass sie in künftigen Jahren vielleicht sogar besser performen als andere … So what? Das ist sein Job, ob man den nun gut finden mag oder nicht. Es hat einen gewaltigen Effekt und spiegelt ein Umdenken wider, das sich in mehr und mehr Teilen des Kapitalmarkts wiederfinden lässt. Und um vielleicht noch weitere, im Diskurs häufig anzutreffende vermeintliche Widersprüche und Missverständnisse auszuräumen: Nein, wir wollen hier kein Lied im Sinne »Der Markt allein wird's schon richten« anstimmen. Das wäre mit Blick auf die beschriebenen Entwicklungen auch schlichtweg unzutreffend, sind es doch gerade die bereits kurz- und mittelfristig erwartbaren politisch-regulatorischen, aber auch aufseiten der Nachfrage sich potenziell schnell verändernden Umfelder, die aus dem ehemals weit in der Zukunft liegenden Thema nun eine auf allen Ebenen wirtschaftlich akute Fragestellung machen. Umso besser für Hannah Helmke, die die Erkenntnis, »dass Nachhaltigkeit an sich keinen interessiert. Die Leute hören einem erst dann zu, wenn es um die Finanzen geht«,[68] direkt von Anfang an zum Kern ihrer Arbeit an right. machte, schon Jahre bevor es Larry Fink mit seinem Brief verdeutlichte und so einer bislang im Gros eher abwartenden Branche einen deutlichen Impuls verpasste. Jetzt muss sich zeigen, welche Taten folgen.

> Nachhaltigkeit entwickelt sich aus der CSR-, Compliance- und NGO-Ecke hinaus zu einem echten Business- und Investmentfaktor.

Nachhaltigkeit entwickelt sich aus der CSR-, Compliance- und NGO-Ecke hinaus zu einem echten Business- und Investmentfaktor. Das zeigt auch das Start-up Planetly auf beispielhafte Weise. Im Jahr 2019 gegründet von Anna Alex und Benedikt Franke, bietet es seinen Unternehmenskund*innen eine Softwarelösung, mithilfe derer sie ihre CO_2-Emissionen messen und folglich managen können. Die Daten werden in der Software zusammengeführt und zeigen den Unternehmen im Sinne sogenannter Hotspots auf, wo besonders viel CO_2 emittiert wird. Planetly hilft seinen Kund*innen somit, ihr immer häufiger strategisch gesetztes Ziel der Klimaneutralität zu erreichen. Die Hebel, welche Unternehmen zur Verfügung stehen, liegen hierbei zum einen in der Effizienzsteigerung zum Beispiel von Gebäuden, Fahrzeugflotten, aber auch in der Auswahl von Lieferanten und sonstigen Partnern, zum anderen darin, CO_2-Emissionen, welche zum aktuellen Stand noch nicht auf das strategisch gewünschte Level reduziert werden können, über verschiedene Programme zu kompensieren – ein Service, den Planetly zusätzlich anbietet, sich dabei aber klar als Vermittler positioniert: »Wir verkaufen weder Beratung noch CO_2-Zertifikate, sondern sind ein Software-as-a-service-Unternehmen, ein Tech-Start-up.« An dieser Stelle lässt der Blick auf die Vorgeschichte des Gründungsteams aufmerken: Beide haben eine Vergangenheit beim namhaften Company-Builder Rocket Internet, der hinter einigen der bekanntesten Tech-Start-ups Deutschlands steht – unter anderem Zalando, Hello Fresh und Delivery Hero. Beide haben in diesem Umfeld selbst gegründet – Anna Alex das mit einem dreistelligen Millionenbetrag bewertete Unternehmen Outfittery, welches seinen Kunden als Online-Shop modische Stilberatung und passend dazu dann Komplett-Outfits anbietet; Benedikt Franke mit Helpling einen digitalen Vermittlungsdienst für Putzkräfte, der binnen weniger Jahre in mehreren Ländern rund um die Welt agiert. Dass zwei Profis in Sachen hochskalierbarer Digital-Start-ups sich nun dem Klima widmen, spricht an sich bereits Bände: Es zeigt zum einen, dass in der Dienstleistung des CO_2-Managements wohl ein rasant wachsender Markt zu erwarten ist, dass perspektivisch deutlich mehr Unternehmen Wert auf ihre Zahlen diesbezüglich legen werden und ihre Bestrebungen in der eigenen Optimierung von CO_2-Emissionen, ihre umgesetzte Verantwortung dem Klima gegenüber, transparent in Zahlen messen und kommunizieren wollen. Zum anderen zeigt es, dass Anna und Benedikt, zwei – mit Blick auf ihre Vorgeschichten – Profis in Sachen Venture-Capital, auch für sogenannte Climate-Tech-Start-ups großes Potenzial in der Akquise von Frühphasen-Investoren sehen. Außerdem zeigt es, dass sich die Awareness für unsere planetare Krisensituation rasant in die verschiedensten Umfelder bewegt, überall WTF-Momente hervorruft. Anna und Benedikt verbinden in Planetly ihre Erfahrungen in der Gestaltung und Skalierung von technologisch getriebenen Geschäftsmodellen mit ihrem eigenen Bedürfnis, etwas »Sinnhaftes« in die Welt zu bringen, das, so Anna Alex, »nicht mehr nur Probleme löst, die wir uns als Menschheit ausgedacht haben, sondern zur Lösung von Problemen beiträgt, die wirklich existieren.«

Wir werden in Kapitel 6 noch auf diese Unterscheidung zwischen First und Real World Problems kommen – doch nun noch mal zurück zu den harten Zahlen für die hohen Werte. Denn die von uns interviewten Unternehmensaktivist*innen haben noch etliche weitere Ansätze in petto, wenn es darum geht, ihre Produkte oder gleich das gesamte Unternehmen in Sachen ökologisch-sozialer Nachhaltigkeit zu vermessen und zu optimieren – die Zahlen für die Werte, für welche sie antreten und einstehen, zu erfassen. Einige davon wollen wir dir anhand konkreter Beispiele zeigen. Sie belegen ausschnitthaft, auf welch verschiedenen Ebenen es schon heute möglich ist, Impact zu definieren und ihn auf Produkt- sowie Unternehmensebene mess- und damit managebar zu machen.

So können mithilfe einer Lebenszyklusanalyse (LCA) beispielsweise systematisch die Umweltwirkungen eines Produkts über seinen gesamten Lebensweg ermittelt werden. »Gesamter Lebensweg« meint hier wirklich von Anfang bis Ende, von der Rohstoffgewinnung durch alle etwaigen Schritte der Verarbeitung, der Logistik zwischen diesen Stationen und dann zu Händlern, der Benutzung durch die Kund*innen sowie zu guter Letzt der Entsorgung. Über diesen Lebenszyklus werden sämtliche Umweltwirkungen – sowohl Extraktion als auch Emission – ermittelt. So viel zur allgemeinen Theorie. Da LCAs, häufig auch Ökobilanzen genannt, zu verschiedensten Zwecken eingesetzt werden, haben sich in der Praxis je nach Verwendungsabsicht eine ganze Reihe verschiedener Verfahren und zu betrachtende Werte und Dimensionen etabliert. Neben dem Reporting der Ergebnisse in Form des für Unternehmen bestimmter Rechtsformen oder einer gewissen Größe seit 2017 vorgeschriebenen Nachhaltigkeitsberichts dient ein LCA aber eben nicht nur der nüchternen Bilanzierung eines Ist-Zustands, sondern zeigt auf, in welchen Bereichen besondere Belastungen vorliegen, und lädt darüber förmlich dazu ein, bestimmte Sachverhalte zu hinterfragen und Verbesserungen anzustreben. Dies kann von der Auswahl der Lieferanten über eigene Produktionsprozesse bis hin zum Innovationsprojekt zur Entwicklung von Cradle-to-Cradle-Ansätzen reichen. Letztere rütteln an dem bei der LCA für gewöhnlich zugrunde gelegten Betrachtungsrahmen und zeigen damit auf, dass es eben nicht immer nur die graduellen Verbesserungen sind, sondern insbesondere ein fundamentales Umdenken große Veränderung bewirken kann. Während der klassische Lebenszyklus eines Produkts einen klaren Startpunkt und ein klares Ende hat (»from the cradle to the grave«, also »von der Wiege bis zur Bahre«), macht der angeführte Cradle-to-Cradle-Ansatz schon mit seiner Benennung klar, worin hier das neue Paradigma besteht: Wer sagt denn, dass ein Produkt nach der Nutzung entsorgt werden muss? Und wer sagt, dass die Rohstoffe für ein neues Produkt aus der Umwelt entnommen werden müssen?

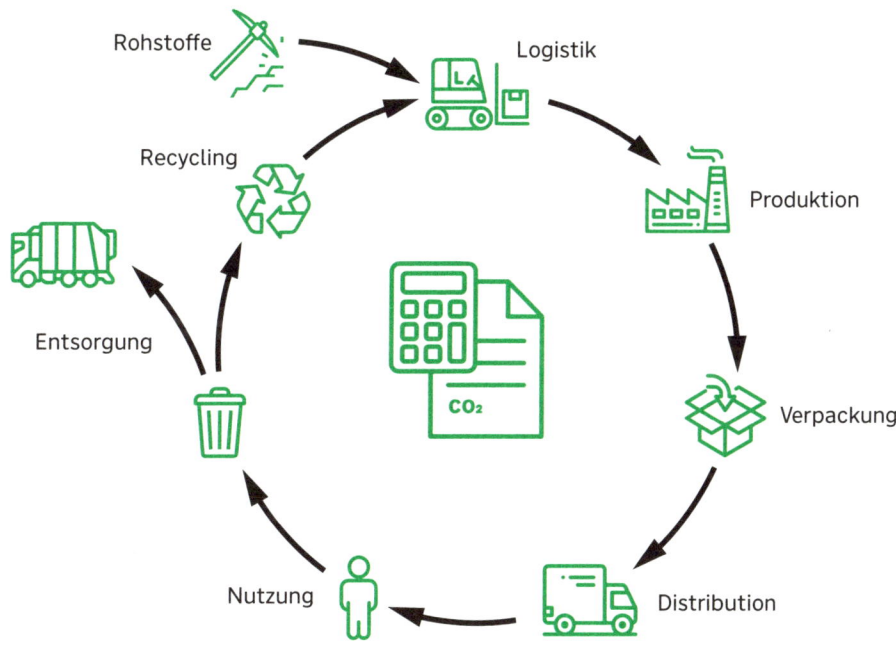

Abbildung 7: Lebenszyklusanalyse

Die damit in Grundzügen skizzierte und auch gerne so benannte Kreislaufwirtschaft verbindet die beiden bisherigen Enden des Lebenzyklus miteinander, wodurch zwei der häufig belastendsten und bei hinterfragender Betrachtung eigentlich auch unnötigsten Punkte wegfallen: Warum Rohstoffe abbauen und neues Material produzieren, wenn doch eigentlich so viel da ist, dass wir häufig gar nicht mehr wissen, wohin damit? Je besser im Produktdesign mit der Auswahl und Verbindung verschiedener Stoffe und Bauteile vorgesorgt wird, je modularer ein Produkt also ist, desto höher ist der zu erreichende Verwertungsgrad. Von der Vision, auf diesem Wege den Begriff »Abfall« aus dem Wortschatz streichen zu können und stattdessen von »Rohstoffen« zu sprechen, sind wir leider noch viel zu weit entfernt, doch mit Blick hinaus in die anzutreffende Realität zeigt sich hier wieder: Auch diese Version der Zukunft ist bereits da! Allein im Kreise der im Buch vorgestellten Unternehmensaktivist*innen finden sich da zum Beispiel Wildplastic, Goldeimer, Knärzje oder wir selbst mit einer HOLYCRAB!-Zanderessenz, die jene Teile dieses beliebten Speisefischs, die ansonsten entsorgt oder nur geringfügig verwertet werden, in ein intensives, regionales und rein natürliches Geschmackserlebnis verwandeln.

Dass eine detaillierte Betrachtung mittels einer LCA teilweise auch Erkenntnisse hervorbringt, die mit den eigenen und gesellschaftlich häufig anzutreffenden Annahmen brechen und einen eines Besseren belehren, lässt sich am Beispiel des Einzelhandelsgeschäfts Original Unverpackt zeigen. Es wurde 2012 von Milena Glimbovski in Berlin gegründet, unterhält heute ein Ladengeschäft sowie einen Online-Shop und vertreibt neben unverpackten Lebensmitteln Produkte für den Zero-Waste-Lifestyle wie Pflegecremes, Getränkebecher und Dekorationsartikel. Außerdem bietet das Unternehmen einen Online-Kurs an, der die Grundlagen im Betrieb eines Zero-Waste-Shops vermittelt. Milena erzählte uns, dass sich inzwischen einer ihrer Mitarbeiter ausschließlich mit dem Erstellen von Ökobilanzen beschäftigt. Das Prinzip Zero Waste suggeriere zwar, dass kein Abfall immer das Beste für die Umwelt sei. Doch heute wissen sie, dass das eben nicht in jedem Fall stimmt. Eine der ersten Analysen nahm das Unternehmen 2016 vor, um zu untersuchen, wel-

Abbildung 8: Original Unverpackt Ladengeschäft (© Junala)

che Umweltauswirkungen die Produkte Chiasamen, Nudeln, Fruchtgummi und Tofu haben, und entsprechende Verbesserungen umzusetzen. Nudeln und Chiasamen von Original Unverpackt schnitten im Vergleich zu herkömmlich verpackten Produkten deutlich besser ab, sie können die Umweltlasten auf den Klimawandel um bis zu 40 Prozent im Vergleich zu verpackten Produkten reduzieren. Für die Fruchtbären hingegen ist die Reinigung der Behälter im Unverpacktladen sehr aufwendig, ein Verkauf direkt aus dem Großgebinde deutlich sinnvoller. Beim Tofu war das Ergebnis besonders überraschend: Dieser wurde bis zu diesem Zeitpunkt im Mehrweg-Pfandglas verkauft, welches durch den Energieaufwand in der Glasproduktion relativ schlecht in der Ökobilanz abschließt. Inzwischen ist Original Unverpackt auf eine Wegwerfverpackung aus kompostierbarem Papier umgestiegen. Was die Bilanz auch zeigt: Seit 2014 wurden mit 270 000 Einkäufen rund 6,4 Tonnen Plastik und

22 Tonnen Papier und Karton gespart. Wer sich also anschaut, was bei einem LCA »unterm Strich« – also »netto besser« – herauskommt, kann fundierte Entscheidungen treffen, deren positive Effekte messbar über ungeprüfte Annahmen hinausgehen, auch wenn diese vielleicht schöner klingen und leichter zu vermitteln sind.

Genau dafür, also für die fundierte, transparente, aber eben gut verständliche und verbindliche Vermittlung einer Bilanz, die über die rein finanziellen Kennzahlen hinausgeht, haben sich in den vergangenen Jahren verschiedene Modelle formiert und etabliert. Jürg Knoll hat sich für followfood für die Anwendung der Gemeinwohlbilanz entschieden. Sie wurde von Christian Felber vom Institut für transformative Nachhaltigkeitsforschung entwickelt und stellt der finanziellen Bilanz Werte aus dem ökologischen und sozialen Spektrum zur Seite. Eine Alternative dazu, die das nachhaltige Bank-Start-up Tomorrow gewählt hat, ist die sogenannte B-Corp-Zertifizierung. Mit einem ähnlichen Ansatz wie die Gemeinwohlbilanz werden hier soziale und ökologische Belange, aber auch unternehmenskulturelle Faktoren bewertet. Wer sich für die Zertifizierung qualifiziert, kann sich dann offiziell als B-Corp, also eine Organisation, die eben nicht nur »for profit«, sondern gleichermaßen auch »for benefit« wirtschaftet, bezeichnen und so seinen Kund*innen die eigenen Werte und das daraus resultierende Engagement aufzeigen.

Eine direkte strategische Implikation hat dagegen die im Kapitel 3 angesprochene Wesentlichkeitsanalyse, die eine bessere Impact-Fokussierung ermöglicht. Neben diesen Instrumenten gibt es viele weitere, die ihren Nutzen je nach Fragestellung und Zielsetzung des Sichtbarmachens von Impact entfalten. Sie werden zukünftig Teil des Standardrepertoires sein, das Unternehmen dabei hilft, Zusammenhänge zu verstehen, oder Investor*innen dabei unterstützt, Investitionsentscheidungen zu treffen, sowie Kund*innen dabei, reflektierte Konsumentscheidungen vorzunehmen – die Zahlen für Werte führen in diesem Sinne tatsächlich zum Zahlen für Werte.

Ab Ende 2022 haben sie in genau diesem Sinne zusätzlich eine politisch-regulatorische Relevanz, denn dann wird die seitens der Europäischen Union am 12.07.2020 in Kraft getretene Taxonomie-Verordnung verbindlich wirksam. Sie soll innerhalb der EU Kapitalströme in ökologisch nachhaltige Wirtschaftsaktivitäten lenken. Für Unternehmen, die bislang schon verpflichtet waren, über nicht finanzielle Kennzahlen zu berichten, führt dies zu weiteren Offenlegungspflichten, wie und in welchem Umfang ihre wirtschaftlichen Aktivitäten auf die von der EU gesetzten Umweltziele[69] einzahlen. Auch Anbieter am Finanzmarkt, die ihre Investmentprodukte zunehmend als ökologisch vermarkten wollen, müssen sich bei den Angaben zu ihren Portfolios nach der Taxonomie richten. Dies soll Investor*innen umfänglich die Möglichkeit geben, ihre Entscheidungen auf Grundlage von transparenten Informationen zu fällen. Auch die Auszahlung von Mitteln der europäischen Wirtschaftsförderung wie beispielsweise des European Investment Fund, der gezielt Investitionen von privaten Investor*innen fördert, sind dann qualitativ und quantitativ an die in der Taxonomie-Verordnung vorgegebenen Ziele und Messgrößen gebunden. Unternehmen, die sich schon heute – oder noch besser: in den vergangenen Jahren bereits – darauf eingestellt haben, Nachhaltigkeitsmaßnahmen im Sinne des Pariser Abkommens nachweislich umzusetzen, werden von dieser Regulierung enorm profitieren. Das hat einen grundsätzlichen Shift der Bedeutung von Impact in der Wirtschaft zur Folge: Impact wird – zumindest in der Europäischen Union – vom »Nice-to-have«, das sich vor allem vorteilhaft auf Employer-Branding, Marketing und die Inhalte der Nachhaltigkeitsberichte auswirkt, zum »Must-have«, ohne dass das unternehmerische Risiko maßgeblich ansteigt und Investitionen in die Unternehmenszukunft schwieriger zu akquirieren und zu tätigen sein werden. Je früher sich also Unternehmen damit beschäftigen, wie sie ihre Arbeit anhand von Nachhaltigkeitskriterien transformieren, auch solche Firmen, die aktuell rein profitorientiert operieren, desto besser – für die Unternehmen, ihre Stake- und Shareholder*innen, die Arbeitsplätze … und alle anderen.

> Die Zahlen für Werte führen in diesem Sinne tatsächlich zum Zahlen für Werte.

VON WERTSCHÖPFUNG ZU WERTESCHÖPFUNG

Auch wenn die gängige Wahrnehmung in der Gesellschaft ist, dass Unternehmen, die ihre Wertschöpfung an Werteschöpfung knüpfen, langsamer wachsen und weniger Profit machen, wagen sich mehr und mehr von ihnen an die Herausforderung, verschiedenste Formen von Impact voranzutreiben, die Ergebnisse ihres Tuns zu messen und ihre Fortschritte offenzulegen. Diverse Studien belegen inzwischen, dass diese Art des Wirtschaftens sich tatsächlich auch auf Profit und Wachstum auswirkt – und zwar deutlich positiv! Eine Studie aus Großbritannien fand heraus, dass dortige B Corporations im Schnitt 28-mal so schnell wachsen wie andere Unternehmen.[70] Wirtschaftsprofessor Raj Sisodia ermittelte, dass der Kapitalmarkterfolg von Purpose-getriebenen Unternehmen in einer Studie zwischen 1996 und 2011 maßgeblich über denen des S&P 500 lagen.[71] Laut McKinsey liegt der Grund für solche enormen Auswirkungen von Impactstreben auf die Unternehmensleistung in der erfolgreichen Verknüpfung von Purpose mit den Kernkompetenzen der Unternehmen,[72] ist also keine direkte Folge von »guten Intentionen« allein, sondern muss im Geschäftsmodell verankert sein. Impact-getriebene Unternehmen wachsen also auch, nur anders und aufgrund dessen sicher nicht langsamer oder weniger groß. Die Einsicht, dass es nicht reicht, finanzielle Ergebnisse zu verbessern, um Sinn für Individuen und die Gesellschaft zu stiften, bringt Unternehmensaktivist*innen dazu, ihre Werte durch Zahlen transparent zu machen, denn Verantwortungsbewusstsein lässt sich berechnen, und Vertrauen ist die Währung, mit der die Kund*innen und Mitarbeiter*innen gerne dafür bezahlen. Venture-Capital-Investor*innen kommt auf der Grundlage dieser Erkenntnisse eine neue Rolle zu, wenn nicht gar eine enorme Verantwortung. Durch ihre

> Verantwortungsbewusstsein lässt sich berechnen, und Vertrauen ist die Währung, mit der die Kund*innen und Mitarbeiter*innen gerne dafür bezahlen.

Wette auf die Zukunft, also darauf, in welche Art von Business ihre Gelder fließen, beeinflussen sie nicht nur die Wachstumsrate von Unternehmen, die dann vielleicht zu mehr Wohlstand für die Gemeinschaft, in der das Unternehmen situiert ist, führt. Fridel Detzner ist überzeugt, dass Venture-Capital für Impact-Businesses nicht nur funktioniert, *obwohl* sie sich auf Impact konzentrieren, sondern gerade *weil* sie das tun. Und die Forschung gibt ihm Recht: Divestment, also das Abziehen von Geldern aus klimaschädlichen Industrien, wirkt sich entweder neutral[73] oder im Falle von Impact-getriebenen Unternehmen sogar positiv auf den Ertrag auf das eingesetzte Kapital aus. Kapital wird also von einer Wette auf die Zukunft zum Ermöglicher einer ganz bestimmten Variante von Zukunft. Vom Treiber für exponentielles Wachstum, bei dem positive Veränderung ein Zufallsprodukt bleibt, zum Treiber für exponentielle Veränderung im Zuge des Unternehmenswachstums. Wertschöpfung wird zur zielführenden Kombination aus Wert und Schöpfung – Werteschöpfung.

WALKING THE WALK … AND TALK!

Die öffentliche Wertschätzung von Werteschöpfung stößt in der Praxis an so einige Hürden. Als in den 1980ern und -90ern die großen Nachhaltigkeitsbotschaften der Öl- und Atomindustrie in den Fernsehern liefen, hatten wir nur wenige Möglichkeiten, die Fakten hinter den grünen Imagekampagnen zu überprüfen. Wir waren ihnen ausgeliefert und entsprechend allein auf Investigativjournalismus angewiesen, um ein ausgeglichenes Weltbild zur Grundlage unserer Entscheidungen machen zu können. Heute tragen wir alle das persönliche Investigativwerkzeug in der Jackentasche mit uns herum. Die digitale Vernetzung hat die Globalisierung auf eine neue Stufe gehoben. Wir sind kritischer geworden und glauben nicht mehr alles, was wir von »der Wirtschaft« zu sehen und zu hören bekommen. Wir haben so etwas wie einen Greenwashing-Alarm entwickelt, der läutet, sobald Unternehmen sich für ihre guten Taten feiern. Unternehmen, die sich heute für gute Zwecke wie die Steigerung von Biodiversität, faire Bezahlung von Mitarbeiter*innen, ökologische An- und Abbauprinzipien von Rohstoffen, die Erhaltung des Regenwaldes und so weiter einsetzen, sind auf der Grundlage der langen und schmutzigen Geschichte des Greenwashings geradezu verpflichtet, zu belegen, dass sie es wirklich ernst meinen, wenn sie Gutes tun, dass ihren Worten Taten vorausgegangen sind – zumindest, wenn sie diese Taten in die Welt hinaustragen möchten. Und das ist auch gut so.

Eine Strategie, um nicht gleich in den Fokus der kritischen Wächter*innen zu geraten, könnte es natürlich sein, die Veränderung im Stillen voranzutreiben – walking the walk sozusagen, ganz ohne die Inhalte seines Tuns und die Zahlen hinter den Werten für Marketingzwecke zu nutzen. Doch wie sollen wir dann alle von den positiven Beispielen erfahren? Von den Erfolgsstories und den Visionen für ein besseres Morgen? Und wie wir in unserer Rolle als bewusste Konsument*innen dazu beitragen können? Walking the walk ist zwar wirksam, aber in puncto Transformation nicht wirklich effektiv – wie soll jemand mitmachen, wenn niemand davon weiß? Würde Thomas Krämer einfach nur ein geiles Kaugummi produzieren, ohne zu erwähnen, dass es eben nicht aus Plastik, sondern aus Chicle ist, was wiederum dazu beiträgt, den Regenwald zu schützen – du kennst die Story aus Kapitel 1 –, würden sich die Leute für das Kaugummi entscheiden? Vielleicht, denn es ist echt ein gutes Kaugummi. Da Thomas Krämer allerdings die Fakten auf seiner Seite hat und die Konsument*innen offensichtlich ein großes Interesse daran haben, eben nicht mehr auf Plastik zu kauen, den Regenwald zu schützen et cetera, ist es nur legitim und der größeren Sache, der sich auch seine Kund*innen offenbar gerne verschreiben, dienlich, die Fakten auch zu kommunizieren. Eine Strategie, die sich daher bei Unternehmensaktivist*innen aller Art etabliert hat, ist der transparente Umgang mit den eigenen Zielen, und im Zuge dessen nicht nur mit dem bereits Erreichten, sondern auch mit den noch vorherrschenden Imperfektionen. Sie legen nicht nur offen, wo sie erfolgreich in der Erreichung ihrer Ziele sind, sondern auch, wo sie auf Hürden stoßen und welche Hürden das sind. Veja ist dafür ein gutes Beispiel. Der französische Hersteller nachhaltiger Sneakers hat für unerreichte Ziele eine eigene Kategorie auf seiner Website: »Limits«.⁷⁴ Hier wird aufgeführt, warum sie noch immer auf die Zusammenarbeit mit Zahlungsdienstleistern angewiesen sind, deren Firmensitz sich in Steueroasen befindet, dass sie zwar Bio-Plastik aus Mais verwenden, dieser aber nicht verlässlich aus biologischem Anbau stammt und für die Verarbeitung weiterhin 50 Prozent herkömmliches Polyurethan verwendet werden muss. Die Komplexität der Entscheidungen, die im Turnschuh selbst nicht mehr sichtbar ist, wird offengelegt und auch zur Diskussion gestellt. Das Prinzip des »Tu Gutes und rede darüber« ist aktueller denn je. Wer es in der digitalisierten Transparenzgesellschaft jedoch wirksam nutzen möchte, muss eines noch hinzufügen: Tu Gutes,

> Walking the walk ist zwar wirksam, aber in puncto Transformation nicht wirklich effektiv – wie soll jemand mitmachen, wenn niemand davon weiß?

messe, was es bringt, und rede erst dann über deinen *tatsächlichen* Impact. Mit deinen Kund*innen, Mitarbeiter*innen, Lieferant*innen, aber auch Investor*innen und ja, auch mit deiner Bank. Für sie alle wird das immer relevanter, und sie können Teil des Impacts werden, der schon da ist, und desjenigen, den du durch ihr Zutun auf deinem weiteren Weg noch erreichen kannst. Auf der Grundlage von Fakten, die durch nachvollziehbare Werkzeuge wie LCAs, Gemeinwohlbilanzen, B-Corp-Zertifizierungen, XDC-Berechnungen, CO_2-Bilanzen oder viele andere erhoben wurden, ist Markenkommunikation also alles andere als leeres Gerede, Greenwashing oder gar Werbung. Es ist die Wahrheit.

KAPITEL 5

MARKET LIKE YOU GIVE A DAMN

Dieses Kapitel heißt wie der Untertitel eines Buchs, das wir verschlungen haben: *Good Is the New Cool*.[75] Es beschreibt, wie das Marketing von heute in einer tiefen Krise steckt und wie es da wieder herauskommt: »We want to market like we give a damn about the wider impact marketing has on our neighbourhoods and cities, on the environment and ecosystem.«[76] Vermarkte, als würde unser Planet und die Menschheit dir etwas bedeuten!, so die Empfehlung der Autoren Bobby Jones und Afdhel Azis, die beide steile Karrieren in den Marketingabteilungen großer Brands hinter sich, mit dieser Welt allerdings durch persönliche WTF-Momente radikal gebrochen haben, um sich mit ihren Skills nun für Dinge einzusetzen, die ihnen (und uns allen) tatsächlich etwas bedeuten.

Eigentlich, so sollte man meinen, müsste es eine Selbstverständlichkeit sein, dass Menschen, die Produkte oder Dienstleistungen verkaufen, das nur tun, wenn diese Dinge ihnen am Herzen liegen, also wenn sie davon überzeugt sind, dass sie für irgendjemanden von echtem Nutzen sind. Dennoch klingt es für die meisten von uns eher wie ein Gemeinplatz, wenn behauptet wird, genau das wäre eben nicht normal. Denn es ist nicht normal. Genau wie Afdhel und Bobby glauben die meisten von uns zu wissen, dass der Großteil dessen, was wir heute als Marketing und Werbung bezeichnen, nichts anderes als heiße Luft ist. Um zu ergründen, wieso das so ist, verweisen die beiden Autoren auf eine bemerkenswerte Studie,[77] die ermittelt hat, welche Berufsgruppen die

Befragten für gesellschaftlich besonders wertvoll halten. Aus der Auswertung der Antworten ergibt sich eine Rangliste: Ganz oben landen Lehrer*innen, Wissenschaftler*innen, Ingenieur*innen und Sozialarbeiter*innen. Diese Berufe halten die Befragten für besonders sinnvoll und gesellschaftlich relevant. Werbung und Marketing dagegen landen unter den vier am wenigsten geschätzten Tätigkeiten. Und es wird noch spannender: In der Studie wurde zusätzlich differenziert, welche Professionen die Antworten gegeben hatten. Die Marketeers selbst gaben sogar doppelt so häufig wie der Durchschnitt an, ihr eigener Beruf sei sinnlos! Die Begründung: Sie sind der Meinung, dass Marketing Bullshit ist (»most marketing is a bunch of bullshit«[78]).

Folgt man dem renommierten amerikanischen Philosophen Harry G. Frankfurt, ist Bullshit zu produzieren tatsächlich sogar noch schlimmer als zu lügen: »Menschen lassen sich von ihren Überzeugungen hinsichtlich der Beschaffenheit der Dinge leiten, und zwar sowohl, wenn sie die Wahrheit sagen, als auch, wenn sie lügen. Der eine lässt sich davon leiten, um die Welt korrekt zu beschreiben, der andere, um sie falsch darzustellen. Aus diesem Grund fördert das Lügen nicht in derselben Weise die Unfähigkeit zur Wahrheit, wie dies für das Bullshitten gilt. Wenn jemand sich exzessiv dem Bullshitten hingibt, also nur noch danach fragt, ob Behauptungen ihm in den Kram passen oder nicht, kann seine normale Wahrnehmung der Realität darunter leiden oder sogar verloren gehen. Der Lügner und der der Wahrheit verpflichtete Mensch beteiligen sich gleichsam am selben Spiel, wenn auch auf verschiedenen Seiten. Beide orientieren sich an den Tatsachen, nur dass der eine sich dabei von der Autorität der Wahrheit leiten lässt, während der andere diese Autorität zurückweist und es ablehnt, ihren Anforderungen zu entsprechen. Der Bullshitter hingegen ignoriert diese Anforderungen in toto. Er weist die Autorität der Wahrheit nicht ab und widersetzt sich ihr nicht, wie es der Lügner tut. Er beachtet sie einfach gar nicht. Aus diesem Grund ist Bullshit ein größerer Feind der Wahrheit als die Lüge.«[79] Frankfurt beschreibt die Rolle von Bullshit damit, dass Bullshitter*innen, weil sie die Wahr- oder Falschheit ihrer Aussage für irrelevant halten, mit ihrer Kommunikation vor allem sich selbst in einem bestimmten, »richtigen« Licht darzustellen versuchen.[80] Genau das ist in vielen Fällen die explizite Aufgabe von Marketing und insbesondere von Werbung: eine Firma und ihre Vertreter*innen, eine Marke und ihre Produkte so zu verpacken, zu kommunizieren und zu präsentieren, dass wir sie kaufen möchten, auch wenn der Joghurt, der zwar mit Kuh und Wiese bedruckt ist, gar nicht aus Weidehaltung kommt. Ob das jedoch so ist oder nicht, spielt für die Kreation der Botschaft überhaupt keine Rolle. Inzwischen erwarten wir auch schon gar nicht mehr, dass die Aussagen, die mit dem alleinigen Auftrag der schönen Darstellung getroffen werden, einen Bezug zur Realität haben. Wir *wissen*, dass Marketing mit einer gewissen Portion Bullshit einhergeht, und genau deshalb vertrauen wir seinen Botschaften nur noch wenig. Die kreative Leistung, die dahintersteht, erhält also gesellschaftlich gesehen sehr wenig Wertschätzung, weil wir davon ausgehen, dass ihr Erzeugnis für uns keinen relevanten Mehrwert liefert. Im Gegenteil, wir gehen davon aus, dass wir, werden wir mit Marketingbotschaften konfrontiert, zunächst eine Übersetzungsleistung erbringen müssen, eine Einordnung in die Realität, wie sie »wirklich« ist, und die Markenbotschaft damit abgleichen müssen. Einige haben diese Arbeit inzwischen längst aufgegeben und sich gleich in eine ganz andere Wirklichkeit geschossen, die von »alternativen Fakten« bestimmt wird – der kleine, höflicher wirkende, aber mindestens genauso gefährliche Bruder von Bullshit. »Die Produktion von Bullshit wird also dann angeregt, wenn ein Mensch in die Lage gerät oder gar verpflichtet ist, über ein Thema zu sprechen, das seinen Wissensstand hinsichtlich der für das Thema relevanten Tatsachen übersteigt«,[81] erläutert Frankfurt die große Menge von Bullshit, die allerorts produziert wird. Die Unzufriedenheit von Marketeers mit ihrem Job entsteht dort, wo ihre Wahrnehmung der Realität stark von der Botschaft, die sie für ein Unternehmen in die Welt bringen sollen, abweicht oder gar keinen nachvollziehbaren Bezug dazu hat. Auch wenn das Erschaffen des »rechten Lichtes« eine durchaus kreative und abwechslungsreiche Tätigkeit darstellt,

> Wir *wissen*, dass Marketing mit einer gewissen Portion Bullshit einhergeht, und genau deshalb vertrauen wir seinen Botschaften nur noch wenig.

kommt ihr mit der Zeit und in Anbetracht der Probleme, die wir in der Welt haben, der Sinn abhanden, und Marketeers auf der ganzen Welt fragen sich folglich verzweifelt, wofür sie ihr Talent da eigentlich gerade einsetzen. Die »Krise des Marketings« ist also durch zweierlei zu begründen: einerseits durch ihre Rolle als Fließbandproduktionsstätte für Bullshit (rein wissenschaftlich mit Harry G. Frankfurt gesprochen), andererseits durch die Irrelevanz vieler Produkte und Dienstleistungen in einer Welt voller grundlegender Herausforderungen, auf die Marketeers – kreative und nach Selbstwirksamkeit strebende Menschen – heute keinen Einfluss (mehr) nehmen.

VON BULLSHIT ZU REALSHIT

Wie sähe Marketing also aus, wenn denjenigen, die es betreiben, an der Sache und damit an Wahrheit und Unwahrheit gelegen wäre? »Market like you give a damn« heißt nicht nur: »als würde es dir etwas bedeuten«, sondern auch »weil es dir etwas bedeutet«. »Don't advertise, solve problems«, raten die erwähnten Autoren Afdhel und Bobby: Mach keine Werbung, stell dich nicht einfach nur schön dar ohne Bezug zur Realität, sondern löse Probleme in der Welt, sei relevant. Aber geht das überhaupt, wenn das Unternehmen eben einfach »nur«, sagen wir mal, ein Joghurtproduzent mit Wiese und Kuh auf dem Becher ist? Wo soll die Relevanz denn herkommen? Tatsächlich gehen Unternehmensaktivist*innen in Sachen Produktentwicklung meistens umgekehrt, also nicht vom Produkt zum Problem, sondern vom Problem zum Produkt vor. Sie sehen eine Herausforderung in der Welt, die sie anpacken wollen. Das Produkt, das sie verkaufen, um diese Herausforderung zu meistern, ist dabei meist zweitrangig, es wird Mittel zum Zweck der Problemlösung. Doch nichts spricht dagegen, dieses Vorgehen umzudrehen und im Kontext des bereits vorhandenen Angebots positive Veränderungen anzustreben – auch ein simpler Joghurt kann Probleme lösen.

2006 gründete Friedensnobelpreisträger Muhammad Yunus ein Joint

Venture mit Danone, um die Unterernährung von Kindern in Bangladesch mit einem durch Vitamine und Nährstoffe angereicherten Joghurt zu bekämpfen. Dieser Joghurt wird in Bangladesch hergestellt und ist für einen absoluten Tiefstpreis[82] erhältlich. Er wird von Verkäufer*innen direkt an der Haustür der Kund*innen verkauft, die ebenfalls vom Modell profitieren, weil sie nun einen Job haben – Vertrieb. Das Marketing für diese Unternehmung ist also alles andere als realitätsfern, es basiert auf den wissenschaftlichen Erkenntnissen über die positiven Effekte, die der Joghurt in Bezug auf die Nährstoffversorgung von Kindern hat, und darauf, wie vielen Kindern schon geholfen werden konnte. Zweifellos gilt: Je mehr Joghurt verkauft wird, desto besser für alle Beteiligten – die Kund*innen, die Verkäufer*innen, das Unternehmen, die Gesellschaft als Ganzes, die ein Stück weniger auf Entwicklungshilfezahlungen angewiesen sein wird, um Hunger und Armut im Land zu bekämpfen. Um diesem Beispiel weitere Unternehmensgründungen und Joint Ventures auch außerhalb von Bangladesh folgen zu lassen, initiierte Yunus gemeinsam mit Saskia Bruysten

> Tatsächlich gehen Unternehmensaktivist*innen in Sachen Produktentwicklung meistens umgekehrt, also nicht vom Produkt zum Problem, sondern vom Problem zum Produkt vor.

und ihrer Mitstreiterin Sophie Eisenmann 2011 die Gründung von Yunus Social Business (YSB), welches als Fonds und Beratungsunternehmen agiert. Wir haben mit der Mitgründerin und CEO von YSB Saskia Bruysten gesprochen, die ihre steile Karriere als Unternehmensberaterin vor einigen Jahren an den Nagel hängte, um ihre Fähigkeiten in Sachen Business für Social Impact einzusetzen. Sie erzählte uns von vielen weiteren solcher Unternehmen mit sozialem und ökologischem Antrieb, die aus der Arbeit von YSB hervorgegangen sind: Mikro-Leasing für Motorräder in Uganda der Firma Tugende, die Jobs (Motorradtaxis) in Regionen mit einer enormen Arbeitslosigkeit von 50 Prozent (!) schaffen, Wasseraufbereitungssysteme der Firma Impact Water für Schulen in Uganda, Nigeria und Kenia, die CO_2 einsparen, weil sie mit Sonnenlicht funktionieren, sodass das Wasser nicht mehr abgekocht werden muss.

Probleme lösen heißt allerdings nicht, dass es für Unternehmen heute nur noch darum gehen kann, die größten Herausforderungen unserer Zeit in möglichst fernen Ländern anzupacken. Die genannten Beispiele sollen vor allem zeigen, wie weit Unternehmen diesbezüglich gehen könn(t)en, wenn sie wollen und die darin für sie bestehenden Mehrwerte erkennen. Auch viele wahrscheinlich zunächst naheliegendere Ansätze des Problemlösungsmarketings lassen sich finden. So zum Beispiel die Entwicklung des »Citi Bike Programs« in New York durch die Citibank, das als Fahrradverleihsystem neben der Schaffung einer nachhaltigen Mobilitätslösung für die autovernarrte Großstadt außerdem enorm und messbar auf das Markenimage der Bank eingezahlt hat, wovon nicht nur das Management entzückt war, sondern auch die Marketeers, die an der Win-win-win-Maschine mitgewirkt hatten: »In dem Moment, als wir verstanden, welchen positiven Impact das Projekt auf die Stadt, in der wir lebten, haben würde, waren wir auf einer sehr persönlichen Ebene involviert. (…) Wir stürzten uns hinein, weil wir wussten, es war das einzig Richtige«,[83] erklärt Elyssa Gray, die damalige Head of Creative and Media der Citibank, die Begeisterung ihres Teams. Während die Steigerung der Markenbeliebtheit eine Messgröße ist, über die Unternehmen heute den Erfolg ihres Marketingteams ermitteln, war das nicht der Impuls, der das Vorhaben der Citibank initiiert hatte. An erster Stelle stand die Aufgabe, eine relevante und positive Rolle in der Großstadt-Community einzunehmen, um so das Verantwortungsbewusstsein der Bank zu beweisen, also Marketing zu betreiben durch Taten statt (nur) durch schöne Worte und emotionale Bilder – aus Bullshit wird Realshit, aus Fiktion wird Aktion und letztendlich eine positive Veränderung.

»Aber Leute, hey, wacht doch mal auf! Das ist doch alles nur Marketing«, hören wir da jetzt schon ein paar Unken rufen, »da dürft ihr nicht drauf reinfallen!«. Ach so … na, wie ist denn das, dürfen Unternehmen sich nicht um Probleme kümmern, weil sie das in einem guten Licht erscheinen lassen

> Aus Bullshit wird Realshit, aus Fiktion wird Aktion und letztendlich eine positive Veränderung.

könnte? Was ist, wenn der »Schein« wie im geschilderten Fall und gegebenen Kontext die Wahrheit ist? Was wäre, wenn Marketing statt auf Bullshit und schön klingende Geschichten auf Fakten, also Zahlen, Daten und Taten baut? Wäre es nicht genau das, was wir uns eigentlich alle von Unternehmen und der Wirtschaft als Ganzem wünschen?

IST DAS DANN NICHT SCHON WISSENSCHAFTSKOMMUNIKATION?

Von Impact getriebene Problemlösungsunternehmen nutzen zwar die Werkzeuge, die ihnen das klassische Marketing bietet (Texte, Verpackungen, Pressearbeit), doch ihre Botschaften gleichen häufig eher Wissenschaftskommunikation als Werbung. Das, was die Produkte besonders macht, ist nicht, dass sie sich im Markenimage von ihren Wettbewerber*innen unterscheiden und das auf eine Plakatwand drucken: Kauf mich, ich stehe für gute Laune, Jugendlichkeit und Erfolg bei der Partner*innensuche! Nein, denn erstens haben sie oft noch gar keine Wettbewerber*innen, und zweitens ist das, was für sie spricht, vor allem die transformative Rolle im System, in dem sie jeweils zu verorten sind. Sie sind Ansatzpunkte für Kund*innen, selbst eine Veränderung in der Welt herbeizuführen, sobald diese für ein ganz bestimmtes Problem sensibilisiert sind. Ähnlich wie in der Finanzwelt, in der gerade immer häufiger von »divestment« zu hören und lesen ist, wenn Gelder aus Fonds, die in umweltschädliche Industrien investieren, abgezogen und in Fonds aus ökologisch-sozial neutralen oder positiven Industrien gesteckt werden, können Kund*innen über die Veränderung ihres Konsums ebenfalls ihr Geld Unternehmen entziehen, indem sie ihre Produkte nicht mehr kaufen und stattdessen die ökologisch und sozial bessere Alternative wählen (»buykottieren«). Aus diesem Grund reicht es Unternehmensaktivist*innen nicht, die Produktfeatures zu betonen, sondern sie kommunizieren über die Problemlage, in der sie ihre Lösung platziert haben, und die durch Messungen belegten Veränderungen, die sie in diesem Feld bereits erreichen oder eben noch nicht erreichen konnten, aber fest im Blick haben. Einhorn Period, der Teil der Firma einhorn, die seit 2019 neben den bekannten nachhaltigen Kondomen nun auch Menstruationsprodukte wie Tampons, Binden und Menstruationstassen vertreibt, spricht – neben vielen anderen mit Feminismus verbundenen Themen – in seiner Kommunikation über die Tabuisierung der Menstruation in unserer Gesellschaft. Hektar Nektar klärt auf über das dramatische Insektensterben, HOLYCRAB! berichtet über invasive Arten und das Artensterben, das durch sie vorangetrieben wird, und sogar Fly Victor, der Charterfluganbieter, thematisiert CO_2-Emissionszahlen und Strategien zur CO_2-Reduzierung. All diesen Themen begegnet man wahrscheinlich im Mitglieder*innen-Magazin des WWF, in klassischen Print- und Online-Medien, aber eigentlich nicht in der Unternehmenskommunikation. Doch diese Unternehmen berichten darüber. Denn diese Themen sind alles andere als reines Content-Marketing, sie bilden den Unternehmenszweck, den Kern des Geschäftsmodells, seine Daseinsberechtigung ab. Die Unternehmen könnten auch die herausragenden Features ihrer Produkte anpreisen, doch obwohl diese auch wichtig sind – hochwertige Inhaltsstoffe, Komfort, Geschmack –, werden sie vom Hauptinhalt zur beiläufig erwähnten Selbstverständlichkeit. Ist das jetzt »alles nur Marketing«? Ja. Und nein. Ja, weil natürlich jede Art der Unternehmenskommunikation – egal, ob es dafür eine Abteilung gibt oder nicht – eine Aussage über das Unternehmen trifft. Man kann nicht nicht kommunizieren, Unternehmen können sich nicht nicht darstellen.[84] Und nein, weil es alles andere als Bullshit ist. Die faktische Realität ist in dieser Art der Kommunikation gerade nicht egal, sondern die Grundlage jeder Botschaft. Es geht nicht darum, das Unternehmen unter allen Umständen ins beste Licht zu rücken. Wie wir am Ende von Kapitel 4 gesehen haben, ist es gerade die Darstellung der Imper-

> In einer Welt, in der Produkte unter Nachhaltigkeitsgesichtspunkten meistens (noch) nicht perfekt sein *können*, wäre jede Darstellung von Perfektion ein Grund, sie *nicht* zu kaufen, weil Bullshit oder schlicht gelogen.

Abbildung 9: Werbeanzeige Patagonia – »Don't buy this Jacket« (© Patagonia)

fektion im Design, den verwendeten Materialien und in der Herstellung der Produkte, die dem Schuhhersteller Veja seine Glaubwürdigkeit als Impact-Unternehmen garantiert. In einer Welt, in der Produkte unter Nachhaltigkeitsgesichtspunkten meistens (noch) nicht perfekt sein *können*, wäre jede Darstellung von Perfektion ein Grund, sie *nicht* zu kaufen, weil Bullshit oder schlicht gelogen. Statt einen schönen Schein zu erzeugen, geht es aktivistischen Unternehmen also darum, die Wahrheit zu sagen, über das Problem und auch über den generellen und ihren spezifischen Stand der Lösungsfindung. Über den Einsatz ihres Geldes, ihre Kaufentscheidung, können Kund*innen zum Teil der Problemlösung werden. Oder sie können auf der Grundlage exakt dargelegter Sachverhalte die mündige Entscheidung treffen, ein Produkt auch einfach nicht zu kaufen – wodurch sie ebenfalls Teil der Lösungscommunity werden. Viele können sich bestimmt noch an die Anzeige des amerikanischen Outdoor-Ausstatters Patagonia in der *New York Times* erinnern, die zu den Anfängen des »Market like you give a damn« gezählt werden kann: das Bild einer Jacke mit der großen Überschrift »Don't buy this Jacket«.[85] Darunter aufgeführt waren alle Zusatzinformationen über Wasserverbrauch, CO_2-Ausstoß, Einsatz von Plastik und so weiter, die klarmachen, dass jedes noch so gute und sinnvolle Produkt – zumindest zum jetzigen Zeitpunkt – *immer* einen negativen ökologischen Fußabdruck hinterlässt.

Unternehmen, die derart kommunizieren, sind sich der Zweischneidigkeit von nachhaltigem Konsum bewusst und trauen auch ihren Kund*innen zu, sich damit differenziert auseinanderzusetzen. Besonders augenfällig wird der Widerspruch zwischen Marketing als Verkaufspromoter und der Art, wie aktivistische Unternehmen es nutzen, unter anderem beim schon erwähnten Supermarkt Sirplus, in dem »gerettete Lebensmittel« zum Verkauf stehen. Schlängelt man sich durch die vollgepackten Gänge einer der Berliner Filialen, landet man immer irgendwann beim Kaffeeregal. Hier stehen wie in vielen herkömmlichen Supermärkten Kaffeepads neben Kapseln und Instantpulver. An der Tafel darüber finden sich folgende Informationen: »Kaffee ist ein Weltenbummler – 1 Tasse Kaffee = 60 g CO_2 + 200 l Wasser = 3,3 km Autofahrt & 1,5 Badewannen«. Als wir diese Information das erste Mal zu sehen bekamen, fühlten wir uns wirklich schlecht! Unser enormer Kaffeekonsum hat die gleichen Auswirkungen auf die Umwelt, als würden wir jeden Tag mit dem Auto statt dem Fahrrad zur Arbeit fahren?! Nein, schlimmer: als würden wir täglich Auto fahren *und* uns danach mehrere Badewannen einlassen. Stünde diese Botschaft in einem »normalen« Supermarkt an der Wand, würden wir uns wohl zweimal überlegen, ob wir überhaupt noch Kaffee trinken wollen. Im Rettermarkt von Sirplus wird Kund*innen also verhältnismäßig viel Realität zugemutet. Allerdings dreht sich im Kontext von Lebensmittelverschwendung die Botschaft der wissenschaftlich fundierten Information. Denn dieser Kaffee wurde bereits produziert, verpackt und verschifft – aber ist aufgrund des abgelaufenen Mindesthaltbarkeitsdatums oder anderer »Mängel« nicht auf normalem Wege verkäuflich, wodurch er nun entsorgt werden würde. Wird er nicht gekauft, ist all diese Arbeit und sind all diese Emissionen umsonst gewesen – aus »Kaufe dieses Produkt nicht« wird »Kaufe dieses Produkt nicht, aber kaufe bitte dieses Produkt« – widersprüchlicher bei gleichzeitig maximaler Sinnhaftigkeit geht es wohl kaum. An dieser Stelle wird Marketing zum aktivistischen Instrument mit Aufwach-Effekt. Es entführt uns nicht in eine schöne, künstlich erschaffene Geschichte, sondern bringt uns die Realität näher, so, wie sie nun mal ist. Vielleicht sogar näher, als uns angenehm ist, weil wir es bisher nicht besser wussten. Sie macht uns mündig, eigene Konsumentscheidungen auf Basis der bekannten Informationen über eine schwer durchschaubare, komplexe Welt zu treffen. Vielen Unternehmen fällt es oft schwer, sich vorzustellen, dass dieser Grad an Ehrlichkeit möglich ist. Eines der meistgenannten Argumente, die uns zum Beispiel Vertreter*innen des Lebensmitteleinzelhandels in von uns begleiteten Transformationsprojekten nennen, wenn es darum geht, nachhaltiger zu werden, ist, dass Kund*innen das nicht wollen, dass sie billige, perfekt aussehende Produkte kaufen möchten und ja immer nur behaupteten, es ginge ihnen um Nachhaltigkeit. Wenn sie aber dann vielleicht vor der Biogurke stünden, die, weil sie nicht eingeschweißt war, schon ein bisschen schrumpelig geworden ist, griffen sie doch eher zur konventionell angebauten Variante und sorgten so für Lebensmittelverschwendung von enormen Ausmaßen. Das grundlegende Problem liegt hier weder in der fehlenden Kreativität oder Fachkenntnis der Handelsunternehmen, die nicht wissen, wie sie Produkte besser lagern oder transportieren können, noch in der Dummheit der Kund*innen, die es ja »eigentlich gar nicht ernst meinen« mit ihrem Streben nach mehr Nachhaltigkeit, sondern vor allem darin, dass wir die Gesellschaft heute mental in zwei Lager geteilt haben: die, die etwas verkaufen, und diejenigen, die etwas kaufen. Käufer*in und Verkäufer*in. Die Beziehung zueinander ist »transaktional« – ich gebe Geld und bekomme etwas anderes dafür. Doch für Unternehmen, die Probleme lösen, sind Konsument*innen nicht mehr nur die, die etwas kaufen. Falls es ihn je wirklich gab, ist der Homo oeconomicus spätestens jetzt eine vom Aussterben bedrohte Art – er wird ersetzt durch den Homo Öko-nomicus. Aus unreflektiert Kaufenden werden aufgeklärte Konsument*innen, die

> An dieser Stelle wird Marketing zum aktivistischen Instrument mit Aufwach-Effekt. Es entführt uns nicht in eine schöne, künstlich erschaffene Geschichte, sondern bringt uns die Realität näher, so, wie sie nun mal ist.

auf der Grundlage von faktischen Informationen eine mündige Entscheidung treffen. Aus einer transaktionalen Beziehung zwischen Unternehmen und Kund*innen wird eine transformationale Beziehung zwischen Menschen in Unternehmen und Menschen außerhalb dieser Unternehmen, die gemeinsam einen positiven Wandel herbeiführen wollen. Auf der Grundlage von Fakten, gepaart mit aktivistischen Intentionen, wird Konsum (und Nicht-Konsum) zum Treiber von Veränderung.

UND WAS WIEGT DEIN MARKETING-RUCKSACK?

Das maßgebliche Wertversprechen, das aktivistische Unternehmen ihren Kund*innen machen, lautet: Gemeinsam machen wir die Welt besser. Die Botschaft allein reicht natürlich nicht. Auch das Angebot muss mindestens so attraktiv, cool, günstig, schön oder praktisch sein wie andere Angebote am Markt, sodass wir es kaufen und benutzen möchten. Eines der von uns interviewten Unternehmen zeigt ganz besonders, wie stark der Einfluss der visionären und authentischen Veränderungsbotschaft auf das Commitment von Kund*innen werden kann. Denn dieses Unternehmen kann auf eine rasant wachsende Community an künftigen Kund*innen verweisen, die man ohne Weiteres als Hardcore-Fans bezeichnen könnte, ohne bislang ein lieferbares Produkt zu haben. Wer eines ihrer Solar-Autos, den sogenannten Sion, reserviert, leistet dabei »einen Beitrag für eine lebenswerte Zukunft« und ist »Teil der Lösung«, so das Versprechen des Unternehmens auf der Website. Das hinter dem Sion stehende Unternehmen Sono Motors wurde von Laurin Hahn, Jona Christians und Navina Pernsteiner gegründet. Die drei hatten weder Erfahrung in der Automobilbranche, geschweige denn mit Elektromobilität, noch hatten sie jemals eine komplexe technische Maschine gebaut, sie steckten zu dem Zeitpunkt, an dem sie die Idee hatten, mitten im Abitur. Sie waren angetrieben von ihrem Ziel, eine von Erdöl unabhängige Mobilität zu ermöglichen. Auslöser dafür war einerseits die Einsicht, wie notwendig das ist, und andererseits, dass Menschen nicht so schnell wie nötig aufhören werden, Auto zu fahren. Außerdem wussten sie, dass solarbetriebene Automobilität nicht nur eine abstruse Daniel-Düsentrieb-Fantasie ist, sondern schon jetzt existiert – und zwar in Australien. Laurins Stimme strotzt vor Begeisterung, als hätte er soeben erst davon erfahren: »Diese Solarautos in Australien sehen aus wie Ufos, und sie fahren 90 Kilometer pro Stunde! Und das nur mit der Sonne, und zwar für 4 000 Kilometer! Wahnsinn! Was für ein Potenzial! Warum macht das denn noch niemand für die breite Masse verfügbar?!« Statt für ein Studium oder eine Anstellung in der Automobilbranche entschieden die drei, sich selbst an die direkte Umsetzung ihrer Idee zu machen. Nach drei Jahren der Tüftelei, in denen sie sich mit Wochenendjobs über Wasser hielten, während sie fünf Tage in der Woche am Solar-Auto schraubten, war der erste Prototyp fertig – und fuhr! Da sie als drei junge Leute ohne jegliche Erfahrung in einer der wohl konservativsten Branchen überhaupt unterwegs waren, gab es zunächst niemanden, der ihnen die professionelle Umsetzung ihrer Idee finanzieren wollte. Und so griffen sie auf Crowdfunding zurück, um ihre ersten Schritte in der Unternehmer*innenwelt zu tun. »Aus dieser Not ist eigentlich etwas Fantastisches entstanden, eine wirkliche Community! Als wir unsere erste Kampagne 2016 gelauncht haben, wussten wir nicht, ob es funktionieren würde. Aber es ist durch die Decke gegangen! Wir haben 850 000 Euro eingesammelt, damit konnten wir loslegen: Leute einstellen, ein Team aufbauen. Auf einmal sind dann auch Investoren auf uns zugekommen, die durch die Kampagne gemerkt haben, dass es da einen Markt für unsere Idee gibt«, beschreibt Laurin ihren ungewöhnlichen Gründungsweg. Heute arbeiten um die 400 Personen am Projekt, »und das war nur möglich, weil ein paar Leute bei unserem ersten Crowdfunding an uns geglaubt und sich gesagt haben: ›Komm, denen überweis ich mal 'nen Fuffi, da mach ich mit!‹« Die Verbindung zwischen der mittlerweile um die 100 000 Leute großen Community und dem Unternehmen geht dabei jedoch weit über eine reine Auto-Kaufabsicht hinaus. Laurin feiert seine Community: »Es gibt wirklich Leute, die bedrucken T-Shirts oder Becher oder Armbänder mit Sono-Logo, und dann verkaufen sie sich diese Sachen untereinander, das sind richtige Fans!« Außerdem bindet das Unternehmen seine Fans in Produktentwicklungsprozesse ein, lässt sie bei Farben[86] und sonstigen Features mitentscheiden, zum Beispiel, indem sie eine Umfrage über ihren Newsletter-Verteiler mit 50 000 Abonnent*innen abschicken. Während andere Unternehmen riesige Budgets für Marktforschung ausgeben, antworten bei Sono Motors um die 10 000 Personen aus eigenem Antrieb auf die Umfragen. Laurin weiß um den großen Schatz, den seine Community darstellt: »Wir wissen ja alle, was Marktstudien kosten können, und vor allem, wie wenig valide die sind! Die zahlen da oft irgendwelchen Werkstudenten 10 Euro, damit sie irgendeinen Fragebogen ausfüllen. Und den Werkstudenten ist es im Grunde egal, was du da fragst. Und unsere Community setzt sich hin und überlegt sich wirklich, was sie da reinschreiben, formulieren riesige Texte, da kriegt man richtig viel raus!« Ein Marketingbudget gebe es bei Sono Motors zwar auch, doch die Marketingkosten unterscheiden sich aufgrund der starken Community drastisch von denen etablierter Automarken: »Die Marketingkosten, die ein VW pro verkauftem Auto hat, liegen bei ungefähr 600 Euro, Porsche hat, glaube ich, ein paar Tausend Euro, wir zahlen 64.« Der Hintergrund sei einfach: »word of mouth«, also Mundpropaganda, oder »organisches Marketing«, die Community als Multiplikator, Leute, die ihre Begeisterung an Freunde und Verwandte weitergeben, die dann ebenfalls ein Auto reservieren, sodass die durch eine Anzahlung besiegelten Reservierungen inzwischen bei circa 12 700 Stück liegen. Dass Sono Motors so früh potenzielle Kund*innen mit ins Boot geholt hat, die sich durch das Angebot ermächtigt fühlen, Teil der Lösung zu werden, wirkt sich also direkt darauf aus, wie Menschen vom Produkt erfahren, und auch auf die Kosten, die damit einhergehen. Der Investor Luis Hanemann, der als ausgewiesener Marketingexperte gilt, hat mit Blick auf die damit verbundene Kennzahl der Customer Acquisition Costs (CAC), also den Betrag, den Unternehmen im Schnitt ausgeben müssen, um eine*n Kund*in zu generieren, eine klare Meinung: »Je deutlicher der Differenzierungsfaktor, desto geringer die CAC. Impact-Start-ups profilieren sich darin häufig noch klarer als Start-ups, die ›einfach nur‹ Dinge an den Markt bringen, die ›neu‹ sind.«

Abbildung 10: Prototyp des Sion von Sono Motors (© Sono Motors)

Genau dies scheint bei Sono Motors zuzutreffen und erklärt neben anderen Gründen, warum der Sion zu einem so günstigen Preis angeboten wird: 25 500 Euro soll ein Exemplar kosten.

In einer Welt, in der unzählige nachhaltige(re) Produkte entweder gleich teuer oder sogar günstiger sind als ihre nicht nachhaltigen Alternativen (man denke nur an erneuerbare Energie, die heute sogar günstiger ist als solche aus Kohle), hält Laurin die Annahme, Nachhaltigkeit sei immer teurer, für nicht mehr haltbar. Außerdem sei diese Einstellung ein echter Hemmschuh dafür, dass nachhaltige Lösungen sich in der breiten Masse – dort, wo wir sie brauchen, wenn wir wirkliche Veränderung wollen – durchsetzen. »Was mich eigentlich am meisten aufregt, ist, wenn ein veganes Produkt teurer ist, weil es vegan ist«, moniert Laurin die vielerorts gängige Praxis, Nachhaltiges teurer anzubieten. »Die Hersteller denken: ›Ah, unsere Kunden sind aus der wohlhabenden Hipster-Schicht, denen können wir noch ein paar Euro mehr aus der Tasche ziehen!‹ Für den Sion haben wir immer gesagt: Das wollen wir nicht.

Wir wollen einen normalen, kompetitiven Preis, der so günstig wie möglich ist, damit so viele Menschen wie möglich das Auto nutzen. Nachhaltigkeit darf kein Luxus sein – und muss es inzwischen auch nicht mehr«, ist sich der Junggründer sicher. Bei Sono Motors ist nicht nur das Design kostensparend (es werden Teile verbaut, die für andere Automarken bereits entwickelt worden sind, die Karosserie ist mit den verbauten Solarpanels günstiger als herkömmlich gegossene und lackierte Karosserieteile), sondern eben auch das Marketing. Dieses stellt neben den Margen der häufig zahlreichen Zwischenhändler*innen einen der maßgeblichen Treiber für hohe Preise nicht nur bei nachhaltigen Produkten dar. Laut Günter Faltin, Professor für Unternehmensgründung, ist der im Handel anzutreffende Verkaufspreis zu erschreckend großen Teilen dem sogenannten Marketing-Rucksack geschuldet. So seien es gar nicht, wie man erwarten würde, die Kosten der Produktion, die bei uns zu hohen Preisen führen. Es seien vielmehr die Kosten *nach* der Produktion, vor allem die Kosten, Kund*innen zu gewinnen, die die Produkte verteuern. Und zwar erheblich – in seinem Buch *David gegen Goliath* nennt er den Faktor 10 (also 90 Prozent des Verkaufspreises), in manchen Branchen auch nochmals deutlich darüber, und empfiehlt allein aus wirtschaftlicher Sicht eine Mäßigung auf den Faktor 3.[87] Diesen Rucksack – dessen Idee in Analogie zum ökologischen Rucksack, der den ökologischen Fußabdruck eines Produkts darstellt, entstand – könne man systematisch verkleinern, um so hohe Qualität und faire Produktion mit günstigen Preisen zu verbinden.

Um dieses Phänomen nicht nur zu beschreiben, sondern auch in Aktion zu zeigen, gründete Faltin die Teekampagne, die seit den 1980ern eine kleine, aber feine Auswahl hochqualitativer Tees in Großpackungen anbietet. Auf der Grundlage der Erkenntnis, dass der Großteil der Kosten von Tee durch Zwischenhändler, die große Auswahl an Sorten, den Transport, Umverpackung in Kleinstmengen und die Markenkommunikation entsteht und inzwischen zehnmal so teuer ist wie die Herstellung im Ursprungsland selbst, wollte er

»Nachhaltigkeit darf kein Luxus sein – und muss es inzwischen auch nicht mehr.«

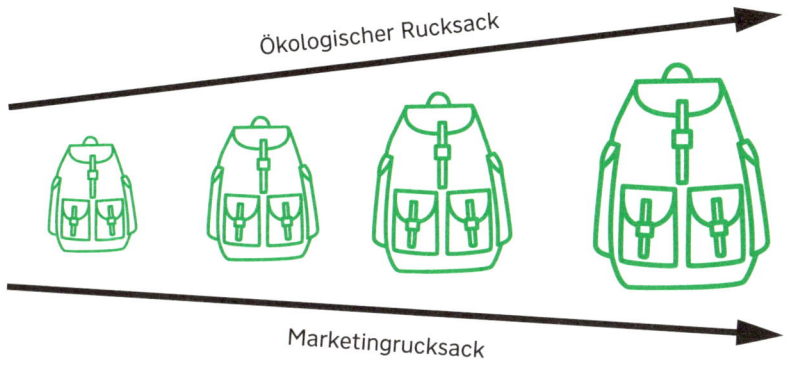

Abbildung 11: Marketing-Rucksack
in Anlehnung an Prof. Dr. Günter Faltin

eine geringe Auswahl der besten Tees der Welt, allen voran Darjeeling, in Mengen anbieten, die ein ganzes Jahr reichen würden. Auf diese Weise würde er einen massiv günstigeren Preis bei maximaler Qualität erreichen. »Das Prinzip heißt: von den Funktionen her denken, statt den Konventionen zu folgen«,[88] fasst Faltin seinen Gedankenprozess zusammen. »Sucht man systematisch nach den Faktoren, die ein Produkt wie Tee bei uns so teuer machen, stößt man fast zwangsläufig auf diese Lösung. Sie sieht schräg aus, ergibt aber Sinn, weil sie radikal Kosten spart. Der etablierte Handel mit Tee erscheint nur deshalb normal, weil man sich daran gewöhnt hat.«[89] »Besser« heißt im Kontext des Tees, dass die Produzierenden fair bezahlt werden, nach Bio-Kriterien produziert wird und Wiederaufforstungsprojekte gegründet und finanziell unterstützt werden. Besser ist also nicht immer teurer, sondern – wenn man Konventionen hinterfragt – oft sogar günstiger. Häufig entstehen solche ungewöhnlichen Einfälle dadurch, dass eine maßgebliche Ressource knapp ist: Geld. Die Teekampagne konnte die erste Charge Tee nicht auf eigene Faust bestellen, es war die Vorbestellung von Kund*innen im Rahmen einer Kampagne notwendig. Mittlerweile hat sich das Konzept der Teekampagne mehr als bewiesen: Das Unternehmen ist der weltweit größte Importeur von Darjeeling-Tee. Sono Motors war ebenfalls auf die Crowd-Finanzierung angewiesen, weil etablierte Investor*innen Personen ohne Erfahrung verständlicherweise zunächst kritisch gegenüberstehen. Wer aber kein Budget hat, wird kreativ und erschafft so vielleicht sogar das bessere System, das auf kostengünstigen Lieferketten und treuen Fans basiert anstatt auf dem teuren Status quo und exorbitanten Werbebudgets, wie man sie von Großunternehmen und Venture-Capital-finanzierten Start-ups gewohnt ist. Für ökologisch und sozial nachhaltige Angebote, die den Wertvorstellungen potenzieller Kund*innen entsprechen, ist das natürlich ungleich leichter zu erreichen als für solche, die negative Auswirkungen auf Ökosysteme oder soziale Gegebenheiten haben. Wenn man es ganz platt formulieren möchte: Je schlechter also die Auswirkungen des Geschäftsmodells auf Gesellschaft und Umwelt, je höher die realen, aber versteckten oder verschwiegenen Kosten von Angeboten, desto mehr Bullshit ist nötig, um Produkte an den Markt zu bringen (Marketing), ein positives Bild in der Öffentlichkeit zu erzeugen (PR) oder »nachhaltige Pflaster« auf ein unhinterfragt zerstörerisches Modell zu kleben (CSR). Ryan Gellert, CEO von Patagonia, ist überzeugt, dass Unternehmen, die ihre gesamte Geschäftstätigkeit an positiven Werten ausrichten, kein Geld für CSR ausgeben müssen. So wie bei Sono Motors werden auch bei Patagonia die Kund*innen ein fester Bestandteil des Marketing-Teams, sie posten ihre positive Einstellung gegenüber der Marke in den sozialen Medien, teilen jede neue Initiative, ohne mit der Wimper zu zucken (oder gar bezahlt zu werden). Kurz vor der US-Wahl 2020 sprach sich eine inoffiziell gestartete Aktion, bei der die Botschaft »vote the assholes out« auf den Waschzettel einer Baumwoll-Shorts genäht worden war, so schnell in Social Media herum, dass selbst Ryan erst einige Stunden später klären konnte, dass sie tatsächlich von Patagonia selbst initiiert worden war. »That's when we're at our best«, lobt er die Eigeninitiative seiner

> Besser ist also nicht immer teurer, sondern – wenn man Konventionen hinterfragt – oft sogar günstiger.

Kolleg*innen, die anhand der gemeinsamen Werte genau wussten, dass eine solche Aktion im Unternehmen befürwortet werden würde, auch ohne lange Abstimmungsschleifen. Die Shorts waren binnen kürzester Zeit restlos ausverkauft. Werte, gepaart mit einem Quäntchen Kreativität und Mut, ersparen einem also im Marketing gut und gerne mal ein dickes Budget und erzeugen eine enorme positive Dynamik, die Mitarbeiter*innen und Kund*innen zu einem auf Vertrauen basierenden Team werden lässt, das gemeinsam aus sinnstiftenden Visionen Realität schafft.

WERTE, WAHRHEIT, WIRKSAMKEIT

Das negative Image, das Marketing sich selbst über die letzten Jahrzehnte erschaffen hat, stellt ihm heute in vielerlei Hinsicht ein Bein. Wir erwarten Bullshit, überhöhte Preise und dass alles, was wir konsumieren, schlecht für Mensch und Umwelt ist. Doch das Blatt beginnt sich zu wenden, einerseits, weil Mitarbeiter*innen in Marketingabteilungen ihre kreativen Leistungen nicht mehr dem Bullshit (hier wie auch zuvor nicht abwertend gemeint, sondern der sachlichen Definition von Harry G. Frankfurt entsprechend) zur Verfügung stellen wollen, andererseits, weil neu gegründete Unternehmen positive Veränderung als ihre Mission verstehen, die nur auf der Basis von Wahrheit über die Realität und die daraus resultierenden Taten erreicht werden kann. Und weil Kund*innen ein enormes Bedürfnis verspüren, ihr Geld in die richtige Richtung zu lenken – in allen Lebenslagen von Mode über

> Die Rolle des Marketings unterscheidet sich in Unternehmen, die nach einer ökologischen und sozialen Verbesserung streben, grundlegend davon, »Bullshit« zu produzieren. Marketing muss in diesen Fällen auf der Wahrheit basieren, denn über diese Wahrheit definiert sich Erfolg oder Misserfolg des Unternehmens.

Mobilität bis hin zur Ernährung. Unter diesen Vorzeichen verändert sich Marketing und wird selbst zum Motor für Veränderung. Ziehen wir noch einmal die Formel aus dem letzten Kapitel heran: Impact = Verbesserungsrate (LCA) mal Anzahl der Nutzungen (hier: Marketing-Hebel), so wird klar: Die Rolle des Marketings unterscheidet sich in Unternehmen, die nach einer ökologischen und sozialen Verbesserung streben, grundlegend davon, »Bullshit« zu produzieren. Marketing muss in diesen Fällen auf der Wahrheit basieren, denn über diese Wahrheit definiert sich Erfolg oder Misserfolg des Unternehmens. Nur wo Zahlen hinter den Werten stehen (wie in Kapitel 4 beschrieben), kann gemessen werden, ob der zuvor definierte Impact durch die unternehmerische Tätigkeit überhaupt erreicht beziehungsweise vergrößert wird. Marketing, das auf Fakten und Taten basiert, wird daher zum Antrieb für die »Maschine« der positiven Veränderung: Je mehr Menschen über das Marketing von den Problemlösungen erfahren und Zugang dazu erhalten, je häufiger diese genutzt werden (»Anzahl der Nutzungen«), desto größer der Impact, desto größer die positiven Effekte auf die Umwelt und soziale Gegebenheiten. »Market like you give a damn« bedeutet, dass Marketing sich im Vergleich zu dem, wofür es bekannt ist, nämlich diverse Formen mehr oder weniger glaubwürdigen »Bullshits« zu produzieren, radikal verändert. Unternehmen, die dies beherzigen, können sich an ihren Taten (Kapitel 3) messen (Kapitel 4) lassen (Kapitel 5). Marketing wird getrieben von Zahlen, Daten und Fakten und

> Am Ende des Tages sind es die Kund*innen, die mit ihren Konsumentscheidungen die Welt verändern – und Marketing ist in diesem Sinne der Hebel für Impact und Business zugleich.

gleicht darin eher Wissenschaftskommunikation als Werbung beziehungsweise Content-Marketing. Während die immer gleichen Werbebotschaften mittlerweile nur noch *Skepsis und Müdigkeit* hervorrufen, erzeugt die ungeschönt dargestellte Komplexität der Problemlagen auf der Konsument*innenseite *Vertrauen und Mündigkeit*. Sie werden zu Bürger*innen in einer sich verändernden Gesellschaft, deren Richtung sie über ihr Kaufverhalten mit beeinflussen – als Teil einer Community von Gleichgesinnten. Am Ende des Tages sind es die Kund*innen, die mit ihren Konsumentscheidungen die Welt verändern – und Marketing ist in diesem Sinne der Hebel für Impact und Business zugleich. Die Magie einer solchen lösungsorientierten Community bewirkt, dass einer der größten Mythen, die wir über Nachhaltigkeit verinnerlicht haben, als falsch entlarvt werden kann: Besser muss nicht teurer sein, mehr Nachhaltigkeit geht auch für weniger Geld. Um das in möglichst vielen Industrien umzusetzen, benötigen wir unabdinglich die wertvollste Fähigkeit, die Marketeers zu bieten haben: Kreativität.

KAPITEL 6
REAL WORLD PROBLEMS STATT FIRST WORLD PROBLEMS

Wir kennen sie alle, die tragischen Momente des Alltags: Der Bus fährt ab und jetzt müssen wir fünf (!) Minuten warten – furchtbar! Oder wir haben eine Avocado gekauft, schneiden sie auf und stellen leider fest: Sie ist noch unreif. Wir können unsere Poké Bowl also nur mit Lachs und Mango bestücken – oh no! Das Leben in der sogenannten westlichen Welt ist oft anstrengend. Für alle, die das genauso sehen, gibt es ein unterhaltsames Kartenspiel namens *First World Problems, The Game.* In weiser Voraussicht machen die Herausgeber*innen gleich in der Beschreibung deutlich, dass die weltweit kleinste Violine leider nicht in der Packung enthalten ist. Wer über dieses schlimme Ärgernis hinwegsehen kann, wird mit dem Spiel sicher viel Vergnügen haben, sich so richtig über die Qualen des Lebens zu echauffieren.

First World Problems sind, wie der Name schon sagt, Probleme, denen ausschließlich Menschen in der »Ersten Welt« – in Abgrenzung zur »Dritten Welt« – ausgesetzt sind. Die Begriffe entstanden im Zuge des Kalten Krieges. Mit der »Dritten Welt« waren diejenigen Staaten gemeint, die sich nicht einem der beiden Blocks – Ost und West – zuordnen ließen. Nach und nach wurde die Bezeichnung zum Synonym für »Entwicklungsland«, wovon heute Abstand genommen wird, um der Vielseitigkeit der Länder gerecht zu werden und sie nicht alle zusammen in eine Schublade zu stecken. Der Begriff First World Problem, oder Luxusproblem, deutet darauf hin, dass es sich hierbei um Problemstellungen handelt, die im Angesicht der existenziellen Bedrohungen vieler Menschen, die in oder außerhalb von Industrienationen Armut, Krieg oder sonstigen Krisen ausgesetzt sind, lächerlich erscheinen. Dennoch, die überwiegende Anzahl neuer Produkte und Services adressiert diese Form der Probleme. Ein Beispiel: Ein Hersteller elektrischer Zahnbürsten hat sich überlegt, wie Kinder dazu animiert werden könnten, länger und mit mehr Freude ihre Zähne zu putzen. Zu diesem Zweck wurde eine App entwickelt, die Kinder beim Putzen spielerisch anleitet. An sich ein positiv zu wertendes Unterfangen, das jedoch die Frage aufwirft, wer wohl davon profitiert – am ehesten doch wohl die, die ohnehin bereits mit dem Privileg einer guten Zahnhygiene ausgestattet sind. Während manche also eine Lösung für das leicht optimierte Zähneputzen angeboten bekommen, haben gleichzeitig viele Kinder weltweit gar keine Zahnbürste, mit der sie ihre Zähne, ob spielerisch oder nicht, überhaupt erst sauber halten könnten.

Unternehmerisches Handeln basiert auf der Grundidee, Probleme für andere zu lösen und dafür eine Entlohnung meistens in Form von Geld zu erhalten. Dieses Geld wird dann investiert, um einerseits ein gutes Leben zu führen, andererseits, um weitere Probleme zu lösen. Knapp auf den Punkt gebracht: Je mehr Probleme ich lösen kann, desto besser lebe ich – und die anderen.[90] Während sich viele First World Problems durchaus dafür eignen, Lösungen zu finden, die ein solches unternehmerisches Potenzial versprechen (siehe Zahnbürstenbeispiel), gehen mehr und mehr Unternehmen dazu über, sich auf Themen zu fokussieren, die man in Abgrenzung dazu mit dem Begriff der »Real World Problems« bezeichnen könnte – einerseits ausgelöst durch eine Sinnkrise auf individueller Ebene von Unternehmer*innen und Mitarbeiter*innen, andererseits durch die Dringlichkeit, die die aktuelle Umweltzerstörung und die sozialen Krisen der Welt hervorrufen. Langfristig gesehen sind jene nämlich nicht nur moralisch zweifelhaft, sondern sie haben auch wirtschaftlich fatale Folgen. Der Physiker und Umwelt-Ökonom Amory Lovins bringt es auf den Punkt, wenn er sagt, dass der »industrielle Kapitalismus«, wie wir ihn heute kennen, eine vorübergehende Fehlentwicklung sei, da er unbeabsichtigt seine eigenen wichtigsten Grundpfeiler beseitige: die Natur und funktionierende Sozialgefüge. Lovins ist sich sicher, vernünftigen Kapitalist*innen liegt das ebenso fern wie allen anderen: »No sensible capitalist would do that.«[91]

Als Gesellschaft haben wir uns inzwischen darauf geeinigt, eine große Anzahl von Real World Problems unter den Sustainable Development Goals (SDGs) zusammenzufassen. Fridtjof Detzners Inkubator Planet A beispielsweise fördert ausschließlich Start-ups, die sich mit mindestens einem der Themenfelder der SDGs unternehmerisch befassen, um so zu garantieren, dass es sich um für die Weltgesellschaft relevante Probleme handelt und eine unternehmerische Antwort zu positivem Wandel beiträgt. Die 17 SDGs wurden 2015 von allen 193 Staaten der Vereinten Nationen als strategische Ziele angenommen. Sie vereinen die Zielsetzung des Wirtschaftswachstums unter anderem damit, Armut zu beenden und die Klimakrise abzuwenden. Sie lauten:

1. No Poverty
2. Zero Hunger
3. Good Health and Well-Being
4. Quality Education
5. Gender Equality
6. Clean Water and Sanitation
7. Affordable and Clean Energy
8. Decent Work and Economic Growth
9. Industry, Innovation and Infrastructure
10. Reduced Inequalities
11. Sustainable Cities and Communities
12. Responsble Consumption and Production
13. Climate Action
14. Life Below Water
15. Life on Land
16. Peace, Justice and Strong Institutions
17. Partnerships for the Goals

Viele der Real World Problems gehören außerdem zur Kategorie der schon in Kapitel 2 erwähnten »wicked problems«, also solcher Probleme, die nicht nur ökologisch und sozial negative Auswirkungen haben, sondern sich zusätzlich dagegen zu sträuben scheinen, gelöst zu werden – »wicked« nicht im Sinne von »böse«, sondern eher im Sinne von »widerspenstig, vertrackt, verzwickt«. Sie sind so groß, dass ein Ansatzpunkt für das Lösen des Problems schwer zu definieren ist. Sie sind so komplex, dass es kein »Richtig« und »Falsch« zu geben scheint und keine einzig wahre und endgültige Lösung. Noch dazu widersprechen sich die Informationen, die wir über das Problem haben, es sind unglaublich viele Menschen und Meinungen im Problem verstrickt und die einzelnen Probleme außerdem miteinander verwoben: Armut mit Bildung, Ernährung mit Armut, Wirtschaft mit Ernährung und so weiter. Die Forscher Kelly Levin, Benjamin Cashore, Graeme Auld und Steven Bernstein zählen den Klimawandel sogar zu den »super wicked problems«, die dadurch definiert sind, dass die Zeit, die für die Lösung zur Verfügung steht, abläuft, diejenigen, die das Problem lösen wollen, auch diejenigen sind, die es verursachen, es keine zentrale Entscheidungsmacht gibt und die Politik – als Reaktion auf das Problem – irrational handelt.[92] Die Moral von der Geschichte? Alle, die dachten, es sei einfach, Probleme wie den Klimawandel oder Analphabetismus zu lösen, und »die da oben« sollten doch endlich einfach mal was machen: Es ist nicht einfach. Allerdings heißt das noch lange nicht, dass wir gar nichts tun können!

Aus der Problemlage heraus, dass komplexe Herausforderungen zwar (wenn auch undeutlich und widersprüchlich) definiert und verschiedenste technische oder soziale Lösungsansätze skizziert sind, eine eindeutige Antwort auf die Problemlage aber nicht möglich scheint, jedoch dringend notwendig ist, verbinden sich Unternehmer*innentum und Aktivismus. Unternehmensaktivist*innen begreifen ihre Firmen – meist in Folge eines persönlich prägenden WTF-Moments wie in Kapitel 1 beschrieben – als Vehikel für positive Veränderung. Bis zu einem gewissen Grad verändert wohl jede Firma das System, in dem sie tätig ist, allein dadurch, dass sie existiert und einen weiteren Player auf dem Spielfeld darstellt. Unternehmensaktivist*innen nutzen ihre Firmen aber als Akteur*innen, die bewusst Veränderungen herbeiführen über die Art und Weise, wie sie wirtschaften, die Produkte, die sie anbieten, die Kommunikation, die sie darüber leisten, und letztendlich darüber, wie sie das Denken und Handeln ihrer Kund*innen und Stakeholder*innen verändern. Das Team von Original Unverpackt bezeichnet gar das Unternehmen selbst als Aktivisten: »Original Unverpackt ist ein aktivistisches Unternehmen, Pionierin und treibende Kraft der Unverpackt-Bewegung. Mit lauter Kommunikation, Bildungsarbeit und umweltfreundlichem Wirtschaften zeigen wir, dass auch ein Unternehmen ein*e Aktivist*in sein kann.«[93] Andere gründen als Reaktion auf die Problemlage eine NGO, wie beispielsweise Cyrill Gutsch, der seine Kreativagentur Cookies for All quasi zweiteilte: in eine aktivistische Hälfte, die sich operativ und kommunikativ für die Rettung der Ozeane einsetzt, und eine wirtschaftliche Seite, die diese Bestrebung mit dem notwendigen Cash-Flow unterstützt und das Ganze zusammen Parley for the Oceans nennt – in Anlehnung an ihren wichtigsten Kunden: den Ozean. Es gibt Unternehmen, die über ihr Wirtschaften Gelder für NGOs generieren (Goldeimer) und NGOs, die Unternehmen gründen (zum Beispiel die Welthungerhilfe). Wieder andere vertreten den Ansatz, jede Form der positiven Veränderung, jeder öko-soziale Impact, sollte nach den Maßstäben des Marktes erzeugt werden, ohne dass viel darüber geredet wird. Investor Luis Hanemann fragt sich offen, warum Impact immer nach außen gekehrt werden muss: »Ist echter Impact Impact, den man sich auf die Stirn schreibt? Oder eher einer, der fast nebenbei passiert, einfach weil man ein gutes Produkt mit einem profitablen Business Case anbietet?« Genau so möchte zum Beispiel Clive Jackson, der Gründer von Fly Victor, seine unternehmerische Botschaft verstanden wissen. Jede neue Lösung, wie zum Beispiel nachhaltiger Flugzeugtreibstoff oder E-Flugzeuge, muss im

> Zwischen den beiden Polen von Not-for-Profit(-at-all)-Organisation und For-Profit-only-Organisation spannen sich also diverse öko-nomische Geschäftsmodelle auf. Sie alle verfolgen das gleiche Ziel: Weltrettung!

Markt unter ökonomischen Gesichtspunkten funktionieren, um langfristig von möglichst vielen eingesetzt zu werden. Zwischen den beiden Polen von Not-for-Profit(-at-all)-Organisation und For-Profit-only-Organisation spannen sich also diverse öko-nomische Geschäftsmodelle auf. Sie alle verfolgen das gleiche Ziel: Weltrettung! Weltrettung, die eigentlich eine Menschheitsrettung ist, denn der Planet kommt ja ganz gut (wenn nicht gar besser) ohne uns aus – nur wir nicht ohne ihn. Neben den klassischen Geschäftsmodellen einer NGO oder eines Unternehmens entwickeln sich aktuell diverse Hybridformen, die Aspekte aus beiden Welten miteinander verbinden. Die vermeintlichen Grenzen verschwimmen: Unternehmen werden NGOs ähnlicher und NGOs verwenden die Werkzeuge des Unternehmer*innentums. Für die Lösung von »wicked problems« gibt es keine Patentrezepte, und so wirken diverse Ansätze zusammen, unsere Wirtschaft in neue Bahnen zu lenken. Und zwar möglichst schnell! In diesem Kapitel schauen wir uns genauer an, welche Hebel es den von uns interviewten Unternehmer*innen möglich machen, ihren Impact zu skalieren. Sie nutzen ihre Produkte als Träger von aktivistischen Botschaften, modeln also Werkzeuge, die bisher eigentlich rein wirtschaftlich verwendet wurden, zu aktivistischen Zwecken um. Sie wagen sich außerdem an Strategien, gesetzliche Rahmenbedingungen zu ändern, wie beispielsweise durch Lobbyismus. Doch während sich auf diesem Spielfeld NGOs und Unternehmen bislang eher feindselig gegenüberstanden, treten aktivistische Unternehmen nun für Zwecke ein, die bisher ausschließlich in den Aufgabenbereich von NGOs fielen: Landschaftspflege, Gleichberechtigung, die Rettung der Weltmeere. NGOs und Unternehmen gleichen sich über den Aktivismus mehr und mehr an, stellen sich gemeinsam hinter »die Sache« und bilden ein Problemlösungs-Ökosystem. »Die Großen« wollen da nicht außen vor bleiben. Während es für kleine Start-ups oft schwer ist, ihren Impact schnell zu vergrößern, besteht die Herausforderung für Konzerne darin, glaubwürdige erste Schritte in die richtige Richtung zu tun. Aus der Kooperation beider Player ergeben sich Netzwerkeffekte, die die Hebelwirkung für Problemlösungen vergrößern. Nicht zuletzt nutzen aktivistische Start-ups dazu gern den großen Bedarf von etablierten Unternehmen an CSR-Dienstleistungen, um ihre eigenen Geschäftsmodelle schnell(er) wachsen zu lassen und gleichzeitig »die Großen« unweigerlich mit ins Boot namens »Transformation« zu holen. Unternehmer*innentum und Aktivismus bilden eine Symbiose, von der letztendlich beide wechselseitig profitieren und das Ökosystem Wirtschaft nach und nach umkrempeln, neue Regeln etablieren und »Menschheitsrettung« als festen Bestandteil im Wirtschaftssystem verankern.

PRODUKTE ZU PLAKATEN

Stell dir vor, du stehst im Baumarkt. Mit deiner Familie hast du dir vor kurzem einen Schrebergarten zugelegt, und nun geht es dir wie vielen Kleingärtner*innen: Ameisenplage, Mückenstiche, die Schnecken fressen den Salat. Was tun? Das Regal sieht grell aus. Viele bunte Spraydosen, grün-gelbe Päckchen, Blätter- und Wiesenaufdrucke. Dann fällt dein Blick auf eine Art Zigarettenschachtelwarnhinweis: »Produkt tötet wertvolle Insekten«. Das ist doch absurd, da wirst du mitten in den Tötungsfantasien, die deinen Garten wieder lebenswert machen sollen, von einer solchen Information getroffen! Nicht zu fassen! H. D. Reckhaus, der Urheber dieses Schriftzugs, wollte seine Firma Dr. Reckhaus, ein Familienunternehmen in zweiter Generation, schon lange in eine nachhaltige Richtung lenken. Darum fing er früh an, Produkte mit weniger Insektiziden auf der Inhaltsliste zu entwickeln – der wirtschaftliche Erfolg dieser Produktsparte blieb jedoch aus. Aus Überzeugung hat er inzwischen nur noch einerseits »echte« Insektenvernichtungsmittel – also solche, die Insekten töten und mit diesem Warnhinweis versehen sind – und andererseits Insektenvermeidungsprodukte wie zum Beispiel Fliegengitter im Sortiment oder die grandiose Neuerfindung der Lebendfangfalle für Fruchtfliegen, mit der die kleinen Plagegeister nach einem Festmahl aus Zucker wieder ins Freie gesetzt werden können. Die Vermeidungsprodukte sind für ihn die wirklich sinnvollen Angebote in einer Welt, in der das Insektensterben derart drastisch vorangeschritten ist.[94]

Abbildung 12: Fruchtfliegen-Retter von Dr. Reckhaus (© Insect Respect/Reckhaus)

Die Tötungsprodukte einfach aus dem Sortiment zu nehmen kam für ihn allerdings nicht in Frage. Denn damit wäre einerseits den Mitarbeiter*innen nicht geholfen, die jahrelang ihre Energie in die Firma investiert hatten, und andererseits die Chance verspielt, über die Produkte eine Botschaft zu verbreiten, sie als »Aufklärungsmedium« zu nutzen. Dr. Reckhaus informiert sämtliche Kund*innen über eine Broschüre, die jeder Packung beiliegt, was es mit dem Insektensterben auf sich hat und was Kund*innen dagegen tun können. Für Reckhaus gehört es dazu »das Alte« mitzunehmen auf den Weg der Transformation. Dort, wo seine Produkte stehen, erreicht er die, die umdenken müssen. Ein Fokus allein auf Bildungsarbeit, wie es beispielsweise einige gemeinnützige Vereine oder NGOs verfolgen, hält er für nicht zielführend genug. Sie seien in ihrem Wirkmechanismus allein auf Information aus, als Unternehmen könne man aber aus sich heraus eine Veränderung herbeiführen – über Produktinformationen und Alternativen direkt an dem Ort, an dem die Kaufentscheidung fällt – dem Baumarktregal, vor dem du gerade stehst und über die Lösung deines Insekten-Problems grübelst. Aktivistische Unternehmen nutzen also den Wirkungsbereich, der ihnen zur Verfügung steht, um Veränderungen herbeizuführen: ihre Produkte. Über die Produkte übernehmen sie Bildungsarbeit als einen grundlegenden Teil ihres Handelns. Das Label Insect Respect, das von Dr. Reckhaus initiiert wurde und für insektenfreundliches Wirtschaften steht, kennzeichnet inzwischen Produkte von Aldi Süd und Rossmann. Der Zero-Waste-Shop Original Unverpackt verbreitet das Wissen darüber, wie man ein solches Einzelhandelskonzept eröffnet, über einen kostengünstigen Online-Kurs und bietet Führungen für Unternehmen und Privatpersonen durch ihre Unverpacktläden an. Goldeimer erklärt jedes Blatt Klopapier kurzerhand zum Flyer, auf dem Goldeimer zu verschiedenen gesellschaftlich relevanten Themen Stellung bezieht.[95] Die Produkte werden also zum Träger von Botschaften, die über sie selbst hinausgehen, sie im System von Wirtschaft und Gesellschaft verorten und ihre Funktion als »Teil der Lösung« offenlegen – ganz ähnlich, als wären sie Transparente auf einer Demonstration.

> Aktivistische Unternehmen nutzen (...) den Wirkungsbereich, der ihnen zur Verfügung steht, um Veränderungen herbeizuführen: ihre Produkte.

Der Kassenzettel als Stimmzettel, Kaufentscheidungen als Ausdruck politischer Einstellungen – die Relevanz dieser Denkweise wächst Tag für Tag in einer Welt, in der wir das Gefühl haben, als Einzelne immer unbedeutender zu werden, und daher nach Möglichkeiten suchen, wie wir dennoch etwas bewirken können. Die wenigsten von uns sind Politiker*innen, CEOs oder berühmte Schauspieler*innen mit viel Geld und einer eigenen Stiftung. Konsum wird zum Ventil für Weltanschauung. Während die Anzahl derjenigen, die sich in einer Partei engagieren, seit Jahren sinkt,[96] werden Kaufentscheidungen immer politischer. Produkte von aktivistischen Unternehmen machen jeden, der sie benutzt, zum Teil des »Teams Systemwechsel«, das auf dem gesellschaftlichen Spielfeld gegen »Team Systemerhalt« antritt, wie Cordelia Röders-Arnold von einhorn Period die Situation beschreibt – doch dazu später im Kapitel mehr. Konsum wird aktivistisch, er verändert die Realität. Um diese Aussage in einem neutralen Licht zu sehen, ist es wahrscheinlich notwendig, dass wir noch ein paar Gedanken unserer Unternehmensaktivist*innen einfügen, denn Konsum als etwas Positives darzustellen kann in einer Gesellschaft, in der unhinterfragter Konsum unzählige Probleme auslöst, schnell unreflektiert wirken, ja fast schon wie Blasphemie. Wie kann Konsum, der uns mehr Diabeteskranke denn je zuvor, Umweltzerstörung und Ausbeutung in unglaublichen Ausmaßen gebracht hat, überhaupt irgendwie positiv sein?! Ein Grundgedanke vieler von uns interviewter Unternehmensaktivist*innen ist, dass das, was sie tun, die Produkte, die sie anbieten, unsere Grundbedürfnisse adressieren, also per se erst mal sinnvoll sind. Während Lösungen, die First World Problems adressieren, häufig darauf aus sind, Bedürfnisse zu erzeugen (man denke an die Zahnbürsten-App), handelt es sich bei den Angeboten von Unternehmensaktivist*innen oft um so basale Produkte wie ein Konto, Grundnahrungsmittel, eine Toilette oder Kondome. Oder aber es handelt sich um solche Angebote, die zwar auf der Grundlage von First World Problems entstanden sind – Flugreisen, Autofahrten, Bier, Suchmaschinen –, aus der heutigen Welt aber nicht von heute auf morgen wegzudenken sind. Daher sollen bereits existierende Produkte durch ökologisch bessere ersetzt werden, um möglichst viele Menschen mit auf die Veränderungsreise zu nehmen. Darüber hinaus ist ein beachtlicher Teil der Botschaften, die aktivistische Unternehmen auf ihre »Plakate« (Produkte, Anzeigen et cetera) drucken, die Aussage, wir sollten sie nicht konsumieren, wenn wir sie nicht brauchen. Der Unterschied zwischen Konsum, der uns und der Umwelt schadet, und einem, der Teil einer Problemlösung sein kann, ist also einerseits die Verankerung des Konsums in Real World Problems und andererseits das durch die Unternehmen ausgerufene Ziel, die Kund*innen zu einem reflektierten Konsum anzuregen, damit sie so mit der Zeit immer weniger konsumieren, oder aber die Angebote so weit umzugestalten, dass sie der Umwelt nicht schaden, sondern ihr sogar nützen (siehe Kapitel 8). Auch das Engagement der Nachhaltigkeits-Influencerin Louisa Dellert lässt sich genau so lesen: Sie ist die Reiseleiterin, die im Spannungsfeld zwischen Überschwang und Nachhaltigkeit den Weg zum reflektierten Konsum weist. Wenn wir uns also von unserer durchaus begründeten Voreingenommenheit gegenüber Konsum losmachen, kann er ein machtvolles Veränderungswerkzeug sein. Wie wir gleich sehen werden, gehen diese Unternehmen ihre Mission nicht ausschließlich über ihre

Produkte, die Verbreitung von Botschaften an potenzielle Kund*innen oder die Gestaltung ihrer Wertschöpfungsketten an, sondern sie nutzen noch weitere kreative Werkzeuge aus dem Veränderungsbaukasten. Denn es gibt neben den genannten eine weitere Hürde für positive Veränderung, nämlich wenn gesetzliche Rahmenbedingungen von vornherein neue, nachhaltig(er)e Ansätze verhindern. Lobbyismus und Politikgestaltung – ähnlich wie Konsum bei vielen Prediger*innen des Systemwandels eher verpönt – sind im Kapitalismus wirksame und legitime Mittel, deren sich Unternehmensaktivst*innen bedienen, um dadurch die vorherrschenden Regeln, wie diese eingesetzt werden, neu zu schreiben. Hier schlägt wieder das in Kapitel 2 beschriebene »Designer's Mindset« durch. Für das Wirtschaften der Zukunft werden neue oder zumindest andere Gesetze gebraucht? Alle aktuellen Gesetze wurden irgendwann mal gestaltet und können dementsprechend umgestaltet werden!

Das Team von Goldeimer beispielsweise setzt sich gemeinsam mit etlichen weiteren Akteur*innen für eine Anpassung der Düngemittelverordnung ein, die unter anderem festlegt, welche Inhaltsstoffe in Düngemitteln enthalten sein dürfen: »Es sind dort teils sehr exotische Sachen zu finden: tierische Nebenprodukte wie Gülle, Jauche, Stallmist, Magen- und Darminhalte und Tierteile aus der Schlachtindustrie. Ebenso in Ordnung sind Klärschlämme aus Mischkanalisation – mit entsprechendem Risiko einer Schadstofflast aus Industrie- und Straßenabwässern. Reine menschliche Fäkalien (aus Trockentoiletten) sind in dieser Liste allerdings nicht erfasst. Na? Merkt ihr was? Irgendwas stimmt da nicht.«[97] Das Team hat sich mit dem Start-up Finizio – Future Sanitation zusammengetan, um in wissenschaftlichen Tests nachzuweisen, dass Kompost aus menschlichen Exkrementen sicher hygienisiert werden kann. Ende 2020 wurde außerdem die von Goldeimer mitformulierte Industrienorm DIN SPEC 91421 veröffentlicht, die Kriterien für einen sicheren Standard in der Verwertung von »Recyclingprodukten aus Trockentoiletten« festschreibt. Bis 2025 soll dieses Engagement zu einer Anpassung der Düngemittelverordnung führen: »Wenn der Kompost aus Trockentoiletten die Grenzwerte der Düngemittelverordnung unterschreitet, spricht ja eigentlich nichts dagegen, irgendwann zu beantragen, dass das mit aufgenommen wird. Dadurch, dass wir seit Jahren mit diesem Thema zu tun haben, ist das so der Weg, den man irgendwann geht: Die Rechtslage verändern und mitgestalten«, fasst Gründer Malte Schremmer das Vorgehen zusammen.

»Evidenzbasierte Politikgestaltung« wird diese Form der Erarbeitung von Gesetzen auf der Grundlage wissenschaftlicher Erkenntnisse genannt. Unternehmer*innen sind dabei sowohl Fachexpert*innen als auch von den Gegebenheiten sowie den potenziellen Veränderungen Betroffene. Sie streben an, die aktuell herrschende Realität an ihre Version von Zukunft anzupassen. Im Fall von Goldeimer könnte dadurch ein gänzlich neues Geschäftsfeld entstehen – die Herstellung von ökologischen Düngemitteln. Das Besondere daran: Die Lobbyarbeit, der Unternehmen sich verschreiben, dient gleichzeitig denjenigen natürlichen Ressourcen, die keine Lobby haben – wie dem Boden oder dem Ozean –, und dem Unternehmen, das sich in den Dienst dieser Organismen stellt. Der wirtschaftliche Erfolg des Unternehmens führt dann dazu, dass die »Bedürfnisse« ihrer »natürlichen Kunden« erfüllt werden. Business und Nachhaltigkeit werden miteinander verknüpft und beeinflussen sich reziprok positiv.

Vor einer ganz ähnlichen Situation wie Malte und das Goldeimer-Team stand auch Patrick Mijnals wenige Jahre nach seiner Firmengründung. Im Jahr 2012 fragte er sich, wie man Crowdfunding als Hebel für Nachhaltigkeit nutzbar machen könnte, und startete mit einigen Mitstreiter*innen die Crowdinvesting-Plattform bettervest. Die Grundidee basierte auf dem Real World Problem, dass circa 20 Prozent des gesamten CO_2-Ausstoßes in Deutschland durch die Beheizung und Beleuchtung in Gebäuden erzeugt wird. Durch Sanierung und moderne Gebäudetechnik lassen sich hier bis zu 80 Prozent der Energie einsparen.[98] Auf der Grundlage des damals noch neuen Konzepts von Crowdfinanzierung wollte bettervest es einerseits Organisationen leicht machen, ihre Gebäude zu sanieren, andererseits den in die Projekte investierenden Privatpersonen dabei helfen, Renditen aus nachhaltigen Investments zu generieren, die direkt aus den aus der Umrüstung resultierenden Kosteneinsparungen hervorgehen. Nachdem der Ansatz, Crowdinvesting über Nachrangdarlehen (oder ähnliche für die Anleger*innen vergleichsweise risikointensive Anlageklassen) abzubilden, im Zuge der Insolvenz des Windparkbetreibers Prokon 2014 dann aber kräftig durchgeschüttelt wurde[99] – und das obwohl sich Crowdinvesting durch die Verteilung der Privatdarlehen auf einzelne unabhängige Projekte dem Ansatz von Prokon alles Geld in eine Gesellschaft fließen zu lassen, die dann pleite ging, deutlich unterscheidet –, erfolgte im Jahr 2015 die Verabschiedung des Kleinanlegerschutzgesetzes. An diesem waren auch Vertreter*innen von Crowdfunding-Plattformen beteiligt, um zu verhindern, »dass die Branche, nachdem sie gerade erst zwei Jahre alt war, sofort wieder im Keim erstickt wird«, beschreibt Patrick seine Motivation, einige Monate lang intensive Lobbyarbeit zu übernehmen. »Wir haben angefangen, Politiker anzuschreiben, nach Berlin zu fahren, teilweise waren wir bei Anhörungen dabei in den Ausschüssen und Gremien, die die eigentliche Arbeit am Gesetzestext machen. Tatsächlich haben uns einige Leute dort hinter vorgehaltener Hand gesagt ›Ja, ihr habt ja vollkommen Recht, da sind wir wohl übers Ziel hinausgeschossen, nur können wir jetzt ja nicht mehr einen Schritt zurück machen, das ist ja schon öffentlich so breitgetreten, das geht ja nicht.‹« In der ursprünglichen Variante des Gesetzestextes, erläutert Patrick die Problemlage, hätten Dinge gestanden wie ›in Zukunft darf für solche Formen der Geldanlage nur noch in Wirtschaftsmagazinen geworben werden‹. »Das heißt, man hätte jetzt sozusagen im *Manager Magazin* eine Anzeige schalten dürfen, aber in der *Brigitte* nicht«, erinnert sich Patrick. Dass das jedem demokratischen Gedanken widerspricht und völlig am Ziel vorbeiführt, regt Patrick noch heute auf. Die Vorgaben, deutlich auf das Risiko in Bezug auf diese Art von Geldanlage hinzuweisen, hält er jedoch für mehr als sinnvoll: »Das haben wir schon gemacht, bevor es verpflichtend war.« Patrick ist einerseits beeindruckt, mit wie wenig Budget sie so viel erreicht haben: »Wir konnten als die sieben, acht Plattformen, die wir uns zusammengetan hatten, dieses Gesetz zum Glück noch einmal ziemlich krass wenden – außer Fahrtkosten und Arbeitszeit vollkommen ohne Budget.«[100] Doch wenn er sich vorstellt, wie dann ja »eine x-beliebige Lobby mit Vollzeitkräften und richtig Ressourcen ein Thema leiten kann«, wird ihm ganz anders.

Cordelia Röders-Arnold, Head of Menstruation bei einhorn Period, findet plakative Worte, um zu beschreiben, wer sich bei solchen Auseinandersetzungen eigentlich gegenübersteht: »Team System Change« und »Team Establishment«. Und ihre Firma hat in diesem Bereich ganz eigene Erfahrungen gemacht. Als das Unternehmen einhorn 2015 gegründet wurde, lautete einer ihrer Grundsätze »no politics!«. Inzwischen hat sich das Unternehmen von einem nachhaltigen Kondom-Hersteller zum Händler für »Untenrum-Produkte« und politischen Akteur gewandelt, der 50 Prozent seiner Gewinne in die Wertschöpfungskette reinvestiert und dadurch Schritt für Schritt immer noch nachhaltiger werden will – sie nennen das »fairstainability in progress«. Außerdem bringt sich das Team noch aktivistischer als zuvor in gesellschaftliche Diskurse über demokratische Mitbestimmung und Feminismus ein und hat das sogar fest in seinem Gesellschaftsvertrag verankert.[101] Den Antrieb für ihre Arbeit ziehen die Mitarbeiter*innen laut Cordelia dabei nicht aus dem Unternehmenswachstum – tatsächlich gibt es so einige Wachstums- und Kapitalismuskritiker*innen unter ihnen –, sondern vor allem aus der Motivation, gesellschaftliche Veränderung herbeizuführen, gepaart mit großer Liebe für sexy-schöne Produkte. Im Bereich Feminismus spielen die Periodenprodukte, wie superheldenähnliche Menstruations-Cup-Verpackungen, klackernde »TamTampon«-Tüten und Slip Flips aus Biobaumwolle, die das Team 2019 auf den Markt brachte, eine herausragende Rolle, um sich mit jenen lauten Botschaften, schrillen Produktfarben und auffälligen Verpackungen für die Enttabuisierung der Menstruation einzusetzen.

Doch bei den Produkten machten sie nicht halt, sondern stürzten sich Hals über Kopf in die aktuellste Debatte, die zu diesem Zeitpunkt in der politischen Arena noch zu wenig Gehör fand: die sogenannte Periodensteuer. Laut FAZ gibt jede Menstruierende für die 10 000 bis 17 000 Tampons und Binden im Laufe ihres Lebens zwischen 1 500 und 5 000 Euro aus.[102] Etliche Aktivist*innen setzten sich daher schon seit Jahren dafür ein, den »Luxussteuersatz«[103] (gemeint ist eine Mehrwertsteuer von 19 statt 7 Prozent wie für andere Grundkonsumgüter) zu senken, weil sie in ihm eine fiskalische Diskriminierung sehen, die Menstruierende systematisch finanziell benachteiligt. Ganz vorne dabei: die Aktivistinnen Nanna-Josephine Roloff und Yasemin Kotra, die 2018 190 000 Unterschriften für eine Petition gegen die »Tampon Tax« auf Change.org sammelten. Nachdem diese Petition nicht zum gewünschten Ergebnis geführt hatte, startete das Unternehmen einhorn 2019 zusammen mit der Zeitschrift *Neon* eine eigene Petition über die Plattform des Bundestags, bei der sich auch Prominente wie Charlotte Roche und Lena Meyer-Landrut öffentlichkeitswirksam involvierten und sie so innerhalb weniger Tage die für die Vorlage im Bundestag notwendigen Unterschriften sammeln konnten. Während die Bewegung als Ganzes ihr Ziel erfolgreich umsetzen konnte (seit 1.1.2020 gilt der geringere Mehrwertsteuersatz für Periodenprodukte), bekamen sich die Aktivist*innen und das Unternehmen kräftig in die Haare. Der Vorwurf: Das Unternehmen stelle sich als Urheber des politischen Erfolgs dar. Es folgte ein kräftiger Shitstorm auf Instagram, der Cordelia und ihr Team so einige schlaflose Nächte kostete. Nach einer Entschuldigung seitens des Unternehmens kam es aber zu einer öffentlichen Versöhnung. Cordelia hält es trotz dieser turbulenten Erfahrung für dringend notwendig, dass Unternehmen gesellschaftliche Verantwortung übernehmen und sich aktivistisch engagieren. »Es scheint ein Spielfeld zu sein, wo es noch keine Regeln gibt, und wir müssen zusammen überlegen, was diese Regeln sind. Wie schaffen wir es zum Beispiel, dass sich das ›Team System Change‹ Feedback geben kann, auch hartes Feedback, aber eben nicht auf dem Spielfeld, sondern in der Umkleidekabine? Während ›System-Change‹ nämlich auf dem Spielfeld diskutiert, spaziert

Abbildung 13: Periodenprodukte von einhorn
(© einhorn products GmbH)

›Team Systemerhalt‹, langsam Richtung Tor und locht den Ball mit dem kleinen Zeh ein.« Wie solche Regeln aussehen, wollen die »Einhörner« gemeinsam mit Roloff, Kotra, anderen Unternehmen und Initiativen erarbeiten und einen Code of Conduct für unternehmerischen Aktivismus formulieren. Eines haben sie aber jetzt schon gelernt: »Es gibt eine große Debatte darüber, was Unternehmen dürfen und was nicht. Ich persönlich habe verstanden, dass wir mit mehr Demut an die Themen herangehen müssen. Wir sind scheinbar ziemlich gut und bold im Geschichtenerzählen und vielleicht manchmal auch etwas drüber. Das ist einerseits gut, denn das schafft Reichweite für wichtige Themen. Die Leute kaufen unsere Produkte, weil sie Spaß machen, und wir wollen auch, dass es Spaß macht, Demokratie zu gestalten und Feminismus zu leben, wir wollen, dass das nicht so eine bierernste Nummer ist. Und das müssen wir jetzt in Einklang bringen mit der Erwartung an das Thema.« Abgesehen von diesem Streit »auf dem Spielfeld« zeigt sich an diesem Beispiel, wie stark eine Allianz aus Unternehmen, Aktivist*innen, prominenten Künstler*innen und den jeweiligen Fans dieser Gruppen sein kann – so stark, dass sogar Gesetzesänderungen daraus resultieren können.

FROM EGOISM TO ECOISM

Während es bisher vor allem nicht profitorientierte, aktivistische Gruppen und Organisationen wie beispielsweise NGOs waren, die sich von außen in die Politikgestaltung eingebracht haben, wobei Unternehmen eher konträr dagegen lobbyier(t)en, sind es nun immer häufiger profitorientierte Unternehmen, die der Argumentation von NGOs zu noch mehr Gehör verhelfen. In der Politik wie auch in ihrer jeweiligen Branche, weil sie wirtschaftliche Argumente einbringen, mit Produkt- und Prozessinnovationen, aber auch kommunikativ als greifbares Vorbild vorangehen können. So kann die Realität, wie sie heute ist, in die Variante von Zukunft, wie sie heute nur in visionären Köpfen existiert, verwandelt werden. Im politischen System, wie es die beschriebenen Akteur*innen heute vorfinden, spielt Lobbyarbeit dabei eine maßgebliche Rolle, um die politischen und gesetzlichen Rahmenbedingungen an die Bedarfe zukunftsfähigen Wirtschaftens anzupassen. Während diese Instrumente bis dato ein eher negatives Image als realitätsverzerrendes Teufelszeug der wohlhabenden und gut vernetzten Egoist*innen haben, bekommen sie von Unternehmensaktivist*innen neue Regeln verpasst. Wenn es nicht mehr um individuelle, wirtschaftliche Interessen geht, sondern um »die Sache«, also positive Veränderung in Gesellschaft und Ökologie, stehen sich nicht mehr Wirtschaftsakteur*innen und Menschen mit einem Interesse am Gemeinwohl gegenüber, sondern sie tun sich zusammen, um gemeinsam ihre Ziele zu erreichen. Die Regeln dafür, wie das möglichst zielführend und wirkungsvoll gelingen kann, werden gerade erst von den involvierten Akteur*innen geschrieben. Eine steht dabei mindestens schon fest: Ecoism statt Egoism! Impact über Ego! Aktivistisch agierende Unternehmen und gesellschaftlich relevante Organisationen bilden ein Team. Wirtschaft und Gemeinwohl sind keine Kontrahent*innen, sondern es bilden sich unerwartete Koalitionen aus Gleichgesinnten – das »Team Systemwechsel«. Die Gegenspieler*innen aus dem »Team Systemerhalt« sind dabei leider oft sehr viel besser ausgestattet – mit Budget und lange gewachsenen Netzwerken in die Politik.[104] Aus diesem Grund ist das, was zählt, um in der aktivistischen Politikgestaltung erfolgreich zu sein, vor allem Kooperationsvermögen, gute Argumente und der unbedingte Wille, auch unter widrigen Umständen und mit steilen Lernkurven Gestaltungsspielraum über die Regeln, die wir uns als Gesellschaft geben, zu erkämpfen. Unternehmensaktivist*innen nutzen also bewusst die Kraft der Kooperation, um als »kleine Fische« in der großen Welt der Veränderungsbestrebungen einen wirksamen Schwarm zu bilden. Das Zu-

> Impact über Ego! Aktivistisch agierende Unternehmen und gesellschaftlich relevante Organisationen bilden ein Team. Wirtschaft und Gemeinwohl sind keine Kontrahent*innen, sondern es bilden sich unerwartete Koalitionen aus Gleichgesinnten – das »Team Systemwechsel«.

kunftsinstitut beschreibt in einer Studie, wie sich diese Tendenz in den letzten Jahren verstärkt hat: Individualismus, also der Fokus auf dem persönlichen Wohl, wird abgelöst von einer entstehenden Wir-Kultur. Kollaboration und Kooperation werden »zur treibenden Kraft einer künftigen Wirtschaft«.[105]

Gleichzeitig stellen sich inzwischen immer mehr etablierte Unternehmen die Frage, wie sie selbst als »großer Tanker« Teil des Teams »Systemwechsel« werden können. Einerseits, weil sie es als Notwendigkeit erachten, um auch in Zukunft noch relevant zu sein, auf ein zukunftsfähiges Geschäftsmodell zu bauen. Andererseits, weil sie einen enormen Zug aus »den eigenen Reihen« verspüren. Neben flexibleren und alltagstauglicheren Arbeitsbedingungen ist es das Thema Sinn oder »Purpose«, das nun einige Jahre später die Personalabteilungen der Unternehmen unsicher macht. »Think Millennials Are Purpose-Driven? Meet Generation Z« titelte die *Huffington Post* schon 2017. Während Millennials vor allem von Karriere, Work-Life Balance und Sicherheit getrieben seien, setzten diejenigen, die etwas später, also zwischen 1994 und 2001, geboren sind, völlig andere Maßstäbe an das Arbeitsleben: »purpose, passion, and impact«.[106] Tatsächlich beschränkt sich dieses Bedürfnis nicht allein auf die jüngeren Generationen. Sie sind es jedoch, die es in einer für sie vorteilhaften Arbeitsmarktsituation laut kundtun. Etablierte Unternehmen stehen unter immer größerem Druck – sowohl von innen durch die Mitarbeiter*innen als auch von außen durch Kund*innen sowie Geldgeber*innen und Prognosen in Sachen Risiko durch Umweltveränderungen –, glaubwürdige und zielführende Nachhaltigkeitsstrategien umzusetzen. Weltrettung ist ein menschliches Bedürfnis – egal ob aus Angst oder Nächstenliebe. Doch wo fangen etablierte Unternehmen damit an? Und zwar so, dass ihnen geglaubt wird, es ernst zu meinen?

Neben der Strategie, sich mit gleichgesinnten NGOs zusammenzutun, existiert dadurch eine weitere Möglichkeit für Unternehmensaktivist*innen,

> In der Kooperation beantworten sich die grundlegenden Fragen beider Seiten: Woher kommt das Geld für meinen Impact? Beziehungsweise, woher kommt der Impact für mein Geld?

Impact zu »hebeln« oder im schönsten Beraterdenglisch zu »leveragen«: nämlich gezielt mit etablierten mittelständischen und großen Unternehmen zu kooperieren. Die Metapher des Hebels gibt was her, denn es handelt sich um ein Gerät, mit dem sich ein Objekt, das eigentlich zu schwer ist, um es hochzuheben, über einen mechanischen Vorgang doch nach oben heben lässt. Groß hebelt Klein und umgekehrt. In der Kooperation beantworten sich die grundlegenden Fragen beider Seiten: Woher kommt das Geld für meinen Impact? Beziehungsweise, woher kommt der Impact für mein Geld?

RÄUBERLEITER-IMPACT – »CSR AS A SERVICE«

Glich CSR bislang häufig eher einem zahnlosen Tiger, der darauf achtete, dass die Lampen im Büro ausgeschaltet sind, und im Laufe seiner Geschichte Greenwashing erfand, wird es nun zum wirkungsvollen Ansatz für Veränderung – unter anderem dadurch, dass sich im Bereich CSR heute ein B2B-Markt entwickelt hat, auf dem etablierte Unternehmen und Start-ups sowie NGOs gemeinsame Ziele umsetzen. Unternehmen kaufen heute entsprechend ihrer CSR-Strategie von unterschiedlichsten Anbietern CSR-Dienstleistungen ein und formulieren daraufhin einen Nachhaltigkeitsbericht, in dem ihr Einsatz dokumentiert wird. Während in der Vergangenheit vor allem Spenden an gemeinnützige Organisationen das Mittel der Wahl waren, sind inzwischen viele Start-ups entstanden, die ihre Angebote gezielt auf die Bedürfnisse der Unternehmen abgestimmt haben. Auch NGOs verfolgen immer häufiger das Ziel, durch eine echte Kooperation Unternehmen zu helfen, sich selbst tatsächlich zu transformieren – beispielsweise durch eine zielgerichtete Kuratierung von nachhaltigen Produkten im Handel, so wie es beispielsweise der WWF mit Edeka tut, oder die Überarbeitung der Wertschöpfungskette nach öko-sozialen Maßstäben, worin beispielsweise Parley for the Oceans Unternehmenspartner*innen mit seinem AIR-Programm unterstützt.

Von außen betrachtet tun sich auf diese Weise meist ein kleiner(er) Player mit großen Zielen und ein etabliertes Unternehmen mit konkreten Nachhaltigkeitsambitionen und dem entsprechenden Budget zusammen. Während das Start-up seinen Impact über das etablierte Unternehmen skalieren kann, bekommt jenes die Möglichkeit, mit wenig Risiko erste kleine Schritte in die richtige Richtung zu tun. Peter Sänger, Gründer von Green City Solutions, schwärmt von seinen Unternehmenskund*innen: »Unsere Kunden sind Believer, da geht es nicht um den letzten KPI, die finden gut, die glauben an das, woran wir jetzt arbeiten und was wir damit in Zukunft noch erreichen können, und wollen dabei sein.« Für den Fall, dass der Kauf eines CityTrees Greenwashing darstellen würde, weil er im Vergleich zu den Schäden, die das aktuelle Geschäftsmodell an Natur oder Gesellschaft verursacht, wie ein Tropfen auf den heißen Stein erscheint, berät Peter Sänger zu den unterschiedlichen Möglichkeiten, dennoch zum Veränderungsakteur zu werden: Wenn er nicht zum Unternehmenskontext passt, könne ein CityTree an die Stadt gespendet werden oder ohne großes Tamtam für die Mitarbeiter*innen als Aufenthaltsmöglichkeit zur Verfügung gestellt werden. Langfristig soll diese Strategie dem Unternehmen Green City Solutions ermöglichen, sich im laufenden Betrieb in Richtung großflächige Lösungen zu entwickeln. Heute verändert ein CityTree das Mikroklima wenige Meter um sich herum. In Zukunft plant das Unternehmen mit seiner Lösung, das Klima ganzer Straßenzüge durch die Filterleistung der Moose positiv zu beeinflussen, indem das Produktangebot um Fassadenelemente erweitert wird. Der Ansatz, durch CityTrees zunächst die CSR-Bestrebungen von etablierten Unternehmen zu unterstützen, ist daher ein Zwischenschritt auf dem Weg zum finalen Produkt, der es dem Team ermöglicht hat, schnell anzufangen und im Sinne einer »Better-is-good«-Haltung ihre Lösung unterwegs immer besser zu machen, anstatt erst jahrelang zu tüfteln.

> Im Aktionsvakuum von etablierten Unternehmen entsteht durch die Kooperation mit Impact-Start-ups eine Win-win-win-Situation – für beide beteiligten Unternehmensgruppen sowie natürlich ein klares planetares Win.

Im Aktionsvakuum von etablierten Unternehmen entsteht durch die Kooperation mit Impact-Start-ups eine Win-win-win-Situation – für beide beteiligten Unternehmensgruppen sowie natürlich ein klares planetares Win. Bei Hektar Nektar beispielsweise verbindet sich auf diese Weise der »Bienen-Case« mit dem Business Case: Das einzige KPI, an dem sich Hektar Nektar im Rahmen ihres Projekts 2028 misst, ist die Anzahl der Bienenvölker, die sie an Imker*innen »verschenkt« haben. Interessant ist hierbei, dass natürlich hinter jedem »verschenkten« Bienenvolk ein zahlendes Unternehmen steht, das in diesem Sinne eine CSR-Dienstleistung einkauft – was wiederum ein Kern des Geschäftsmodells von Hektar Nektar ist. Ein »verschenktes« Bienenvolk bedeutet für Hektar Nektar daher dreierlei: einen Beitrag zum Bienen-Case, Umsatz sowie »Word-of-Mouth«-Effekte seitens der CSR-Abteilung des zahlenden Unternehmens – denn wer Gutes tut, spricht im Normalfall auch darüber. Praktischerweise kommt das Material dafür direkt von den beschenkten Imker*innen, die den Unternehmen Fotos und Videos von sich und den Bienen im Gegenzug für die geschenkte Ausrüstung zur Verfügung stellen.

Für Start-ups, die sich die Lösung eines Real World Problems zur Aufgabe gemacht haben, kann sich also die Frage stellen, inwiefern ihr Angebot als B2B-Geschäftszweig im Rahmen von CSR-Bestrebungen etablierter Unternehmen taugt. Kann es dem Unternehmen helfen, seine Werte intern und extern zu kommunizieren, wie es zum Beispiel Hektar Nektar mit den von Unternehmen gespendeten Bienenstöcken erfolgreich umsetzt, deren Honigertrag dann als Merchandise an Mitarbeiter*innen und Kund*innen verteilt werden kann und als willkommene Alternative zu den ubiquitär verteilten Merchandising-Plastikobjekten mit Firmenlogo dient? Für etablierte Unternehmen hingegen ist es heute einfacher denn je, schnell Teil der Veränderung zu werden. Lange gewachsene Prozesse zu verändern dauert und ist mit erheblichem Aufwand verbunden. Die Möglichkeit, die kleinen, schnellen Veränderungsakteur*innen über Kooperationen mit ins Boot zu holen, beschleunigt nicht nur den Transformationsprozess, sondern kann eine deutliche Botschaft des Aufbruchs an die Mitarbeiter*innen und Kund*innen sein. Kooperationen im

Sinne einer Räuberleiter, die hilft, den Impact der anderen zu vergrößern, sind für etablierte Unternehmen ein wunderbarer erster Schritt zur viel beschworenen Triple Bottom Line aus »people, planet, profit«. Und auch, wenn der Weg vom ersten Schritt der extern eingekauften CSR-Maßnahmen hin zur grundlegenden Transformation noch weit ist – man hat sich auf einen Weg gemacht, der notwendig und allemal sinnvoll ist: »Echte Nachhaltigkeit lässt sich erst erreichen, wenn naturverträgliche technische Innovationen auf veränderte Produktions- und Konsummuster treffen. Der Wandel der Wirtschaft wird deshalb angetrieben vom Prinzip des Sowohl-als-auch: vom kontinuierlichen Anwachsen öko-sozialer Pioniere (Upscaling) wie von der Aufwertung ›herkömmlicher‹ Unternehmen zu ökologischen und sozial verträglichen Playern (Upgrading)«,[107] kontextualisiert das Zukunftsinstitut in einer weiteren Studie die beschriebenen Entwicklungen, die sich durch die Kooperationen zwischen Start-ups und Konzernen beschleunigen lassen. Der Einfluss, den eine Impact-Kooperation auf das etablierte Unternehmen haben kann, ist tatsächlich sogar messbar zu belegen. Eines der maßgeblichen Wertversprechen, die Yunus Social Business Unternehmenskunden macht, mit denen die Organisation Impact-Joint-Ventures gründet, ist die Werte-Transformation von innen heraus. Ihre in Zusammenarbeit mit INSEAD und der Schwab Foundation entstandene Studie *Business As Unusual*[108] belegt die Effekte, die ein Einsatz für öko-soziales Unternehmer*innentum im Unternehmen selbst bewirkt. Auf der Grundlage von 50 qualitativen Interviews wurden Schlüsselwerte identifiziert und anhand empirischer Studien mit drei Großunternehmen statistisch ausgewertet, um den »Business Case« für Sozialunternehmer*innentum innerhalb von großen Unternehmen zu erforschen. Schließlich ist eine der ersten Fragen, die Entscheider*innen stellen, wenn sie einem Engagement in ökologischen und sozialen Kontexten zustimmen sollen: Inwiefern zahlt das auf den Erfolg des Unternehmens ein? Die Ergebnisse der Studie belegen, dass der Einsatz von Unternehmen im Rahmen von Social Entrepreneurship sich extrem positiv auf die angesetzten Messgrößen auswirkt: Mitarbeiter*innen, die sich neben und in ihrem Job für öko-soziale Projekte einsetzen, sind engagierter und motivierter, 87 Prozent gaben an, aufgrund des klaren Purpose des

Unternehmens außerdem loyaler ihrem*r Arbeitgeber*in gegenüber geworden zu sein. Auch das Markenimage gewinnt. Die Befragten geben an, das Unternehmensengagement hebe das Unternehmen von Wettbewerber*innen ab und zeige es als besonders innovativ. Das »CSR-as-a-service«-Modell wirkt sich also nachweislich nicht nur auf das Wachstum des Start-ups, sondern auch auf die wirtschaftliche und kulturelle Weiterentwicklung der Kooperationspartner*innen aus – auf das Markenimage nach außen und das sogenannte Employer-Brand nach innen. Der erste Schritt in Richtung Transformation kann also durch clevere Kooperationen leichter werden. Unternehmen dürfen an dieser Stelle jedoch nicht stehen bleiben, sonst kommen ihnen die Mitarbeiter*innen, die auf das reale Commitment des Unternehmens gesetzt haben, im Sinne eines aus der Enttäuschung getriggerten Rebound-Effekts abhanden, und die Kund*innen entlarven halbherzige Aktionen schnell als Greenwashing.

BEYOND CSR

Ryan Gellert, CEO der nachhaltigen Outdoormarke Patagonia, vertritt bezüglich Corporate Social Responsibility eine sehr deutliche Meinung: »We don't have a CSR department, we have a philosophy!« Den meisten Unternehmen, die die ökologische Transformation entweder nicht oder nur durch zaghafte, aber öffentlichkeitswirksame CSR-Initiativen angehen, spricht er sowohl Kreativität als auch das wirkliche Commitment und Verantwortungsbewusstsein ab. Während die meisten aufgrund dieser Tatsache versuchten, ökologisch und sozial weniger schlecht zu sein, müssten Unternehmen viel mehr daran arbeiten, das große Ganze zu verändern – »the root cause«, wie er es nennt. Als neuer CEO des Unternehmens hat Ryan keine bis ins letzte Detail ausgearbeitete Strategie, mit der er in den nächsten Jahren dem Unternehmen seine Handschrift aufdrücken will, wie wir es von den neuen CEOs vieler anderer Unternehmen gewohnt sind. Bei Patagonia gehe es pragmatisch und werteorientiert zu. Es gebe eine »short list of big issues«, die es anzugehen gilt. Seine Position will Ryan nutzen, um die Einflussfelder, die bereits da sind – ein Marktplatz für neue Mode aus alten Stücken, Lebensmittel aus regenerativer Landwirtschaft, Filmproduktionen über gesellschaftlich relevante Themen, eine Plattform für Aktivismus, ein Accelerator für nachhaltige Start-ups et cetera –, noch wirkungsvoller einzusetzen. Auch Patagonia setzt in seiner Arbeit stark auf Kooperationen. Was sie allerdings abhebt von der reinen CSR-Aktivität, ist die Tatsache, dass sich die Partnerunternehmen immer an unterschiedlichen Stellen der Wertschöpfungskette von Patagonia befinden. Im 75 Millionen Dollar schweren Accelerator-Programm Tin Shed Ventures, das 2013 ins Leben gerufen wurde, sind Unternehmen wie Bureo, das aus dem Müll alter Fischernetze neue Produkte designt, oder Beyond Surface Technologies, die unter anderem Stoffe aus regenerativen Quellen für die Verarbeitung in Textilien herstellen. Auf diese Weise zahlt jede Aktivität, die Patagonia in Sachen Nachhaltigkeit unternimmt, also nicht nur auf das Engagement der Mitarbeiter*innen oder ein besseres Markenimage ein, sondern auf die grundlegende Verbesserung des Kernbusiness im Sinne ökologischer Innovation. Innovation und Nachhaltigkeit vereinen sich im Zuge der Weiterentwicklung des gesamten Unternehmens. Beyond CSR bedeutet also, dass Unternehmen in *allen* ihren Entscheidungen Nachhaltigkeit in den Fokus rücken, nicht allein im Rahmen von CSR-Initiativen.

> Beyond CSR bedeutet also, dass Unternehmen in *allen* ihren Entscheidungen Nachhaltigkeit in den Fokus rücken, nicht allein im Rahmen von CSR-Initiativen.

Es müssen nicht immer die langjährigen Veränderungsprofis ans Werk, um hierbei erfolgreich zu sein: bei Knärzje, dem Start-up, das aus »altem Brot« leckeres Bier braut, führt die Kooperation mit einem etablierten Unternehmen im Sinne einer Verschränkung beider Wertschöpfungsketten ebenfalls zu Vorteilen für Groß und Klein. Im Sommer 2020 entschied die Biobäckereikette Kaiser, von der bislang bereits das verwendete Brot stammte, sich selbst proaktiver bei Knärzje einzubringen. Die Großbäckerei sorgt zum Start für das benötigte Kapital und erhält im Gegenzug nach ein paar Jahren rückwirkend Anteile am Unternehmen. Knärzje-Gründer Daniel Anthes kann also mehrere Jahre seine Idee finanziell abgesichert und mit dem notwendigen Netzwerk ins Unternehmen verfolgen. Dabei treibt er sein Start-up voran, steigert dessen Wert und gleichzeitig die Innovationskraft der Kaiser-Bäckerei, die wohl ohne ihn weder auf die Idee gekommen wäre noch sie ernsthaft verfolgt hätte.

Was diese Vorgehensweisen gemein haben, ist die enge Verknüpfung von Innovationskraft und Nachhaltigkeit, die von den Start-ups dem etablierten Unternehmen im Gegenzug für eine gewisse Risikominimierung, Marktzugänge, Netzwerke et cetera zur Verfügung gestellt werden. Beide Parteien profitieren langfristig und grundlegend. Während der Effekt des Modells der »CSR as a service«, wie wir es bei Green City Solutions und Hektar Nektar gesehen haben, sich vor allem auf das Wachstum des Start-ups beschränkt, beläuft sich der Effekt für das die Leistung einkaufende Unternehmen vor allem auf interne und externe Imagefaktoren. Was der Ansatz eines »Beyond CSR« darüber hinaus ermöglicht, sind beidseitiges finanzielles Wachstum sowie Innovation in Kernbereichen des größeren Unternehmens. Die beschriebenen Formen der Zusammenarbeit lassen sich sehr schön mit der aus der Biologie entlehnten Metapher verschiedener Wechselbeziehungen in Ökosystemen beschreiben: Es handelt sich um symbiotische oder mutualistische Beziehungen, bei denen beide Akteur*innen voneinander profitieren und so über die Zusammenarbeit im Sinne eines Problemlösungs-Ökosystems besser wachsen können.

PROBLEM GELÖST, UNTERNEHMEN WEG?

Wirtschaftsakteur*innen haben eine gesellschaftliche Verantwortung, und zwar eigentlich schon immer. Das ist der Grund, warum die Deutsche Bank eine Kunstsammlung unterhält, deren Kunstwerke als Anlageobjekte natürlich auch auf die Kernkompetenz einer Bank einzahlen, oder Bill Gates sein Geld über eine Stiftung für gute Zwecke wie die Verbesserung der Gesundheitsversorgung in »Entwicklungsländern« einsetzt. Und schon immer gab es Unternehmen, die diese gesellschaftliche Verantwortung zum Kern ihres Geschäftsmodells gemacht haben. Denn was ist eine Bank denn, abstrakt gesehen? Sie ermöglicht es, über Kreditvergabe theoretisch jedem*r, unternehmerisch tätig zu werden und damit Träume in die Tat umzusetzen, Großes zu bewegen oder vielleicht einfach nur den eigenen Lebensunterhalt zu verdienen. Unabhängig davon, ob man mit Blick auf die in den letzten Jahren zu beobachtenden Veränderungen an den Finanzmärkten überhaupt davon ausgehen kann, dass Banken diese ihnen ursprünglich zugedachte Rolle noch ausfüllen oder nicht, haben sich die dringlichsten Fragen, denen wir als Menschheit gegenüberstehen, ohnehin verändert. Eine von ihnen ist ungleich dringlicher geworden: Wie überleben wir? Und das eben nicht als Einzelne in einer sich immer weiter entwickelnden Gesellschaft, sondern als Menschheit auf einem von uns zerstörten Planeten. Unternehmensaktivist*innen machen diese Frage zum Kern ihres Geschäftsmodells. Jede*r von ihnen widmet sich dabei im Sinne der »wicked problems« einem Teilbereich der komplex miteinander verstrickten Herausforderungen: sinkende Biodiversität, Plastikmüll, Luftverschmutzung, nachhaltige Energie- oder Lebensmittelversorgung, um nur ein paar zu nennen. Eine Frage, die auch wir mit HOLYCRAB! immer wieder gestellt bekommen, ist: Was macht ihr denn, wenn ihr das Problem gelöst habt und alle invasiven Tierarten aufgegessen sind? Was macht ein Parley for the Oceans, wenn alles Plastik aus dem Meer geholt ist? Was macht ein Hektar Nektar, wenn sich das Insektensterben erledigt hat und die Bestände von selbst wieder wachsen? Einerseits scheint es logisch, dass Unternehmen, die auf der Idee basieren, ein Problem zu lösen, nicht mehr existieren, wenn das Problem gelöst ist. Gleichzeitig offenbart diese Frage eiskalt, wie linear geprägt unsere Denkmuster sind. »Wicked problems« werden nicht ohne Grund so genannt. Sie sind so komplex, dass eine einfache Lösung einfach nicht existiert. Wir haben mit dem (Auf-)Essen von invasiven Krebs- und Krabbenarten angefangen und unterwegs so einiges dazugelernt. Sobald invasive Arten in einem Ausmaß vorhanden sind, dass sie anfangen, ein Problem für die Biodiversität darzustellen, weil sie andere Arten verdrängen, ist es eigentlich schon zu spät. Die Lösung braucht verschiedene

Strategien: Wir müssen einerseits verhindern, dass invasive Arten überhaupt auftreten, andererseits den Schaden derer, die da sind, möglichst eingrenzen. Und, wenn wir langfristig denken, uns der Herausforderung stellen, die biologische Vielfalt in den betroffenen Ökosystemen wiederherzustellen. Denken wir die Problematik der invasiven Arten außerdem zusammen mit derjenigen des Klimawandels, müssen wir zudem überlegen, inwieweit die Situation, wie sie ist, eine Chance sein kann zum Beispiel für die Ernährung der Zukunft. Wenn wir bestimmte invasive Arten nicht mehr loswerden, diese aber eben überaus anpassungsfähig mit Blick auf den Klimawandel zu sein scheinen und Nischen füllen, die durch veränderte Klimabedingungen erst entstanden sind, ist das dann nicht vielleicht sogar gut? Im Bereich der Forstwirtschaft zeigt sich schon heute, wie nicht heimische Baumarten dabei helfen könnten, Wälder zu retten, die durch wärmere Temperaturen und steigende Trockenheit existenziell bedroht sind. Wir haben also mit invasiven Krebsen angefangen und sind bei Klimaanpassungsstrategien für die Lebensmittelversorgung gelandet. Das Problem ist offensichtlich zu komplex für eine einfache Antwort. Über die Arbeit am unternehmerischen Ansatz finden wir immer neue Einflugschneisen, unsere Kreativität und Energie in sinnvolle Aufgaben zu stecken. Was machen wir also, wenn das Problem gelöst ist?

> Gleichzeitig offenbart diese Frage eiskalt, wie linear geprägt unsere Denkmuster sind. »Wicked problems« werden nicht ohne Grund so genannt. Sie sind so komplex, dass eine einfache Lösung einfach nicht existiert.

Erstens: Wahrscheinlich dauert es sehr (sehr!) lange, aber hoffentlich nicht ganz so lange, bis eine zufriedenstellende Antwort auf das Problem gefunden wurde. Meistens sieht diese Antwort dann anders aus als zu Beginn gedacht. Sie basiert auf der Einsicht, dass auf komplexe Probleme keine einfachen Lösungen gefunden werden können.

Zweitens: Hinter jedem Problem steckt ein größerer Zusammenhang, ein »root cause«, der weitere Ansatzpunkte für unternehmerische Problemlösungen offenbart. Wer mit invasiven Arten startet, stolpert zwangsläufig über das nächste Geschäftsfeld im übergeordneten Thema »Steigerung von Biodiversität«. Oder wer wie Hektar Nektar mit einem Marktplatz für Imker*innen beginnt, landet als Nächstes beim Bienensterben. Die SDGs sind die Sprache, die wir für diese Form von Problemen gefunden haben. Sie garantieren im Grunde die Relevanz des Unternehmens über die Relevanz des Problems, an dem es arbeitet.

> Die SDGs sind die Sprache, die wir für diese Form von Problemen gefunden haben. Sie garantieren im Grunde die Relevanz des Unternehmens über die Relevanz des Problems, an dem es arbeitet.

Drittens: Unternehmen wandeln sich. Die kreativsten und talentiertesten Köpfe, die unsere Gesellschaft hervorbringt, wollen zum großen Teil in Unternehmen arbeiten, die einen klaren Purpose verfolgen, ein echtes Problem lösen. Kreativität ist *das* Asset zukunftsfähiger Unternehmen, denn sie führt einerseits dazu, Potenziale zu erkennen, und andererseits hilft sie dabei, diese möglichst effektiv zu heben. Wer also diese Leute an seiner Seite weiß, kann sich sicher sein: Das nächste Problem … äh … Potenzial ist nicht weit.

Viertens: Die endgültige Lösung von Problemen kann als motivierende Leitplanke für die Unternehmensstrategie dienen und zur Grundlage für unternehmerische Entscheidungen werden. So verfolgt einhorn das Ziel, mittelfristig keine Wegwerfprodukte wie zum Beispiel Tampons mehr zu vertreiben. Ein erster Schritt wurde im Spätsommer 2020 getan: Die Slipeinlagen werden seitdem nicht mehr einzeln verpackt angeboten. Das Wirken eines Unternehmens wird auf diese Weise flexibel und passt sich den sich verändernden komplexen Gegebenheiten an, gestaltet sie selbst mit. Problemlösung ist also eine Daueraufgabe, eigentlich ganz ähnlich wie zum Beispiel Aufräumen und Putzen (nur spaßiger).

HYBRIDE ORGANISATIONEN

Real World Problems werden zum Material, aus dem Unternehmen gebaut sind, einerseits, weil die Kernkompetenz von Unternehmer*innen im Lösen von Problemen liegt. Andererseits, weil Mitarbeiter*innen und die Gesellschaft es einfordern, und nicht zuletzt, weil sich aus ihnen neue unternehmerische Potenziale ergeben. Im Zuge dessen verschwimmt der Unterschied zwischen NGO und Unternehmen – es entstehen hybride Organisationsformen, deren Ziel es ist, dringliche Probleme über die Kombination aus Unternehmer*innentum und Aktivismus zu lösen. Die Form ist neu und wird daher aktuell von ihren Akteur*innen erst definiert, Regeln zum ersten Mal geschrieben: Was können Unternehmen zu gesellschaftlichem Wandel beitragen? Wie müssen sie dabei vorgehen? Welche Fallstricke lassen sich vermeiden? Wie funktioniert unternehmerische Politikgestaltung? Welche Formen der Kooperation ermöglichen die größtmögliche Skalierung von Impact und letztendlich die ganzheitliche Transformation aller Akteur*innen – etablierte Unternehmen mit eingeschlossen? Die beschriebenen Strategien – Produkte als Träger von Botschaften, Politikgestaltung, »CSR as a service« und Wertschöpfungskettenkooperation – sind Formate, die die Lösung von Real World Problems erleichtern können. Feel free to copy, add, remix and share.

KAPITEL 7
HEDONISTISCHE NACHHALTIGKEIT

Es gibt einen ganz einfachen Ausweg aus unserer Krise. Ja wirklich. Ökonom*innen, Philosoph*innen, Soziolog*innen, Aktivist*innen haben darüber geschrieben und die einzelnen Aspekte, die Teil davon sind, in diversen Abhandlungen deutlich dargelegt. Für einige Menschen ist er bereits Realität geworden und erfreut sich einer wachsenden Beliebtheit. Die Lösung des Rätsels: Postwachstum, Verzicht oder ganz kurz und deutlich: *weniger* ist *mehr*. Denn weniger ist nicht nur besser für die Umwelt, sondern macht uns Menschen auch glücklicher. Wer weniger arbeitet, hat mehr Zeit für die Familie und für den eigenen Gemüsegarten; wer weniger konsumiert, hat länger Spaß an dem, was er besitzt; wer weniger fliegt, kann mehr Zeit zu Hause verbringen; wer kein Auto hat, fährt dafür Rad und ist länger fit und gesund; und wer weniger verdient, hat zumindest nichts verloren, denn ab einer gewissen Grenze macht Geld eh nicht mehr glücklicher, sondern tendenziell sogar das Gegenteil.[109] Postwachstumsökonomie ist der Begriff, den die Wissenschaften für eine Wirtschaftsform gefunden haben, in der ein Großteil der Menschen dem beschriebenen Lebensstil zuzuordnen wäre. In einer Postwachstumsökonomie geht es nicht mehr um Wirtschaftswachstum, es gilt daher nicht das Bruttoinlandsprodukt (BIP) als Indikator für Wohlstand, sondern unter anderem, ob Unternehmen sich für das Gemeinwohl einsetzen und ob die Menschen glücklich sind, denn der Zusammenhang zwischen Wirtschaftswachstum und einem guten Leben für viele wird in Frage gestellt. Zwar lassen sich gewisse Korrelationen zwischen der Rate des Wirtschaftswachstums und dem durchschnittlichen Wohlstand beobachten, eine klare Kausalität ist jedoch nicht gegeben. Insbesondere die Art und Weise, wie »Wohlstand« definiert werden sollte, wird vielerorts heiß diskutiert. Mehr und mehr geraten auch die negativen Auswirkungen unserer Lebens- und Wirtschaftsweise, die aktuell auf die Steigerung des BIP ausgelegt ist, ins Blickfeld: ein Planet, der für zukünftige Generationen nicht lebenswert sein wird, es für viele heute schon nicht mehr ist, steigende Raten von psychischen Erkrankungen, eine ins Unermessliche wachsende Staatsverschuldung sowie eine immer weiter aufgehende Schere zwischen Arm und Reich, um nur ein paar zu nennen. Postwachstum steht in diesem Sinne für ein Infragestellen des Wachstumszwangs und eine Gesellschaft, die sich sozusagen »beyond Wachstum« auf andere Ziele einigt, um sowohl den Planeten zu retten als auch das Leben für alle lebenswerter zu machen. Vertreter*innen der Postwachstumsökonomie plädieren für eine Schrumpfung (degrowth) der Wirtschaft und des Konsums auf ein notwendiges Maß, mehr Selbstversorgung zum Beispiel durch solidarische Landwirtschaft oder Urban Gardening, Sharing Economy unter anderem in der Mobilität, regionale Kreislaufwirtschaft mit einem vielseitigen Angebot an Reparaturdienstleistungen, bedingungsloses Grundeinkommen und die Messung von Wohlstand anhand alternativer Werte wie beispielsweise in Form einer Gemeinwohlbilanz. Der wohl bekannteste und sicher auch einer der kontroversesten Vertreter der Postwachstumsökonomie im deutschsprachigen Raum ist Prof. Dr. Niko Paech. Er schlägt unter anderem vor, die Versiegelung der Böden durch Bauvorhaben zu stoppen, Flughäfen und Straßen zurückzubauen. Außerdem hält er den Ausbau von jedweden Technologien – auch den gemeinhin als nachhaltig angesehenen wie zum Beispiel Windräder – für fatal, denn dadurch werde die Umwelt nur weiter zerstört und es werde von der Notwendigkeit eines reduzierten Konsums abgelenkt. Für ihn stellt unser Zwang zum Wachstum das eigentliche Problem dar. Statt das »Wie« des Wirtschaftswachstums in Frage zu stellen, möchte er lieber erst mal das »Ob« geklärt haben – laut Paech kann es grundsätzlich kein wirklich nachhaltiges Wachstum geben. Weniger sei also mehr – besser für den Planeten und besser für uns Menschen.[110]

Der Fokus auf ein »Weniger« entspricht unserem Alltagsverständnis von Nachhaltigkeit, und viele versuchen, ihren Lebensstil dementsprechend anzupassen. Laut einer Umfrage von YouGov und Statista aus dem Jahr 2018 ist für 79 Prozent der Befragten Nachhaltigkeit im Leben wichtig, und ein großer Anteil (über 50 Prozent) kann sich vorstellen, wenn möglich auf Plastik zu verzichten oder Geräte eher zu reparieren, als sie neu zu kaufen.[111] Insgesamt weniger zu kaufen kommt für knapp 40 Prozent der Interviewten infrage. In unserer Rolle als Zukunftsforscherin und -forscher können wir da nur sagen: Das ist ein wirklich starker Trend! Auch wenn es in vielerlei Hinsicht aktuell noch keine Angebote gibt, die den Menschen in ihrem Bestreben, nachhaltig und mit weniger Konsum zu leben, gerecht werden (Unverpackt-Läden gibt es zum Beispiel ausschließlich in Metropolen), wächst die Bereitschaft, sich über angepasstes Verhalten wo irgend möglich an der Veränderung zu beteiligen.[112]

Jeder Trend hat jedoch auch immer einen Gegentrend. Am Thema Fleisch lässt sich das Dilemma, die stetig wirkenden Pendelkräfte in Richtung Zukunft, deutlich machen. In Deutschland isst inzwischen fast jede*r Zehnte vegetarisch, die absolute Anzahl der Vegetarier*innen stieg zwischen 2015 und 2019 um circa eine Million.[113] Die Gründe für diese Entwicklung deuten in zwei Richtungen. Vielen Menschen geht es beim Verzicht oder auch nur bei der Bestrebung zu *weniger,* aber *besserem* Fleisch um ihre eigene Gesundheit. Während die Deutsche Gesellschaft für Ernährung von einem gesunden und aus Gründen der Nährstoffversorgung notwendigen Fleischkonsum von um die 300 bis 600 Gramm pro Woche ausgeht, essen wir Deutschen etwa doppelt so viel. In einer Metastudie kam die WHO zum Ergebnis, dass der Verzehr von rotem Fleisch das Risiko, an Darmkrebs zu erkranken, erheblich steigert.[114] Weitere Bedenken der Konsument*innen und Nicht-mehr-Konsument*innen betreffen die als niedrig eingestufte Qualität von Fleisch sowie den schädlichen Einfluss von darin enthaltenen Medikamentenrückständen.[115] Der Megatrend Gesundheit ist also einer der maßgeblichen Treiber für die Entwicklung zum Vegetarismus. Weitere Einflussfaktoren dürften in den Köpfen der Menschen seit 2018 noch an Fahrt aufgenommen haben: Nachhaltigkeit ist seit den Fridays-for-Future-Demonstrationen und der Lebenseinstellung, die sich um die neue Klimabewegung etabliert hat, regelrecht zum Antrieb von Verhaltensveränderung geworden. Viehzucht – insbesondere in Form von Massentierhaltung – als eine *der* Emissionsquellen von CO_2 und seinen Äquivalenten wird als schneller Hebel gesehen, durch Verzicht auf Fleisch den eigenen Schadstoffausstoß radikal zu senken. Gleichzeitig können dadurch Ziele wie Tierschutz, Reduktion der Umweltbelastung durch Tierhaltung und die Erhaltung der Biodiversität, die durch die Abholzung von Wäldern für Weideflächen vorangetrieben werden, besser erreicht werden. Auf dem Teller können wir alle jeden Tag »wählen gehen«, und mehr und mehr von uns machen davon Gebrauch. Diese Tatsache legt offen, wie stark der Drang ist, das eigene Leben an die Vorstellungen von einer besseren Welt anzupassen. Ernährung ist für viele nur der Anfang des eigenen Lebens- und Sinneswandels, nach und nach greift dieses Anliegen auch über auf alle anderen Aspekte unserer Identität und unseres Handelns – von der Mode über die Wahl des Transportmittels bis hin zur Geldanlagestrategie.

Ein internationales Forschungsteam[116] hat sich der Frage angenommen, wie sich die Lebensmittelproduktion in verschiedenen Ländern ändern müsste, um sowohl Gesundheitsaspekte als auch die Reduktion des CO_2-Ausstoßes abzudecken, sodass sich die Lebensmittelproduktion tatsächlich im Rahmen der planetaren Grenzen bewegt. Kurz: Sie haben untersucht, was wir essen müssen, um gleichzeitig gesund und klimafreundlich zu schlemmen! Dabei wollen sie weder Verzicht predigen noch den »westlichen« Lebensstil des Überkonsums als unausweichlichen Weg beschreiben. Das Ergebnis ist eindeutig: je weniger tierische Produkte, desto besser. Vor allem die ovo-lacto-vegetarische Ernährung kommt vergleichs- und überraschenderweise »schlecht« weg, denn sie verbraucht in allen untersuchten Ländern sogar mehr Ressourcen und stößt mehr CO_2 aus als eine pescetarische Ernährung oder eine, die allein auf rotes Fleisch verzichtet. Um dieses Studienergebnis ganz klar auf den Punkt zu bringen: Mit Blick auf CO_2 bringt es mehr, seinen Fleischkonsum auf Fisch zu beschränken oder schlicht rotes Fleisch wegzulassen, als die eigene Ernährung auf einen klassischen Vegetarismus, bei dem Fleisch weggelassen, aber

Milch und Eier weiterhin gegessen werden, umzustellen. Was überrascht, ist, dass eine weitere Ernährungsweise auf einem ähnlich niedrigen Verbrauchsniveau liegt wie der Veganismus: eine pflanzenbasierte Ernährung mit Anteilen von Wildfisch, Insekten oder anderen tierischen Produkten »am unteren Ende der Nahrungskette« wie beispielsweise Muscheln. Die Forscher*innen legen nahe, dass diese Ernährung aus Gründen der Nährstoffversorgung für den Menschen besser als der Veganismus geeignet sein könnte: »Low food chain diets«, wie die Forscher*innen diese Form der Ernährung nennen, sind in der Lage, die empfohlenen Level an Vitamin B12 zu erreichen. Betrachten wir Klima- und Umweltziele sowie unsere eigene Gesundheit, ist es also eindeutig: Es geht nicht um Verzicht, sondern um informierten und differenzierten Konsum. Was wir essen *sollten*: weniger Fleisch und tierische Produkte, und wenn, dann zumindest nicht aus industrieller Haltung. Was die Menschheit als Ganzes tatsächlich isst, liegt allerdings extrem weit davon entfernt! Die industrielle Fleischproduktion hat sich in den letzten 50 Jahren tatsächlich weltweit mehr als verdreifacht. Inzwischen werden jährlich mehr als 300 Millionen Tonnen Fleisch »hergestellt«, und so stark wie in den letzten zwei Jahrzehnten ist die Kurve noch nie nach oben geklettert.[117] Was ist da los? Während wir in Europa insbesondere in den Großstädten fast das Gefühl bekommen könnten, uns in drei Jahren ausschließlich in vegan lebenden Hipsterblasen zu bewegen, entwickelt sich die Weltgesellschaft in die entgegengesetzte Richtung! Über die weltweit wachsende Bevölkerungszahl hinaus hat sich nämlich auch der Pro-Kopf-Verbrauch an Fleisch seit 1961 mehr als verdoppelt. Steigender Wohlstand führt zum globalen Fleischhunger, der die Abholzung von Regenwäldern und erhöhten CO_2-Ausstoß zur Folge hat. Der globale Gegentrend zum »westlichen« Nachhaltigkeitsstreben ist also sehr viel stärker, als uns bekannt ist und wahrscheinlich lieb wäre. Und zwar nicht nur, was das Thema Ernährung angeht, sondern auch in allen anderen Bereichen wie Mobilität, Energie, Tourismus, Mode und so weiter.

> Es geht nicht um Verzicht, sondern um informierten und differenzierten Konsum.

Gleichzeitig werden immer wieder Stimmen laut, die sich von der Entwicklung zum Weniger bevormundet fühlen. Akteur*innen wie die »Gelbwesten« in Frankreich oder »Fridays for Hubraum« in Deutschland, die sich gegen die höhere Besteuerung fossiler Brennstoffe und für Verbrennungsmotoren einsetzen und den menschgemachten Klimawandel leugnen, wollen, dass wir unseren Lebensstil nicht ändern müssen, und rufen dafür auch gerne mal zu Gewalt gegen Greta Thunberg auf. Themen wie ein umstrittenes SUV-Verbot in Großstädten oder ein Tempolimit auf Autobahnen werden zum politischen Zündstoff. Alles, was auch nur den Anschein macht, für selbstverständlich erachtete Freiheiten einzuschränken, bekommt auf der Stelle ordentlich Gegenwind. In so gut wie allen Regionen der Welt wird Nachhaltigkeit fast immer mit Verzicht auf Lebensqualität assoziiert. Selbst wenn wir die direkten Gegner der Nachhaltigkeitstransformation außen vor lassen – auch bei uns anderen besteht eine Grundablehnung, die sich aus der langen Geschichte der Nachhaltigkeitsbewegung erklären lässt, in der vor allem gegen die Maßlosigkeit des Mainstreams protestiert wurde, und die verhindert, dass wir uns tatsächlich nachhaltig verhalten, auch wenn wir in Umfragen angeben, es in Zukunft sicher tun zu wollen. Ein Großteil von uns glaubt noch immer, was vor zehn bis zwanzig Jahren der gedankliche Mainstream war: Nachhaltigkeit ist immer teu(r)er, hässlich und unpraktisch. »Bio können sich ja gar nicht alle leisten und an Bio ist ja auch nicht alles gut«, »Diese Öko-Latschen zieh ich sicher nicht an, Mama!«, »Boah, jetzt renn ich schon in den x-ten Laden, nur um diesen blöden veganen Aufstrich zu besorgen!«. Und ja – auch wir erinnern uns an unsere Kindheit und Jugend, in denen Kleider aus dem Waschbär-Katalog und Vollkorn-Käsebrot auf dem Schulhof eher als uncool galten. Aber ist das noch so? Klar, uncoole Sachen werden immer uncool sein – und Aufwand und Kosten für Einkäufe sollten sich im Rahmen halten. Dass sich genau das in den zurückliegenden Jahren maßgeblich geändert hat, hat sich scheinbar noch nicht überall rumgesprochen. An dieser Stelle die ganz klare Einladung an alle, die dieses Buch mit der Ambition lesen, unternehmerisch oder im Unternehmen etwas zu bewegen: Nachhaltigkeit wird real nachgefragt, die Menschen dahinter sind eine veritable Kundengruppe, die wächst.

Als wenn das alles nicht schon genug wäre, spielt den Ökokritiker*innen neben einem globalen Trend in Richtung einer drastischen Steigerung des Ressourcen- und Energieverbrauchs in den nächsten Jahrzehnten sowie dem schlechten Image von Nachhaltigkeit auch noch ein weiterer Aspekt in die Karten, der eher etwas mit der menschlichen Natur zu tun hat: Selbst wenn wir unser Verhalten, das wir uns über Jahre angeeignet haben und das wir tatsächlich erst seit kurzer Zeit großflächig in Frage stellen, wirklich ändern *wollen*, ist das für die meisten Menschen sehr viel schwieriger, als es wünschenswert wäre. Zahlreiche der beliebten 21-Day-Challenges, die wir uns als Newsletter oder YouTube-Video ins Wohnzimmer bestellen, versprechen zwar das Gegenteil, doch wissenschaftlich belegt ist das keineswegs. Eine Metastudie von Psycholog*innen des University Colleges London schätzt, dass die tatsächliche Zeit, die es im Schnitt benötigt, um eine (!) Gewohnheit langfristig zu ändern, eher bei durchschnittlich 66 Tagen liegt und in vielen Fällen auch weit darüber.[118] Und wenn es nicht nur um eine einzelne Gewohnheit, sondern gleich um eine vollkommen neue Fähigkeit, also eine Ansammlung von mehreren Gewohnheiten – zu denen ein Leben anhand von Nachhaltigkeitskriterien sicherlich gehören dürfte – geht? Da liegt die Antwort auf die Frage, wie lange wir brauchen, um diese Fähigkeit zu erlernen, noch einmal weit darüber, nämlich bei 10 000 Stunden! Das entspricht einem 40-Stunden-Vollzeitjob für fünf Jahre.[119]

Weniger ist mehr, so viel ist klar. Allumfassender Verzicht wäre wahrscheinlich die effektivste Methode, um dem drohenden Kollaps unserer Umwelt ein für alle Mal ein Ende zu bereiten. Doch aus unterschiedlichen Gründen bewegen wir uns diesbezüglich leider nicht schnell genug. Viele Menschen fühlen sich durch die notwendigen Veränderungen ihrer Lebensweise in ihrer Freiheit eingeschränkt, global gesehen ist eine drastische Reduktion von Ressourcen-

> An dieser Stelle die ganz klare Einladung an alle, die dieses Buch mit der Ambition lesen, unternehmerisch oder im Unternehmen etwas zu bewegen: Nachhaltigkeit wird real nachgefragt, die Menschen dahinter sind eine veritable Kundengruppe, die wächst.

und Energieverbrauch in Kürze eher nicht zu erwarten, und selbst wenn wir zumindest auf der individuellen Ebene ansetzen und unser Verhalten den Notwendigkeiten anpassen wollen, legt uns unsere Psychologie ganz schön große Steine in den Weg. Was machen wir also?

MEHR IST MEHR!

Aus der Dynamik von Trend und Gegentrend ist noch nie ein*e Gewinner*in hervorgegangen. Die Social-Media-Gegner*innen zum Beginn des Facebook-Hypes mögen der Plattform zwar langfristig ferngeblieben sein, dennoch, wenn Facebook ein Land wäre, wäre es heute größer als China. Und trotzdem sind wir nicht alle vollkommen abhängig von Social Media, sondern wir haben Kompetenzen erlernt, die uns dabei helfen, mit neuen Tools wie diesem umzugehen.

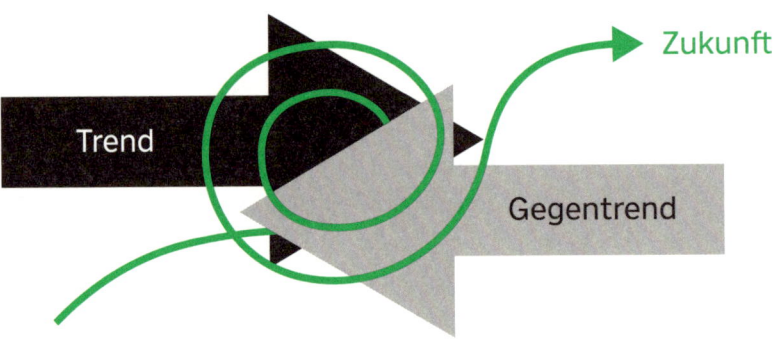

Abbildung 14: Trend und Gegentrend

Trend trifft also Gegentrend, beide stehen für eine Reihe von Bedürfnissen und Werten, die einander jeweils widersprechen. Über die gesellschaftliche Aushandlung entsteht etwas Neues, eine Synergie, die wiederum eine Veränderung anstößt. Während also die eine Menschengruppe davon ausgeht, dass nur Verzicht uns weiterbringt beziehungsweise retten kann, und die andere sich strikt dagegen wehrt (oder einfach andere, akutere Sorgen im Leben hat), suchen sich die Trendentwicklungen unweigerlich einen Weg durch die Mitte. In dieser Mitte liegt ein ungeheures Innovationspotenzial. Kommen wir beispielsweise zum Thema Fleischkonsum zurück, speisen sich alle hoch gehandelten Branchen-Neuheiten aus dem Zwiespalt zwischen Genuss und Nachhaltigkeit: Sie ermöglichen Fleisch- und Fischkonsum, ohne die Umwelt zu zerstören, oder streben das langfristig gesehen zumindest an. Der Insekten-Trend kann so gelesen werden und auch die Forschung an In-vitro-Fleisch. Der Verzehr von invasiven Arten, wie bei unserem Start-up HOLYCRAB!, schlägt ebenfalls in genau die gleiche Kerbe, denn durch den Genuss von tierischen Produkten wird das Essen von Fleisch und Fisch nicht nur weniger schlecht, sondern es hat sogar einen positiven Impact auf das Ökosystem. Mehr ist mehr! Je mehr wir essen, desto besser für die Natur *und* den Menschen, denn wir reden von enorm hochwertigen Produkten aus regionalen, wild lebenden Beständen, die im Vergleich zu den allseits verfügbaren Produkten aus Massentierhaltung in Sachen Qualität und Tierwohl um Längen besser sind. Doch auch das ist nur ein Beispiel. Auch in anderen Branchen lässt sich beobachten, wie Innovationen sich häufig im scheinbaren Widerspruch zwischen Hedonismus und Nachhaltigkeit entwickeln: Tesla, die das Elektroauto zum weltweit attraktivsten Sportwagen machen, Adidas, deren Schuhe aus Ozeanplastik auf dem Sekundärmarkt inzwischen für 2000 bis 3000 Euro gehandelt werden, oder Ecosia, die Suchmaschine, die Bäume pflanzt, also ein für die Umwelt durch den Energie- und Ressourcenverbrauch erst mal schädliches Verhalten zum Positiven wendet. Anstatt also mit großer Kraft gegen die Laufrichtung der menschlichen Gewohnheiten anzukämpfen, Verbote auszusprechen oder den Zeigefinger zu heben, versuchen Unternehmensaktivist*innen, vergleichbar Aikido-Kämpfer*innen, die Macht der

> Aus der Dynamik von Trend und Gegentrend ist noch nie ein*e Gewinner*in hervorgegangen.

Gewohnheiten nicht abzublocken, sondern clever umzulenken. Für sie stellt sich die Frage: wenn es so schwer ist, menschliche Gewohnheiten zu ändern, wie schaffen wir es trotzdem mit den Mitteln, die uns zur Verfügung stehen, ein möglichst schnelles Umlenken hinzulegen? Im Film *Home* aus dem Jahr 2009 heißt es stakkatoartig viele Male hintereinander: »It's too late to be a pessimist!« Es ist zu spät, um pessimistisch den Kopf in den Sand zu stecken und zu hoffen, dass sich alles irgendwie zum Guten wendet, daher bleibt uns nur die Flucht nach vorne. Wenn die aufgeführten Punkte der Grund sind, warum viele Menschen ihr Verhalten nicht umstellen, was können wir anbieten, bei dem alle mitmachen wollen, auch wenn sie preissensitiv, designaffin und convenience-verwöhnt sind? Jakob Berndt, einer der Gründer des grünen digitalen Banking-Start-ups Tomorrow, findet die passenden Worte: »If you want to save the world, you need to throw a better party than those destroying it.« Weltretten muss in allen Belangen geiler werden als Weltzerstören, plain and simple. Aus Trend und Gegentrend wird Innovation, aus dem Widerspruch zwischen Verzicht und Genuss wird …

HEDONISTISCHE NACHHALTIGKEIT

> »The general discussion on sustainability was sort of drowning in the misconception that sustainability is a question of how much of our existing quality of life are we prepared to sacrifice in order to afford becoming sustainable. Almost like this sort of protestant idea that it has to hurt to do good. But sustainability can't be like some kind of moral sacrifice, or a political dilemma, or even like a philanthropic cause, it has to be a design challenge!«
> – *Bjarke Ingels*[120]

Designer*innen sind die Gestalter*innen unserer Realität. Designer*innen im weitestmöglichen Sinne. Modedesigner*innen, Industriedesigner*innen, Möbeldesigner*innen, Architekt*innen, Stadtplaner*innen. Aber auch: Jurist*innen, Politiker*innen, CEOs, Produktentwickler*innen, Lehrer*innen und so weiter und so fort, bis ins Unendliche. Alles, was uns umgibt, ist designt, das heißt, mehr oder weniger planvoll erdacht und umgesetzt worden. Wir sind alle Designer*innen in spe, mit jeder Entscheidung, etwas so oder anders zu tun. Viele Objekte haben wir so sehr in unseren Alltag eingebaut, dass wir sie nicht mehr als etwas Besonderes wahrnehmen (Socken, Wecker, Nussknacker). Und viele soziale Strukturen, in denen wir uns bewegen, beeinflussen uns seit Jahrhunderten fast unhinterfragt (Familien, Gesetze, Krieg). Auch unsere Einstellung »dem Guten« gegenüber ist so eine soziale Struktur. Der dänische Stararchitekt Bjarke Ingels führt diese Einstellung auf die protestantische Idee zurück, dass das, was gut ist, weh tun muss. Dass jeder Genuss uns schadet und wir dafür in irgendeiner Form Buße tun müssen. In der Psychologie wird in diesem Zusammenhang von »Kontexten« gesprochen – verinnerlichte, oft unbewusste Annahmen über die Welt. Doch jedes Design kann theoretisch hinterfragt werden, auch, wenn es sich um ein »Design« unserer Denkstrukturen handelt, die sich über Jahre regelrecht eingebrannt haben. Wer sagt denn, dass Nachhaltigkeit teuer sein muss? Dass sie hässlich ist? Und unpraktisch? Und dass es des Verzichts bedarf, um Gutes zu tun?

Im Oktober 2019 wurde die lange erwartete Eröffnung von CopenHill, einer Waste-to-Energy-Fabrik (aka einer hypermodernen Müllverbrennungsanlage) in Kopenhagen, groß gefeiert. Bjarke Ingels hatte sie mit seinem Team als Leuchtturm-Projekt für eine Umstrukturierung der gesamten Region rund um Kopenhagen geplant, die in Zukunft wie ein Ökosystem Material-, Menschen- und Energieströme clever orchestrieren soll. Kopenhagen plant, 2025 die erste CO_2-neutrale Stadt der Welt zu sein. Bjarke Ingels' Beobachtung: Im Winter fahren viele Bewohner*innen der Metropolregion in die circa ein bis zwei Stunden entfernten Skigebiete, um sich im Schnee zu vergnügen. Kopenhagen dagegen ist flach wie eine Flunder, produziert dafür aber monströse Berge an Müll! Kombiniert man das eine Problem mit dem anderen, entsteht tatsächlich noch deutlich mehr als eine simple Fabrik, die nach State-of-the-Art-Nachhaltigkeitskriterien den Müll in Energie umwandelt. Sie steht nun mitten in der Stadt. Während sich die Bevölkerung andernorts wohl jahrelang gegen ein solches Projekt gewehrt hätte, konnte es diesmal kaum eine*r

Abbildung 15: CopenHill (© Press/CopenHill)

erwarten, dass das Gebäude endlich fertiggestellt sein würde, denn, auf der Oberseite der Verbrennungsanlage befindet sich eine Trockenskipiste in drei unterschiedlichen Schwierigkeitsstufen. Außerdem führt eine Lauf- und Wanderstrecke einmal rund um das Dach, die biodiverse Begrünung lädt zum Flanieren ein und filtert Schadstoffe aus der Luft. Der Blick auf den Sonnenuntergang ist der schönste Kopenhagens, denn CopenHill bietet den höchsten Aussichtspunkt der Stadt. Neben diversen Veranstaltungs- und Freizeitmöglichkeiten empfängt das Besucherzentrum Schulklassen und andere Interessierte, um die Mechanismen der nachhaltigen Energieerzeugung zu vermitteln. Man kann sich vorstellen, dass ein Besuch dort sicherlich eher zu den Highlights des Schuljahres gehört als ein Ausflug ins Museum.

Für Bjarke Ingels ist das die Definition von hedonistischer Nachhaltigkeit: »You take the symbol of the problem (…) and turn it into something playful«[121] – das Symbol des Problems wird zum spielerischen Emblem seiner

Lösung. Die Implikationen für unsere Vorstellungskraft und unseren »Kontext« in Sachen Nachhaltigkeit hebt er in einem Interview hervor: CopenHill sei für ihn ein perfektes Beispiel für die transformative Kraft von Architektur, die es fertigbringe, der Zukunft, in der wir leben wollen, eine Form zu geben. Wie radikal das nicht nur die Welt, sondern auch unser Denken über die Welt verändere, zeige sich an den Kindern:

»My son turns one next month – he won't ever remember that there was a time when you couldn't ski on the roof of the power plant.« Für seinen Sohn und dessen gesamte Generation werden erneuerbare Energien die vollkommene Normalität sein: »Clean energy and skiable power plants are going to be the baseline of their imagination (…).«[122]

Die Fabrik ist somit nicht nur ökologisch und ökonomisch nachhaltig, sondern auch mit Blick auf soziale Strukturen sowie Denkmuster für eine lebenswerte Zukunft.

Was wäre, wenn Nachhaltigkeit nicht Verzicht hieße? Wenn sie unsere Lebensqualität steigert, statt uns Sorgen zu bereiten, wenn nachhaltiges Leben Spaß machen würde, sogar mehr Spaß als unser ganz »normales« Leben? Bjarke Ingels stellt mit seinen Gebäudedesigns unsere Vorstellung davon, was Nachhaltigkeit bedeutet, auf den Kopf. Mehr noch, er beweist, dass Nachhaltigkeit nicht »nur« sinnvoll ist, sondern unser Leben bereichern kann, wenn wir aufhören, uns dafür schlecht zu fühlen, als Menschheit überhaupt zu existieren. Das Konzept einer hedonistischen Nachhaltigkeit wird zur notwendigen Grundhaltung, um möglichst viele Menschen mit auf den Weg zu nehmen.

Genau so sieht das auch Milena Glimbovski: »Wir saßen in Kreuzberg und wollten Zero Waste sexy machen«, erzählt sie uns von ihrem Zweitwohnsitz in Schweden aus. Original Unverpackt war der erste Zero-Waste-Shop, dem es einerseits gelang, einen weltweiten Presserummel auszulösen, und andererseits

> Was wäre, wenn Nachhaltigkeit nicht Verzicht hieße? Wenn sie unsere Lebensqualität steigert, statt uns Sorgen zu bereiten, wenn nachhaltiges Leben Spaß machen würde, sogar mehr Spaß als unser ganz »normales« Leben?

eine breite Zielgruppe jenseits der Alt-Hippies und Vollzeitökos anzusprechen. Das negative Image des Verzichts kann sie durchaus verstehen: »Die alten Leute kennen Zero Waste noch von früher.« Allerdings sei das damals weniger ein Hipster-Phänomen, sondern in der Nachkriegszeit aus der Not heraus so gewesen, und die Leute waren froh, dass sie nach vielen Jahren der Knappheit und Armut entfliehen konnten. Nachhaltigkeit »sexy« zu machen ist für Original Unverpackt auch ein wichtiges Werkzeug, um ökonomisch erfolgreich zu sein: »Wir wussten, dass wir nicht überleben, indem wir nur die Alt-Ökos ansprechen. (…) Nachhaltigkeit war 2012 nicht so ein Thema wie jetzt. Wir wollten das also so hürdenarm und nah und hip machen wie möglich.« Paradoxerweise trägt das Zero-Waste-Konzept gerade über ein Proklamieren von »weniger« enorm dazu bei, vergleichsweise mehr Geld auszugeben – für bessere Materialien und langlebige Produkte. Unter dem Hashtag #zerowaste finden sich auf Instagram Millionen Bilder von soliden Holz-Produkten, glänzenden Metall-Küchen-Utensilien und schönen Manufaktur-Erzeugnissen wie beispielsweise handgemachte Seifen. Die Bildsprache der Sozialen Medien trägt dazu bei, dass die Bilder, die wir beim Thema Nachhaltigkeit vor dem inneren Auge sehen, ästhetisch ansprechender denn je sind. Tante Emma wird Original Unverpackt und »Du Öko!« fast schon zum Kompliment. Wer sich mit schönen, langlebigen, hochwertigen Dingen umgibt und die Bilder in Social Media teilt, sagt nicht nur etwas aus über den eigenen (guten) Geschmack, sondern auch darüber, dass er oder sie sich kümmert um die Welt, es zeigt ein Verständnis für Ästhetik und Verantwortungsbewusstsein in einem. Das Hedonistische an diesem Weltbild schimmert an allen Ecken und Enden hindurch – die Qualität, der Genuss, die Ästhetik, der Spaßfaktor.

Aber was genau ist eigentlich Hedonismus? Und wie kommen wir von dort zu einer Definition von hedonistischer Nachhaltigkeit, die wir auf alle möglichen Branchen übertragen und als Business-Design-Tool nutzen können? Ursprünglich, also in der griechischen Antike, wurde der Begriff für die philosophische Verhandlung und Beschreibung eines guten Lebens genutzt. Dieses manifestierte sich den hedonistischen Denkern zufolge maßgeblich über Lust und Freude beziehungsweise die Vermeidung von Schmerz und Leid. Im

Gegensatz zu unserem heutigen, alltäglichen Wortgebrauch von Hedonismus, in dem ein mit eher negativem Werturteil belastetes Verständnis von Egoismus und Dekadenz mitschwingt, stand diese (Lebens-)Philosophie in der Antike durchaus in einem positiven Licht. Ganz anders als heute schwang bei den »alten Griechen« hinsichtlich des Hedonismus allerdings auch ein durchaus normatives Grundverständnis davon mit, welche Lüste und Freuden eigentlich legitim sind. Nach dem griechischen Philosophen Aristippos von Kyrene ist die Erzeugung lustvoller Momente zum Zweck eines gelingenden Lebens der Sinn menschlicher Existenz.[123] Epikur schrieb über die Lebenslust als Grundprinzip eines gelingenden Lebens, unterscheidet allerdings streng zwischen »unvernünftigen« und »vernünftigen« Begierden – lustvolles Leben sei nur möglich, wenn man »klug, schön und gerecht« lebe.[124] Und damit zurück ins Hier und Jetzt! Man könnte fast meinen, wir haben das mit dem Hedonismus heutzutage einfach ganz schön falsch verstanden. Um die wirkliche Bedeutung des Wortes Nachhaltigkeit zu verstehen, wäre vielleicht ein Einführungsseminar von Aristippos, Epikur und all den anderen großen Hedonisten für uns alle angebracht. Denn die hatten das, was wir heute unter Nachhaltigkeit verstehen, schon mitgedacht, »sustainability built in« sozusagen: Begierden nachzugehen, lustvolle Momente zu suchen, Freuden zu genießen, all das soll der Mensch tun – aber eben *nur*, wenn sie unserer Natur entsprechen und keinen Schaden nach sich ziehen. Wo genau in der Geschichte wir in Bezug auf unserer alltägliches Verständnis und den Gebrauch des Begriffs »Hedonismus« falsch abgebogen sind, ist tatsächlich fraglich, denn auch Philosophen der Moderne, wie beispielsweise Jeremy Bentham, der im 18. und 19. Jahrhundert lebte, weisen ganz klar auf diesen normativen Zusammenhang hin. Bentham gilt als Begründer des klassischen Utilitarismus und beschreibt dies sogar in einer Art Formel zur Errechnung eines gelingenden Lebens und als

> Begierden nachzugehen, lustvolle Momente zu suchen, Freuden zu genießen, all das soll der Mensch tun – aber eben *nur*, wenn sie unserer Natur entsprechen und keinen Schaden nach sich ziehen.

Grundlage für konkrete Handlungsentscheidungen nach hedonistischen Maßstäben. Neben Kriterien, die auf die Sicherung der vom handelnden Subjekt selbst empfundenen Freude eingehen, spielt im von ihm geprägten »hedonistischen Kalkül« ganz klar auch eine – als Conditio sine qua non zu betrachtende – interpersonelle Komponente eine Rolle: Es gilt, den Gesamtnutzen aller von der Handlung des einzelnen Betroffenen zu bedenken und ihn im Sinne des eigenen Hedonismus zu maximieren.[125] Egoismus hat darin also keine Chance. Der Begriff »hedonistische Nachhaltigkeit« scheint nur auf den ersten Blick ein Widerspruch zu sein. Im Grunde handelt es sich um eine Tautologie und damit eher um eine ganz natürliche und sinnvolle Verbindung zwischen Attributen, die ein gutes Leben für alle ausmachen. Auch in Bjarke Ingels' Arbeit treten Dekadenz und Egoismus hinter dem Erzeugen eines kollektiven Mehrwerts zurück, der sich daraus speist, möglichst viele Probleme und Bedürfnisse auf einmal anzusprechen – für den einzelnen Menschen, die lokale Gemeinschaft und den Planeten. Ökonomische Tragfähigkeit (Energieerzeugung, Sicherheitsbedürfnis gestillt) kommt zusammen mit ökologischem Mehrwert (Luftreinigung, Ersetzen von fossilen Brennstoffen, Kreislaufsystem) und einer sozialen Partizipations- und Spaßkomponente (Skifahren, Gebäude als öffentlicher Raum). Das Hedonistische an der Sache ist, dass über ein mehr an »Problem«-Lösungen, mehr Lebensqualität erzeugt wird. Das Briefing an die Designer*innen lautet also: Wie kann mehr mehr Gutes für möglichst viele Menschen und den Planeten erzeugen, und nicht: Wie können wir alle mit weniger glücklich und zufrieden sein? Der Ausgangspunkt ist ein anderer, das Ziel aber das gleiche: ein planetares Gleichgewicht und ein gutes Leben (und das eben nicht nur in der Theorie) für alle. Wenn man diese pragmatisch-strategische Brille aufsetzt, widersprechen Hedonismus und Nachhaltigkeit sich nicht mehr. Viele der Lösungen, mit deren Macher*innen wir

> Das Briefing an die Designer*innen lautet also: Wie kann mehr mehr Gutes für möglichst viele Menschen und den Planeten erzeugen, und nicht: Wie können wir alle mit weniger glücklich und zufrieden sein?

gesprochen haben, folgen ganz intuitiv dem Designprinzip von hedonistischer Nachhaltigkeit und dem damit einhergehenden positiven Menschenbild, in dem Genuss, Luxus und eine Prise Unvernunft ebenfalls einen Teil zur Magie beisteuern und dafür sorgen, dass Nachhaltigkeit nicht nur eine Verpflichtung in der Zukunft darstellt, sondern im Jetzt gerne gelebt wird.

NACHHALTIGKEIT IST EIN KRATZIGER PULLOVER – NICHT!

Als Daniel Anthes anfing, sich mit Lebensmittelverschwendung zu beschäftigen, war das Ganze eigentlich nur ein Hobby. Er wollte sich sinnvoll betätigen, nach dem Motto »irgendwas mit Nachhaltigkeit«. An den Moment, an dem er das Ausmaß des Problems verstand, kann er sich noch gut erinnern: »Ich war das erste Mal Lebensmittel retten, bei einem Bäcker im Supermarkt. Kurz vor Schluss war noch die gesamte Auslage voll. Das ganze Auto war dann voll mit Brot und Kuchen. Und da war die Erkenntnis: Ja, das passiert hier jeden Tag! Das sind Industriebäcker, die am Nachmittag noch mal aufbacken, damit die Auslage prall gefüllt ist und es für den Betreiber schlichtweg günstiger ist, die Sachen abzuschreiben, als auf die Kunden zu verzichten, die man mit einer leeren Auslage verprellen würde. Dagegen will man was tun, und dann ging die Sache los.« Das ehrenamtliche Engagement reichte ihm aber nicht. Die »Blase« wurde zu klein, der Einfluss, wirklich in großem Stil etwas zu verändern, war zu gering. Ein Drittel aller weltweit produzierten Lebensmittel landen nicht in unseren Bäuchen, sondern im Müll.[126] Trotzdem hat ihre Herstellung natürlich durch Kühlung, Transport et cetera Treibhausgase verursacht, sodass die Lebensmittelverschwendung, wenn sie ein Land wäre, hinter den USA und China den drittgrößten CO_2-Fußabdruck hätte[127] – ganz abgesehen davon, dass die Sache auch soziale Auswirkungen hat. Die Welthungerhilfe geht davon aus, dass durch unseren Überbedarf die Preise für Lebensmittel in den Herstellungsländern in die Höhe getrieben werden und viele Menschen vor Ort sich diese dann nicht mehr leisten können und Hunger leiden.[128] Ein »wicked problem« wie aus dem Lehrbuch! Daniel Anthes' Kreativität ist geweckt, und so beschließt er, eine seiner Ideen unternehmerisch in die Tat umzusetzen. Statistisch gesehen werde von jedem Brot eine Scheibe weggeworfen. Im Sinne der Lebensmittelwertschätzung lässt Daniel aus diesem symbolhaften Brotendstück – im Hessischen »Knärzje« genannt – Bier brauen. Je mehr Bier getrunken wird, desto weniger wird verschwendet – »Saufen« für die Weltrettung, könnte man also sagen, hedonistischer geht es kaum – da wären auch die alten Griechen gern dabei gewesen! Hedonismus steht bei Knärzje aber nicht nur für die Art und Weise des Konsums, sondern vor allem für Qualität: »Am Anfang hab ich auch überlegt, wenn es mit der Biobäckerei nicht klappt, gehst du dann zum normalen Bäcker? Wo du weißt, die backen Brot für so gut wie gar kein Geld, und das Brot ist eigentlich auch so gut wie nichts wert. Klar, damit könntest du mehr skalieren, aber es geht ja um Lebensmittelwertschätzung, deswegen brauchst du ein gutes Produkt, das im Müll landen würde, obwohl es 6 Euro kostet.« In die Flasche kommt also nur das Beste vom Besten. Ein Bier von Knärzje ist damit in jeder Hinsicht ein Win: für die Trinkenden, weil es schmeckt und von hoher Qualität ist, für die Umwelt im Sinne der verringerten Verschwendung, aber auch im Sinne des besseren Nachhaltigkeitsfaktors von biologischer Landwirtschaft und für das Unternehmen Knärzje sowieso. Daniel will mit dieser Konsequenz nicht nur sicherstellen, dass er selbst hinter dem Produkt steht, sondern auch den Markt umkrempeln: Und »das geht nur, wenn man es ernst meint und authentisch durchzieht«.

Jakob Berndt hat seine Karriere als Unternehmer ebenfalls in der Getränkewelt begonnen. Mit Lemonaid und Charitea hat er zwei der bekanntesten Biomarken im Erfrischungsgetränkemarkt gegründet und damit eines der ersten echten Social Businesses aufgebaut, gefühlt schon bevor es den Begriff dafür überhaupt so richtig gab. Auch dabei ging es schon um Coolness und Lifestyle, darum, zu zeigen, dass man auch »coole Sachen konsumieren kann, die aus ökologisch-sozial nachhaltigen Wertschöpfungen kommen«, beschreibt Jakob die Mission des Limoherstellers. Mit dem digitalen Girokonto Tomorrow bearbeitet er nun einen dieser Lebensbereiche, die noch nicht so viel vom Thema Nachhaltigkeit mitbekommen zu haben scheinen: »Aber Banking, diese Branche, so wie sie jetzt dasteht, hat einen katastrophalen Fußabdruck! Milliarden, Billionen, Fantastilliarden würde Dagobert Duck sagen – richten einfach massiv Schaden an. Sie ist massiv Teil des Problems, da ist einfach wahnsinnig viel zu tun. Wir reden von riesigen Skalen«, bringt Jakob Problem und Potenzial in einem direkt auf den Punkt. Die drei Gründer haben sich gefragt, wie man diesen enormen Hebel für Veränderung – Geld, das ja da ist – in die richtigen Bahnen lenken, wirkungsvoller machen kann. Denn Lösungen im Finanzbereich gibt es schon lange: GLS Bank, Triodos Bank, Ethikbank – sie alle bieten schon seit Jahren und Jahrzehnten nachhaltige Finanzdienstleistungen an, investieren nach strengen Nachhaltigkeitskriterien und engagieren sich für die öko-soziale Transformation. Und auch die Lösung, die Tomorrow parat hält, ist vom Grundsatz her nicht komplett neu: eine kostenlose Banking-App, die im Freemium-Modell funktioniert (das Konto ist umsonst, Zusatzleistungen kosten) und eine absolut unkomplizierte Nutzungserfahrung bietet – so wie die anderen Start-up-Banking-Apps am Markt auch, State of the Art sozusagen. Und genau das ist der Punkt, in dem sich Tomorrow von vielen anderen nachhaltigen Finanzdienstleistern unterscheidet. Wenn man das Thema aus der Nische rausbekommen will, braucht man ein Angebot, das dem Zeitgeist entspricht: »Die Leute wollen halt Partys feiern, wir bedienen an der Stelle einfach eine Lust, die da ist, die man auch bedienen muss, wenn man eine gewisse Niedrigschwelligkeit erreichen will. Und das ist sozusagen unser Ansporn: Wie kriegen wir das wirklich massenfähig? Dafür müssen wir die Eintrittsbarrieren runterziehen, es muss eine Leichtigkeit kriegen und eine Verdaulichkeit, es muss ›snackable‹ sein oder eben eine Party, wie auch immer man es nennen möchte«, ist Jakob überzeugt. Die Lösungen, die in diesem Bereich schon lange am Markt sind, seien unglaublich gut, doch sie versuchten, die Bekehrten zu bekehren, seien noch dazu sehr aufwendig: »Du musst Genosse oder Genossin werden, diesen akademischen Gestus erst mal verstehen und so weiter. Das sind ja alles Sachen, wo wir sagen: Nee, das geht auch in acht Minuten, das geht auch umsonst, das geht auch in drei Sätzen erklärt. Genau das meine ich mit ›Party schmeißen‹. Es geht ja nicht darum, zu sagen: ›Hey, geil, Dekadenz, Konsum, gib ihm!‹, sondern sich zu fragen, wie kriegt man da auch eine Lustkomponente rein?« Die größten Hebel seien dafür Design und Convenience: »Das muss halt einfach richtig gut sein, das Zeug. Und das heißt Kommunikation, Gestaltung, Sprache, aber auch User Experience und das ganze digitale Erlebnis, das wir den Leuten bieten. Also, es soll nicht nur schön aussehen, sondern es muss auch schnell gehen, in wenigen Klicks und intuitiv sein.« Letztendlich funktioniert die Tomorrow-Lösung also sehr ähnlich wie all die gehypten Finanz-Apps der vergangenen Jahre. Eigentlich bietet sie alles, was diese Apps auch bieten, ist aber in einem einzigen Punkt entscheidend besser: beim Thema Weltretten. Während Kund*innen beim Wettbewerb eine schicke schwarze Metallkarte bekommen, mit der sie die Bedienung im Restaurant beeindrucken können, bewirkt eine Holz-Karte von Tomorrow das Gleiche, sagt jedoch etwas gänzlich anderes aus: Klimaneutralität, Impact, Verantwortungsbewusstsein und immer auch: Lifestyle. Jakob ist überzeugt davon, dass diese Faktoren enorm wichtig sind, wenn man alle auf die Transformationsreise mitnehmen und aus der Nische in die Breite möchte.

Während also Tomorrow sich überlegt, wie sie verhindern können, dass andere mit »Scheiße« Geld verdienen, macht Goldeimer genau das. Du erinnerst dich? Das Unternehmen mit den Kompostklos, genau. Auch Goldeimer hat sich hoffnungslos dem Hedonismus verschrieben – das gesamte Geschäftsmodell basiert auf einer riesigen Party: Festivals. Okay, nicht das gesamte, aber immerhin das halbe. Die andere Hälfte besteht aus Klopapier und weiteren sinnvollen Utensilien in Sachen großes und kleines Geschäft. Kompostklos sind eigentlich eine Produktkategorie, die insbesondere in Kleingärten zum Einsatz kommt, Kundengruppe 60+. Gründer Malte Schremmer erforschte in seiner Abschlussarbeit in Geografie das Potenzial von Komposttoiletten für den Einsatz auf Festivals. Heraus kam die wohl spaßvollste Klo-Nutzungs-Erfahrung, die man sich vorstellen kann: Es stinkt nicht, die Kabinen sehen cool aus, es gibt ein lustiges Heft zu lesen mit Fakten rund um Verdauung, menschliche Ausscheidungen und Entsorgungskreisläufe inklusive einer Foto-Love-

Story. Wer möchte, kann beim »Wer legt den größten Haufen«-Wettbewerb mitmachen (ja, wirklich!). Dass es hier um die Tatsache geht, dass Millionen Menschen auf der Welt keinen Zugang zu Sanitärversorgung haben, die herkömmliche Sanitärversorgung zu einer dramatischen Nährstoffknappheit im Boden führt und so auch noch von enormer Bedeutung für eine zukunftsfähige Lebensmittelversorgung ist,[129] könnte man bei all dem Spaß fast vergessen. Doch genau da liegt der entscheidende Erfolgsfaktor des gemeinnützigen Unternehmens, das seine Profite an NGOs, die sich für WASH-Themen (SDG-Sprache für Water, Sanitation and Hygiene) einsetzen, spendet. »Über den Spaßfaktor erreichen wir Leute, die sich sonst niemals mit der Sache beschäftigt hätten! Die wären sonst einfach auf das Festival gegangen, und gut. Durch uns kommen viele das erste Mal in Kontakt mit dem Thema und können gleich etwas zur Lösung beitragen – ihre Kacke«, erläutert Malte, dem man im Gespräch anmerkt, dass er es gewohnt ist, solche Worte in allen erdenklichen Kontexten ganz alltäglich zu verwenden, den magischen Effekt, den Humor auf uns Menschen hat.

Qualität, Ästhetik, Convenience und Spaß sind die Zutaten erfolgreicher Produkte und Dienstleistungen. Dass das lange Zeit im Bereich der nachhaltigen Angebote nicht anzutreffen war, hat dazu geführt, dass wir beim Gedanken an ethisch und ökologisch vertretbare Firmen noch immer an kratzige Wollpullover und hässliche Quadratlatschen denken. Doch das Blatt wendet sich – und zwar rasant! Wir kommen immer weiter weg vom »Obwohl«: Unternehmen sind nicht mehr wirtschaftlich erfolgreich, *obwohl* sie nachhaltig sind, und auch nicht allein, *weil* sie nachhaltig sind, sondern sie machen sich an die Herausforderung, die besseren Angebote zu erschaffen, die wie selbst-

> Unternehmen sind nicht mehr wirtschaftlich erfolgreich, *obwohl* sie nachhaltig sind, und auch nicht allein, *weil* sie nachhaltig sind, sondern sie machen sich an die Herausforderung, die besseren Angebote zu erschaffen, die wie selbstverständlich den höchsten Nachhaltigkeitsstandards gerecht werden.

verständlich den höchsten Nachhaltigkeitsstandards gerecht werden. Durch die Fähigkeit, humorvoll zu kommunizieren und Menschen mitzunehmen, bauen sie Hürden ab für Zweifler*innen oder solche, die sich noch kaum mit der Thematik beschäftigt haben. Ihre Botschaft: Die bessere Party läuft hier, kommt, wir tanzen!

VON DER NISCHE IN DEN MAINSTREAM

Noch haben diese Angebote eine eher kleine Gruppe von Menschen erreicht. Eine echte Blase. Marktforschungsinstitute, die quantitative Umfragen machen à la »Wie oft kaufen Sie in einem Unverpackt-Geschäft ein? Immer, selten, nie« stellen darin sicherlich keine eklatanten Marktanteile der neuartigen Supermärkte fest, bei denen Rewe, Edeka oder Alnatura angst und bange werden könnte. Doch die Bedürfnisse, die hinter einem solchen Einkauf im Unverpackt-Geschäft stehen, sind weiter verbreitet als die Möglichkeit, diese auch zu erfüllen. Der alleinige Blick auf die aktuellen Marktgegebenheiten – Angebot und Nachfrage in sichtbarer und messbarer Form – führt potenziell immer zu einer Art Trugschluss, die in jüngerer Vergangenheit bereits einige große Unternehmen nahe an den Rand der Existenz gebracht hat. Die wohl berühmtesten Beispiele für dieses in der Fachwelt auch als »Innovator's Dilemma«[130] bezeichnete Phänomen sind Kodak und Nokia. Ihre marktführende Position im Bereich analoge Fotografie beziehungsweise Mobiltelefonie ließ sie alle Anzeichen der sich damals ankündigenden Veränderungen übersehen, die Digitalfotografie beziehungsweise das Smartphone erwischte sie kalt. Nur wer die vermeintlich diffusen Entwicklungen in den Nischen, die »weak signals«, von denen Trendforscher*innen sprechen, wahr- und ernst nimmt, begreift die Themen von morgen, bevor sie Mainstream werden, und ist damit in der Lage, sich schon jetzt entsprechend zu positionieren, diese wahrscheinliche Zukunft schneller in die Gegenwart zu holen und somit eine *wünschbare Zukunft* ein Stück wahrscheinlicher zu machen.

Oft sind die nachhaltigeren Produkte heute noch teurer und schwerer zu finden. Sie springen uns nicht aus jedem Supermarktregal, im Teleshopping (ja, das gibt es noch!) oder im Insta-Stream vor die Nase. Doch das war in der Vergangenheit eigentlich mit allem, was neu war, so. Vieles, was wir heute für vollkommen normal halten, war einmal ein Luxusgut, definiert durch eine besondere Attraktivität, einen hohen Preis und die Tatsache, dass es selten ist. Nach und nach nutzen immer mehr Menschen diese Angebote, unter anderem, weil sie sich besonders dazu eignen, sich hervorzuheben, sich zu distinguieren, wie Pierre Bourdieu sagen würde.[131] Das steigert ihre Attraktivität und zieht neue Kunden an. Je mehr Menschen die Angebote nutzen, desto günstiger werden sie, denn größere Mengen lassen sich besonders kostenoptimiert produzieren. Schließlich ist die Masse an Nutzer*innen so groß geworden, dass das Produkt nichts Besonderes mehr ist. Genau so war es beispielsweise bei Flugreisen, bei Restaurantbesuchen, mit dem Urlaub oder bei der Digitalkamera und beim Smartphone. Auch Automobile waren zuallererst ein Luxusgut, das ausschließlich für solche Menschen erschwinglich war, die auch schon eine oder zwei oder drei Kutschen inklusive der notwendigen Pferde und Ställe besaßen (und sich die Gehälter der Kutscher leisten konnten). Im Leben unserer Großeltern wurde es dann langsam normal, ein Auto zu besitzen, und in unserer eigenen Kindheit umgekehrt zur Abnormität, wenn eine Familie *kein* Auto besaß – eher hatte jede Familie zwei Exemplare, eins für Mama, eins für Papa ... und die Kinder eine ganze Garage voller Matchbox-Autos. Während man in der Kindheit unserer Eltern nur selten in den Urlaub reiste, fuhren wir und auch unsere Freunde, als wir selbst klein waren, zum Großteil mit dem dann normal gewordenen Auto in die europäische Ferne, die wenigsten nahmen das Flugzeug, denn das war viel zu teuer. Heute geht es für viele Kinder in den Sommer-, den Winter- oder

> Nur wer die vermeintlich diffusen Entwicklungen in den Nischen, die »weak signals«, von denen Trendforscher*innen sprechen, wahr- und ernst nimmt, begreift die Themen von morgen, bevor sie Mainstream werden.

gleich auch noch den Herbstferien mit dem Flieger in den Süden. Mobilität und Erholung haben sich also drastisch gewandelt – vom Luxusgut, von dem nur wenige Gebrauch machen konnten, hin zur vollkommenen Normalität – zumindest in den wohlhabenden Gesellschaften der Welt. In der Mode nennt man dieses Phänomen den »Trickle-down Effect«. Er beschreibt, wie sich eine Mode »von oben nach unten«, also von den Reichen zu den Armen ausbreitet. Natürlich nehmen viele Modeerscheinungen heute genau umgekehrt an Fahrt auf, sie kommen also aus marginalisierten, monetär schlecht ausgestatteten Gruppen heraus in die Breite. Dennoch lassen sich einige maßgebliche Veränderungserscheinungen mit dem Begriff auf einer abstrakten Ebene gut beschreiben, wenn man zeigen möchte, wie sich eine Veränderung von einer kleinen Gruppe von Menschen in den Mainstream bewegt. Ein maßgeblicher Faktor für das Phänomen ist, wie gesagt, dass Produkte oder Verhaltensweisen, deren Ausbreitung voranschreitet, sich zur Abgrenzung eignen. Konsumierende zeigen mit ihnen, dass sie besonders sind. Inzwischen gibt es jedoch so viele teure Produkte, zu denen immer mehr Menschen trotz des hohen Preises Zugang haben, dass es immer schwerer wird, sich damit von der Masse abzuheben. Apple-Laptops, Marken-Sneaker, besagte Smartphones – all das sind keine außergewöhnlichen, seltenen Objekte mehr. »Ökonomisches Kapital«, wie Bourdieu es nennt, reicht nicht mehr, Wert ist wertlos ohne die Kombination mit Werten. Mit Bourdieu gesprochen findet also eine Verschiebung von ökonomischem Kapital zu sozialem und kulturellem Kapital statt. Während es vor ein paar Jahren noch gereicht hat, die teuerste Flasche Wein im Restaurant zu bestellen, um sich ausreichend hervorzutun, darf die Frage nach dessen Herkunft heute nicht mehr fehlen. Sie zeichnet die Fragenden als Kenner*innen aus, die etwas vom Metier verstehen und damit das eigene kulturelle Kapital unter Beweis stellen. Wenn man dann noch beiläufig erzählen kann, dass man den Winzer erst kürzlich auf seinem Weingut getroffen hat und mit ihm bekannt ist, umso besser – soziales Kapital: checked. Wer etwas auf sich hält, konsumiert so auch im Luxus-Segment regional. Ob bio oder regional wertiger ist, darüber scheiden sich mit Blick auf die aktuellen Diskurse die Geister. Wer noch eine Schippe kulturelles Kapital obendrauflegen möchte: Als nächste Stufe zeichnet sich derzeit klar regenerativ-ökologisch[132] ab – go for it! Wert steigert sich durch Werte. Auch deshalb ist das Design von nachhaltigen Produkten eminent wichtig. Sie werden von ihren Fans genutzt, um das eigene Werteset nach außen zu tragen – man denke nur an Schuhe von Veja, ein Auto von Tesla oder eine Weste von Patagonia. Sie alle haben nichts mehr vom Kratzpulli-Image der 80er-Jahre. Im Gegenteil! Diese Brands produzieren die in puncto Qualität, Coolness und Convenience attraktivsten Produkte ihrer jeweiligen Branche … und sie sind selbstverständlich auf dem höchstmöglichen Niveau ökologisch und sozial nachhaltig.

CHANGE OUTCOMES, NOT BEHAVIOR

Als ich vor Kurzem mal wieder joggen ging, überraschte sie mich wie ein plötzliches Extremwetterereignis: die Klimaangst. Ich hörte während des Laufens einen Podcast über die Folgen des Klimawandels und war wie immer wieder aufs Neue alarmiert. Ich beobachtete die Menschen auf der Straße und sah, womit sie beschäftigt waren. Ein paar Leute standen rauchend vor einem Kiosk, andere saßen lachend zusammen im Restaurant, vielleicht planten sie ihren gemeinsamen Urlaub? Und ja, genau, ich gehörte zu ihnen, ich ging joggen, während die Erde brennt, überflutet, schmilzt. Menschen machen Sachen, die sie gerne machen. Sie hören nicht auf zu fliegen, weil ich einen Podcast gehört habe. Und sie hören nicht auf, Auto zu fahren, weil es sinnvoll für den Planeten wäre.

Wenn wir uns also als Menschen nicht oder nur schwer ändern können und viele von uns das auch nicht wollen, dann muss sich wahrscheinlich unser Konzept von Nachhaltigkeit ändern. Für Laurin Hahn, Co-Gründer von Sono Motors, ist klar: »Diese Industriegesellschaft wird sich nie wieder zurückbewegen! Es werden nicht einfach alle Autos verschwinden, das wird nicht passieren. Und was kannst du dann machen? Na ja, du kannst halt versuchen, den Leuten eine nachhaltigere Alternative zu geben.« Autos sind zwar nur eine von vielen Möglichkeiten, das oberste Ziel, das sich das Unternehmen Sono Motors gesetzt hat, zu erreichen: dass die Menschheit aufhört, Erdöl zu verbrennen. Doch den größten noch nicht ausreichend adressierten Hebel, den sie zur Zielerreichung identifiziert haben, ist eben die Automobilität. Wenn die Menschen nicht aufhören, sich Autos zu kaufen, beziehungsweise anfangen, über alternative Mobilitätsangebote nachzudenken und diese großflächig zu nutzen, braucht es eine Lösung, die ihnen ermöglicht, unterwegs zu sein, aber den Effekt dieser Handlung positiv beeinflusst. Für Laurin und sein Team ist eines der maßgeblichen Argumente, um diesen Weg zu verfolgen, dass die Zeit knapp wird, in der wir tatsächlich noch etwas verändern können. Eine »Klimadiktatur«, in der einfach alles verboten wird, was schädlich ist, kann und will er sich nicht vorstellen. Hedonistische Nachhaltigkeit hat in diesem und vielen anderen Fällen einen interessanten Effekt: Sie ermöglicht es, die Auswirkungen von Handlungen zu verändern, während wir in den meisten Fällen darüber nachdenken, wie wir die Handlungen selbst verhindern. Im Design Thinking, der Innovationsmethode, mit der wir Unternehmen auf systematische Weise dabei helfen, in interdisziplinären Teams nutzerzentrierte, kreative Lösungen zu entwickeln, nennt man das »changing outcomes, not behaviors« (Ergebnisse ändern, nicht Verhaltensweisen). Ein Projekt, das diesen Mechanismus gut illustriert, ist ein Innovationsvorhaben der Intuit-Bank aus dem Jahr 2016. Das Design-Team widmete sich dem Problem, dass Selbstständige sich kaum mit ihren Steuern beschäftigen – 30 Prozent von ihnen kümmern sich noch nicht einmal darum, Geschäftsausgaben von der Steuer abzusetzen, weil sie entweder nicht wissen, dass es möglich wäre, oder es zu aufwendig finden, diese zu dokumentieren, sogar, wenn sie finanziell schlecht aufgestellt sind. Die Lösung der Bank setzt auf Machine Learning, um Ausga-

> Hedonistische Nachhaltigkeit hat in diesem und vielen anderen Fällen einen interessanten Effekt: Sie ermöglicht es, die Auswirkungen von Handlungen zu verändern, während wir in den meisten Fällen darüber nachdenken, wie wir die Handlungen selbst verhindern.

ben in den Unterlagen der Kund*innen zu finden und automatisch zu kategorisieren. Leslie Witt, Vice President of Design, beschreibt, wie der »Expense Finder« im Schnitt binnen weniger Minuten 4 300 Dollar an Geschäftsauslagen finde, was für viele die größte Einnahme des Jahres sei. »We don't require changed behaviors, we just change outcomes«, ist sie begeistert, denn die Art und Weise, wie wir mit Geld umgehen und welche Ängste oft damit verknüpft sind, lässt sich nur schwer verändern. Das Team will die Kund*innen dort abholen, wo sie gerade stehen.[133] Genau auf diesen Effekt zielen hedonistisch nachhaltige Lösungen. Bei Jürg Knoll, dem Gründer von followfood, ist diese Form des Denkens sogar in der E-Mail-Signatur eingeschrieben: »Iss, was du willst, aber nicht deine Zukunft«, heißt es dort. Das Unternehmen zählt zu den Pionieren in Sachen »sustainable convenience«, es vertreibt Junk-Food vom Feinsten – Pizza, Fischstäbchen, Dosenfisch. Jürg ist überzeugt: »In 20 Jahren wird keiner mehr Produkte kaufen, die unseren Planeten und damit unsere Lebensgrundlage zerstören.« Während viele Menschen auf Nachhaltigkeit achten, wollen sie dennoch nicht auf Praktikabilität verzichten und auf Genuss und Hedonismus. Followfood sichert sich über die Tatsache, die beste Alternative zu sein, veritable Marktanteile in einem insgesamt eher stagnierenden Markt. Der Widerspruch zwischen »sich einfach mal gehen lassen« und Nachhaltigkeit wird aufgehoben, Fast Food zu »Fast Good Food«, die Qual der Wahl für Kund*innen leichter, denn sie müssen sich nicht mehr zwischen ihrem Bedürfnis, dem Genuss zu frönen, und ihrem Anspruch, Teil der Lösung zu sein, entscheiden. Langfristig gesehen führt diese Strategie einerseits zu einer Veränderung auf der Produktionsseite – also hochwertigeren Produkten und nachhaltigen Wertschöpfungsketten –, andererseits zu veränderten Verhaltensweisen auf der Konsument*innenseite. Wenn Patagonia »Don't buy this jacket« in seine Anzeigen druckt und plötzlich alle losrennen und *diese* Jacke kaufen, weil sie ihre Zustimmung zum Inhalt der Botschaft ausdrücken wollen, benötigen sie auf lange Sicht tatsächlich keine weitere Jacke. Das erklärte Ziel der Firma ist es, eine Gesellschaft von Konsumierenden in eine von Besitzenden zu verwandeln – das geht nur mit hoher Qualität und wenn sich Geschäftsmodell und Verhaltensweisen der Kund*innen diesbezüglich in stetigem Zusammenspiel weiterentwickeln. Wenn wir heute noch nicht in der Lage dazu sind, nicht mehr Auto zu fahren, ist der erste Schritt, um Menschen mit auf die Reise zu nehmen, ein sehr viel besseres Auto zu bauen. Der nächste – und so bereitet Sono Motors sich schon jetzt vor – ist es, dieses Auto so lange wie möglich in Betrieb zu halten und mit so vielen Menschen wie möglich zu teilen. Zu diesem Zweck sind die meisten Verschleißteile im Sion so verbaut, dass sie mit handelsüblichem Werkzeug und einer einfachen, öffentlich verfügbaren Anleitung selbst ausgetauscht werden können. Außerdem entwickelt das Start-up eine App, über die sowohl das Auto selbst als auch die über die Solar-Oberfläche generierte Energie geteilt werden kann. Kund*innen werden zu Stakeholder*innen in der Weiterentwicklung »ihrer« Produkte, die mitreden dürfen – die in der Community, wie wir gelernt haben, über die Standardfarbe des neuen Sion von Sono Motors entscheiden oder ihre Meinung zu Tomorrow-Updates in einem der regelmäßig stattfindenden Meet-ups kundtun.

Doch nicht nur die Rolle der Konsument*innen ist in diesem Szenario eine andere, auch Unternehmen werden mehr und mehr zu »Partners in Crime« ihrer Kund*innen, mit denen sie gemeinsam das Ziel einer nachhaltigen Gesellschaft verfolgen. Die Influencerin Louisa Dellert verkörpert das besonders deutlich. Als sie ihre Laufbahn auf der Plattform Instagram begann, wollte sie eigentlich nur ein wenig abnehmen, von der Community Feedback und Motivation bekommen. Im Laufe der Zeit wurde sie zu einer Fitness-Ikone für viele, die ihr nacheiferten mit dem Ziel, schlanker, schöner, fitter zu werden. Louisa fing an, Werbung für Sportartikelhersteller und andere Fitnessprodukte zu machen, verdiente bis zu 20 000 Euro im Monat. Bis sie eines Tages aufgrund eines Herzfehlers umkippte. Das Erlebnis löste einen grundlegenden Gedankenprozess in ihr aus, sie beschäftigte sich mit ihrem Schönheitswahn, begann, Inhalte zum Thema Selbstliebe zu teilen. Vorher-nachher-Fotos von ihr als damals Untergewichtige mit Sixpack und heute als glückliche Normalschönheit schmücken inzwischen ihren Instagram-Stream. Nachhaltigkeit ist zum vorherrschenden Thema geworden, das sie einerseits als Lifestyle vorlebt, andererseits zum Zentrum ihres unternehmerischen Schaffens gemacht hat und nicht zuletzt öffentlichkeitswirksam mit Politiker*innen in ihrer journalistischen Arbeit bespricht. Ihre Entwicklung liest sich wie das prototypische Aufwachen vieler Menschen, die in einer Welt aus Konsum und Wachstum groß geworden sind und diese heute immer drastischer hinterfragen. Louisa – »Lou« – Dellert erzählt uns, dass viele ihrer Follower*innen aus der Fitnesszeit ihr treu geblieben sind, auch wenn ihre Themen sich so radikal verändert haben: »Für meine Follower*innen bin ich eine digitale Schwester. Die beschäftigen sich mit den Themen, mit denen ich mich in meinem Alltag beschäftige, dazu gehören Selbstliebe, Nachhaltigkeit, Politik.« Diese »digitale Schwester« verändert sich also und ihre Follower*innen mit ihr. Louisa ist überzeugt: »Der Konsum wird nicht mehr verschwinden, wir können niemandem verbieten zu konsumieren. Doch Konsum muss sich ändern, in Kreisläufen funktionieren und endliche Ressourcen berücksichtigen.«

Von Zwischenstufe zu Zwischenstufe hangeln sich die Protagonist*innen der Nachhaltigkeitstransformation – Louisa und auch die anderen Unternehmensaktivist*innen – voran. Im Sinne des »better is good« nehmen sie ihre Kund*innen mit auf die Reise, ohne sie zu verurteilen oder zu behaupten, sie selbst seien schon perfekt. Louisa hat inzwischen zusätzlich zu ihrem Erfolg als Influencerin mit Freundinnen einen Shop für nachhaltige Produkte namens »Naturalou« gegründet. Doch es geht ihr damit keineswegs darum, zu sagen, »konsumiert mehr, Leute!«, sondern vielmehr darum, dass kratzige (Öko-)Pullover halt einfach nicht geil sind. »If you want to save the world, you have to knit a nicer pullover than those destroying it«, könnte man in Anlehnung an den zuvor von Jakob proklamierten Sinnspruch formulieren. Und im Idealfall verändert dieser Pullover nicht nur das Mindset seiner Träger*innen, sondern hat zusätzlich einen positiven Impact auf den Planeten.

KAPITEL 8
REGENERATIVE BUSINESS

»There is a magic machine that sucks carbon out of the air, costs very little, and builds itself. It's called a tree.«
– *George Monbiot*

George Monbiot, Journalist beim *Guardian*, hat 2019 einen Film mit Greta Thunberg aufgenommen, in dem er diese für unsere Zeit so ikonische Aussage trifft. Überall auf der Welt entwickeln Tech-Pionier*innen ausgeklügelte Systeme, um der Atmosphäre das CO_2, das wir über Jahrzehnte hineingepustet haben, wieder zu entziehen, während gleichzeitig Wälder durch Feuer oder Rodung zerstört werden. Die Lösung des Problems, so möchte der Film es verstanden wissen, ist eigentlich simpel. Komplizierte technische Hardware befindet sich noch im Entwicklungsstadium und verfügt noch nicht über den Wirkungsgrad, um uns wirklich im benötigten Ausmaß von der CO_2-Plage zu befreien. Den größten Effekt bei gleichzeitig niedrigsten Kosten könnte man erzielen, wenn man einerseits aufzuhören würde, fossile Energieträger sowie Wälder zu verbrennen, und andererseits beginnen würde, in großem Stil Bäume neu zu pflanzen. In sehr, sehr großem Stil – was aber möglich wäre. Einer Gruppe von Schweizer Forscher*innen zufolge könnte dieser Ansatz ganze zwei Drittel der CO_2-Menge aus der Luft holen, die es braucht, um die Erderwärmung unter 2 Grad zu halten – eine enorme Menge, die sogar die Forscher*innen selbst überrascht hat.[134] Greta Thunberg ist also nicht die

Einzige, die das Pflanzen von Bäumen proklamiert. Seit vielen Jahren beschäftigen sich unzählige Aktivist*innen, Umweltschützer*innen, Politiker*innen und sogar CSR-Initiativen von Großunternehmen damit, Wälder aufzuforsten und verödete Landstriche (wieder) zu begrünen. Die Vermittlung und Überwachung von Bepflanzungsprojekten ist eine der grundlegenden Aufgaben von CO_2-Kompensations-Anbietern wie Myclimate, Prima Klima und vielen anderen, die ihren Kund*innen dadurch ermöglichen, einen Lebensstil des Besserwerdens nach dem Motto: »Do your best, offset the rest« (Claim von Myclimate) zu leben.

In unseren Interviews und Recherchen sind uns viele weitere Geschichten rund um das Thema Bäume begegnet. CityTrees – die »Stadtmöbel«, die durch eine clevere Kombination aus verschiedenen Moosen mit ausgeklügelter Technik Feinstaub und CO_2 aus der Luft filtern und dabei noch angenehme Aufenthaltsorte inmitten von Lärm und Stadtgrau erschaffen. Oder auch die nur auf den ersten Blick verrückte Art und Weise, wie Benedikt Bösel, der Landwirt aus Brandenburg, Weihnachtsbäume anpflanzt. Bei unserer Tour über den Hof düsen wir mit einem alten Geländewagen vom Agro-Forst, der Ackerbau mit Forstwirtschaft verbindet und so den Wasserhaushalt optimiert und die Böden schützt, vorbei an Maisfeldern über zahlreiche Schlaglöcher bis hin zur Experimentalfläche für den Anbau der grünen Nadelwunder. Benedikts Hof dient vielen Landwirt*innen zur Inspiration, selbst ihre Anbaupraxis zu hinterfragen und neue Ideen umzusetzen. Regelmäßig bietet Benedikt Führungen über seinen Hof an. Spätestens beim Anblick der Baumfläche schlagen viele Besucher*innen die Hände über dem Kopf zusammen. Nicht aus Verzweiflung über das, was sie sehen, sondern aus Verzweiflung über die Art und Weise für wie normal sie die konventionelle Anbauweise bisher gehalten hatten. Benedikt klärt uns auf: Die Art und Weise, wie wir aktuell Weihnachtsbäume anbauen, ist »ökonomisch und ökologisch ein Horror! Wir lassen die Bäume x Jahre (Anmerkung: es sind acht bis zwölf) wachsen, in der sie intensiv mit jeglichem synthetischen Dünger und Mitteln behandelt werden, um sie dann zu fällen, das Wurzelwerk zu entfernen und am gleichen Ort wieder einen neuen Baum zu pflanzen.« Seine Alternative erscheint zuge-

Abbildung 16: Regenerative Weihnachtsbäume von Benedikt Bösel (links im Bild)

gebenermaßen beim ersten Anblick recht kurios: Wir sehen Dutzende circa 1,8 Meter hohe, nahezu nackte Stämme mit grünen Trieben an der Spitze. Sie wachsen über Kartoffeln und Erdbeeren. Benedikt hofft, dass die Triebe in der Hälfte der Zeit auf eine verkaufsfertige Höhe wachsen und selbst zu solch einem ansehnlichen Baum werden. Wenn dieser Zeitpunkt erreicht ist, werden die Bäume auf der entsprechenden Höhe »geköpft«, die nächsten Triebe auf der Schnittfläche des Stammes ergeben einen weiteren Baum – ohne Dünger, ohne Herbizide, ohne extra Bewässerung. Vereinfacht gesagt: Ein neuer Baum wächst auf einem alten, ab einer gewissen Höhe gefällten Baum. Die aufgrund des Alters tief in den Boden reichenden Wurzeln der »wiederverwendbaren« Stämme versorgen die Pflanze besser mit Wasser und Nährstoffen.

Besonders effiziente Weihnachtsbäume sind nicht das einzige Gebiet, auf dem Benedikt seine Experimente durchführt. Er betreibt außerdem eines mit klimapositiven Rindern. Genau, richtig gelesen: Rinder, deren Methan-Pupse und -Rülpser sowie ihre Ernährungsweise keine negativen Auswirkungen auf das Klima haben! Vor der Weide stehend, erklärt er uns, warum seine Kühe nicht nur »weniger schlecht« als andere, sondern sogar gut für das Klima sind: »It's the how, not the cow«,[135] fasst er lachend die Grundaussage seiner Philosophie für uns zusammen. Nicht die Kuh ist das Problem, sondern wie gewirtschaftet wird. Dieser Gedanke verbindet ihn mit vielen anderen kreativen Landwirt*innen auf der ganzen Welt. Es greife zu kurz, allein die Ausscheidungen der Kühe in den Fokus zu rücken und diese in der Berechnung wie fossile Brennstoffe zu behandeln. Man müsse sich das Gesamtsystem aus Wiese, Wasser, Nährstoffen ansehen, in dem die Kuh zu verorten ist: »Natürlich ist das System ein Klimakiller – wenn Kühe in Gefangenschaft gehalten werden und importiertes Futter bekommen, für das die Mägen der Kuh gar nicht gemacht sind. Aber es liegt nicht an der Kuh, sondern es liegt an uns Menschen, die wir nicht über die Komplexität von Ökosystemen nachdenken und uns auch nicht darüber im Klaren sind, welche Rolle das Tier eigentlich darin spielt. Wenn wir Kühe richtig einsetzen, sind sie eines der besten Instrumente gegen den Klimawandel.« Auf Benedikts Flächen wandern die Kühe jeden Tag auf eine neue Weide. Wobei die Weide ein Acker ist auf dem Zwischenfrüchte, Untersaaten oder mehrjährige Gras-/Kräutermischungen stehen. Das Ziel ist dabei, dass die Kühe immer genau so viel fressen, dass die Pflanzen danach in ihrem Wachstum beschleunigt werden. Also durch erhöhte Photosynthese-Leistung noch mehr CO_2 im Boden speichern. Zusätzlich bringen sie ganz automatisch Dünger auf die Flächen und schützen durch das Umtreten der Gräser den Boden vor Sonneneinstrahlung, sodass diverse Mikroorganismen sich gut entwickeln können. Wenn die Kühe weitergezogen sind, kommen als Nächstes Hühner auf die Fläche, die Kleinstlebewesen, denen in der herkömmlichen Landwirtschaft

> »It's the how, not the cow.«

mit entsprechenden Mitteln zu Leibe gerückt wird, aus der Erde fressen, mit ihren Ausscheidungen ebenfalls für Nährstoffe im Boden sorgen und durch ihr Scharren Nährstoffe verteilen und den Boden weiter auflockern. Benedikt zählt zusammen: »Zuerst der Dinkel, dann die Kühe, dann die Eier der Hühner, dann die Hühner selbst und dann je nach Lage und System noch Baumstreifen, die Schutz und Schatten geben und von denen im Herbst Nüsse oder Obst geerntet werden können. So kommen also mehrere Ernten im gleichen Jahr auf die gleiche Fläche. Das heißt, mehr Diversität, mehr Flexibilität, mehr Unabhängigkeit und gleichzeitig weniger Kosten. In der Theorie sicherlich noch mal ein bisschen einfacher als in der Praxis, aber dahin geht's auf jeden Fall. Da reden wir dann über multifunktionale Systeme.« Landwirtschaftssysteme wie dieses sind tatsächlich in der Lage, Humus aufzubauen. Humus ist besonders fruchtbare Erde, denn sie enthält viel CO_2 und Mikroorganismen, beides fördert das Pflanzenwachstum. Erde, die viel Humus enthält, kannst du von Erde, die wenig Humus enthält, dadurch unterscheiden, dass sie sehr viel dunkler und feuchter ist. Der Großteil unserer Landwirtschaft heute arbeitet mit Monokulturen, baut also auf einer Fläche immer eine einzige Sorte Getreide oder Gemüse an, sorgt für die nötigen Nährstoffe durch Kalk und Dünger und geht mit Spritzmitteln gegen Schädlinge vor. Selbst wenn die Landwirt*innen nach ökologischen Prinzipien wirtschaften, verliert der Boden dadurch nach und nach immer mehr an Humus, trocknet aus und kann beispielsweise bei starkem Regen das Wasser kaum noch speichern. Eine solche Landwirtschaft ist zwar heute (noch) finanziell tragfähig und effizient, jedoch schlecht auf sich verändernde Klimabedingungen eingestellt. Noch dazu verursacht sie – unter anderem durch Pflügen und Düngen – enorme CO_2-Emissionen, die aus dem Boden austreten, was ihn außerdem weniger fruchtbar macht. Laut UN Food and Agriculture Organization (FAO) verlieren wir alle fünf Sekunden humushaltigen Oberboden der Fläche eines Fußballfelds,[136] inzwischen sind 75 Prozent der weltweiten Landfläche durch Erosion, Versalzung oder Austrocknung degradiert[137] – Waldrodung und Landwirtschaft zählen zu den maßgeblichen Auslösern und Beschleunigern für diese Entwicklung. Wenn wir in der Art und Weise, wie wir mit Böden umgehen, nichts ändern, werden laut

FAO 2050 90 Prozent des heute weltweit vorhandenen fruchtbaren Oberbodens verschwunden sein. Die Bewirtschaftung der Fläche nach den Prinzipien der regenerativen Landwirtschaft, wie sie Benedikt Bösel praktiziert, ist jedoch in der Lage, nährstoffreichere, geschmackvollere Lebensmittel bei gleichzeitigem Bodenaufbau zu erzeugen und dabei CO_2 in der Erde zu speichern, denn gesunder Boden mit hohem Humusanteil enthält mehr organischen Kohlenstoff als degradierter Boden.[138] Das amerikanische Start-up Nori nutzt diesen Effekt sogar, um es Menschen zu ermöglichen, ihren CO_2-Fußabdruck durch Zahlungen an regenerative Landwirt*innen zu kompensieren und diese durch die Gelder gleichzeitig in der Umstellung auf noch mehr regenerative Anbaumethoden zu unterstützen.

»Es geht bei dieser Art der Landwirtschaft natürlich immer um Ökonomie. Die Frage ist nur: Welche Form von Ökonomie? Wir wollen das bestehende System durch bessere, gerechtere und effektivere Lösungen übertreffen«, fasst Benedikt das Ergebnis seiner Agrarexperimente zusammen. Damit will er jedoch keinesfalls sagen, die anderen Landwirt*innen hätten bisher alles nur falsch gemacht; es sei eben der jeweils aktuelle Stand des Wissens gewesen. Die neuen Erkenntnisse müssten sich nun verbreiten, sodass alle von ihnen profitieren können – Landwirt*innen, Kund*innen, Wirtschaft und Planet. Tatsächlich sind sie oft auch gar nicht so neu und kurios, wie man vielleicht auf den ersten Blick denken mag. Eine ganz ähnliche forstwirtschaftliche Technik wie die von Benedikt, Daisugi genannt, wird schon seit dem 15. Jahrhundert in Japan eingesetzt, um besonders schnell möglichst gerade gewachsene Zedernhölzer zu produzieren. Bemerkenswert an diesen Ansätzen ist die Grundhaltung des Infragestellens eines aktuell vorherrschenden Modells, ohne ihm dabei seine Daseinsberechtigung zu entziehen. Viel häufiger begegnet uns heute eine Weltsicht des »Entweder-oder«. Entweder Weihnachtsbäume *oder* keine Weihnachtsbäume. Entweder Fleisch essen und das Klima verpesten *oder* vegan leben. Entweder Konsum *oder* Verzicht. Entweder Wirtschaft *oder* Nachhaltigkeit. Die Handlungen, die aus dieser Art des Denkens über die Welt hervorgehen, sind unter wirtschaftlichen Gesichtspunkten mangelhaft (Nachhaltigkeit als Kostentreiber) und werden nie zu wirklich nachhaltigen Lösungen führen (weniger schlecht ist nicht gut). Gunter Pauli ist einer der Vordenker einer »Blauen Ökonomie«, in der Technik, Umwelt und Mensch in einer für alle lebenswerten Symbiose zusammenkommen, anstatt sich gegenseitig den Rang abzulaufen. Pauli ist Designer und Unternehmer, war fünf Jahre lang der Assistent des Club-of-Rome-Mitbegründers Aurelio Peccei. 1991 kaufte er den damals maroden Waschmittelhersteller Ecover, baute die erste CO_2-neutrale Seifenfabrik der Welt und brachte das Unternehmen wieder in Fahrt. Er ist Gründer von Worldwatch Europe und arbeitete für die UN an der Vorbereitung des Kyoto-Protokolls

> »A criminal is not rewarded for stealing less, so how can it make any sense to reward a company for polluting less? Stealing less is still stealing – polluting less is still polluting.

mit, in dem erstmals politisch verbindliche Ziele für CO_2-Emissionen festgelegt wurden. Für Pauli ist klar: Die Lösungen, die wir momentan etablieren, um die negativen Auswirkungen unseres Handelns auf die Natur zu reduzieren, sind nicht gut genug. Denn weniger schädlich ist weiterhin schädlich: »A criminal is not rewarded for stealing less, so how can it make any sense to reward a company for polluting less? Stealing less is still stealing – polluting less is still polluting. How can we then be satisfied with merely cutting down on emissions and reducing waste when we know that this is not sustainable?«[139] Wenn wir bei dem Bild der Weihnachtsbäume bleiben: Es reicht langfristig nicht, als Landwirt*in weniger Pestizide einzusetzen oder sich als Käufer*in zu beschränken und nur alle zwei Jahre einen Baum zu erstehen (mal ganz abgesehen davon, dass einem bei diesem Vorschlag die Kinder aufs Dach steigen). Sondern es ist notwendig, das Anbausystem und damit auch unser Denkmodell dahinter – es geht hier ja nicht nur um Weihnachtsbäume – komplett in Frage zu stellen. Es gilt, durch eine grundlegende Anpassung unseres Wirtschaftens nicht nur weniger negative Auswirkungen auf die Umwelt zu verursachen, sondern »beyond neutrality« also über die reine Neutralität hinausgehend mehrere ökologisch, ökonomisch und sozial positive Ergebnisse auf einmal zu erzielen: »We need to understand ways in which our actions, which often have unintended and unforeseen negative effects, can now have a series of positive effects. We need to study ways in which new business models are able to go beyond neutrality to positive effects – from which all will benefit«,[140] beschreibt Gunter Pauli diese Art zu wirtschaften. Durch eine solche Perspektive auf Unternehmen stellt sich die Frage, wie diese selbst zu den von Greta Thunberg und George Monbiot am Anfang dieses Kapitels beschworenen »magic machines« werden können, die sich selbst erneuern, CO_2 aus der Luft holen und gleichzeitig ökonomisch und sozial wertstiftend sind. Einen Schlüssel dazu liefert eine neue Perspektive auf unsere kollektive Zielsetzung: das 1,5-Grad-Ziel.

BEYOND ZERO

Anhand von CO_2 und seinen Äquivalenten, wie zum Beispiel Methan, messen wir die Auswirkungen unseres negativen wie positiven Einflusses auf die Erde,[141] denn von ihm lässt sich ableiten, wie stark die Erderwärmung wahrscheinlich voranschreiten wird, je nachdem, ob wir als Weltgesellschaft mehr oder weniger CO_2 emittieren. Während du das liest, werden weltweit jede Minute circa 80 000 Tonnen CO_2 in die Luft geblasen. Dass wir von heute auf morgen damit aufhören werden, ist mehr als unrealistisch, nicht nur, weil viele Unternehmen das nicht wollen, sondern auch, weil das bedeuten würde – wenn wir die Unternehmen zum Beispiel einfach schließen würden –, dass wir von heute auf morgen nicht nur auf die von der Politik und Branchenvertreter*innen gerne ins Feld geführten Arbeitsplätze verzichten müssten, sondern auf so ziemlich alles, was wir zum Leben benötigen: Licht, Wärme, Mobilität, Leitungswasser und so weiter. Aus diesem Grund hatten sich eigentlich nahezu alle Länder der Welt erstmals im Kyoto-Protokoll 1997 und dann noch einmal 2015 im Übereinkommen von Paris darauf geeinigt, sich gemeinsam auf den Weg zu machen, die menschengemachte Erderwärmung bis 2100 auf deutlich unter 2 Grad Celsius gegenüber vorindustriellen Werten zu begrenzen – das 1,5-Grad-Ziel war geboren. Das wissenschaftsbasierte Szenario, das dahintersteht, lautet so: Überschreiten wir diesen Wert werden ökologische Kipp-Punkte erreicht, die unumkehrbare Kettenreaktionen zur Folge haben. Das Auftauen der Permafrostböden (dauerhaft gefrorener Böden) ist beispielsweise so ein Kipp-Punkt. Sollte der Permafrost aufgrund der voranschreitenden Erwärmung auftauen, hätte das dramatische Auswirkungen: Im Boden enthaltene Mikroorganismen würden Unmengen an CO_2 freisetzen, was wiederum die Erwärmung anheizen würde, wodurch weitere Böden auftauen würden und so weiter und so fort – eine Abwärtsspirale sondergleichen, von der Wissenschaft »positive Rückkopplung« genannt. Am 1,5-Grad-Ziel orientiert sich daher auch das »Gesamt-Budget« an CO_2, das wir rein rechnerisch noch ausstoßen dürfen, um die Grenze nicht zu überschreiten und Kipp-Punkte möglichst zu vermeiden. Stand 2019 hat die globale Gemeinschaft nach dieser Berechnung noch maximal 580 Gigatonnen CO_2,[142] die wir zum Beispiel durch Autofahren, unsere Industrie, die Lebensmittelerzeugung oder das Surfen im Internet[143] erzeugen dürfen. Die Zahlen sind natürlich vor allem Prognosen und Richtwerte, die auf wissenschaftlicher Forschung basieren und im Sinne eines Modells von Gegenwart, die in die Zukunft extrapoliert, also linear weitergedacht wird, betrachtet werden müssen. Sie geben auf politischer Ebene einen Rahmen vor, in dem wir uns gedanklich bewegen können, um abzuschätzen, welche Auswirkungen unser Handeln und vor allem unser Nicht-Handeln haben wird, um basierend darauf entsprechende Strategien zu entwickeln. So hat sich die Bundesregierung das von den Prognosen abgeleitete Ziel gesetzt, Deutschland und seine Wirtschaft bis 2050 CO_2-neutral aufzustellen. Es bleibt also ein zeitlicher Korridor von circa 30 Jahren, innerhalb dessen Wertschöpfungsketten umgestaltet und Infrastruktur zum Beispiel für Erzeugung, Transport und Speicherung von erneuerbaren Energien aufgebaut werden können. Im Herbst 2020 gab die Jugendbewegung Fridays for Future in Deutschland eine Studie beim Wuppertal Institut für Klima, Umwelt, Energie in Auftrag, um zu prüfen, inwiefern die politischen Pläne und Maßnahmen der Bundesregierung tatsächlich ausreichend darauf hinwirken, das 1,5-Grad-Ziel des Paris-Abkommens, auf das sich auch Deutschland festgelegt hat, zu erreichen. Die eindeutige Antwort: Sie tun es nicht. Entgegen den Plänen der Bundesregierung müsste Deutschland nicht erst 2050, sondern bereits 2035 CO_2-neutral sein, so die Forscher*innen. Doch sie sind hoffnungsvoll, denn sie gehen davon aus, dass dieses Ziel zwar enorm ambitioniert ist, aber dennoch umsetzbar wäre. Um schon 2035 die CO_2-Neutralität zu erreichen, schlägt das Forschungsteam Maßnahmen in verschiedenen Wirtschaftssektoren vor. Die drei Strategien – CO_2-Reduzierung, Effizienzsteigerung und der Ausbau von Infrastruktur für erneuerbare Energien – sind die aktuell als besonders vielversprechend betrachteten politischen Antworten auf die planetare Herausforderung eines drohenden »Klimakollapses«. Auch viele Unternehmen haben sich die beschriebenen Strategien zu Herzen genommen. Sie haben Klimaziele festgelegt und formulieren mutige CSR-Strategien. Nach und nach wollen sie immer weniger CO_2 emittieren, ihre Prozesse effizienter gestalten und darauf umstellen, in Zukunft unabhängig von fossilen Brennstoffen auf Basis einer erneuerbaren Strom-Infrastruktur zu operieren. In seiner Studie *Next Growth* fasst das Zukunftsinstitut die Notwendigkeit der Gleichzeitigkeit verschiedener Lösungsstrategien zusammen: »Parallel zu einem grundlegenden wirtschaftlichen Strukturwandel (Konsistenz) müssen weiterhin bestehende Effizienzpotenziale erschlossen werden (Effizienz) – innerhalb bestimmter Konsumgrenzen (Suffizienz).«[144] Das Vorgehen ist also klar, es ist nachvollziehbar, logisch und basiert auf vielfach geprüften wissenschaftlichen Grundlagen. Woran liegt es dann, dass sich der Fortschritt auf dem Gebiet dennoch viel zu langsam vollzieht? Dass zu wenige Unternehmen und Branchen, aber auch Einzelpersonen wirklich mitziehen und auch die Politik das Ganze lieber immer noch ein wenig weiter in die Zukunft verschiebt, als die jetzt sofort dringend notwendigen Maßnahmen zu ergreifen?

Lasst uns noch mal einen Blick auf die Grafik des Wuppertal Instituts werfen.

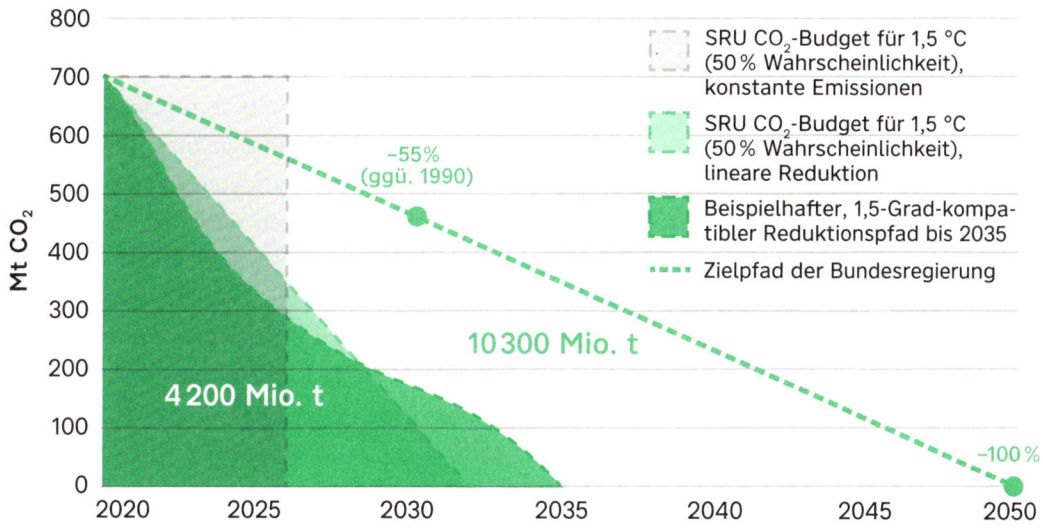

Abbildung 17: Beispielhafter Emissionspfad zur Einhaltung des deutschen 1,5-Grad-Budgets. Nach Wuppertal Institut für Klima, Umwelt, Energie, 2020

Sie sieht aus wie die meisten Darstellungen des CO_2-Reduktionsweges: Zwischen den beiden Achsen »CO_2 in Tonnen« und »Jahre« verlaufen mehrere Linien, die unterschiedliche Szenarien beschreiben. Gekennzeichnet ist auch das Budget, das Deutschland als Teil der Weltgesellschaft zur Verfügung steht und sich nach den vom Sachverständigenrat für Umweltfragen festgelegten uns zustehenden Pro-Kopf-Emissionen richtet: 4200 Millionen Tonnen CO_2 darf Deutschland emittieren, wenn wir das 1,5-Grad-Ziel erreichen wollen. Die oberste Linie beschreibt eine kontinuierliche Absenkung des CO_2-Ausstoßes mit dem Ziel der Neutralität bis 2050, was aber dazu führen würde, dass wir mehr als doppelt so viel CO_2 ausstoßen würden, als uns rein rechnerisch zusteht. Die Forscher*innen zeichnen daher eine weitere Linie mit dem Ziel, 2035 CO_2-neutral zu sein, und weisen außerdem darauf hin, dass eine kontinuierliche Absenkung nicht ausreicht, sondern wir in den nächsten fünf Jahren besonders viel CO_2 einsparen müssen. Die Linie wird dadurch zur

Kurve, die den schnellen Abfall des CO_2-Ausstoßes bis 2025 beschreibt und einen etwas flacheren Verlauf zwischen 2025 und 2035. So weit, so logisch. Aber hat sich schon mal jemand gefragt, was am Nullpunkt eigentlich passiert? Was ist denn, wenn wir mit der Linie im Jahr 2035 auf der Null eine Punktlandung hinlegen und idealerweise mit uns auch alle anderen Länder der Welt an ihrem jeweiligen zeitlichen Zielpunkt? Haben wir dann »gewonnen«? Sind wir dann Weltmeister im CO_2-Reduzieren? Was bringt uns das? Und was kommt nach der Null? Die Klimaaktivistin Luisa Neubauer und ihre Kolleg*innen von Fridays for Future sind einige der wenigen, die nicht müde werden, darauf hinzuweisen, dass, selbst wenn wir es schaffen, unser minutiös berechnetes weltweites CO_2-Budget einzuhalten und damit auf der Null zu landen, die Wahrscheinlichkeit, das 1,5-Grad-Ziel zu erreichen, nur bei 50 Prozent liegt.[145] Auch die Kipp-Punkte, die wir durch das Einhalten des Ziels vermeiden wollen, werden entgegen unseren so gut durchdachten Plänen teilweise bereits heute erreicht. Permafrostböden tauen in den vergangenen Jahren in einer Geschwindigkeit, die die gängigen Annahmen der Wissenschaft regelmäßig übertrifft. Noch dazu entsteht in auftauenden Permafrostböden neuester Forschung zufolge sehr viel mehr Methan als bisher angenommen, ein um ein Vielfaches klimawirksameres Gas als CO_2 – was die Abwärtsspirale noch weiter beschleunigen könnte.[146] Hinter der CO_2-Reduktionsgrafik, die so simpel, ordentlich und klar daherkommt, steckt also im Grunde eher eine Partie Russisches Roulette – mit einer 50/50-Chance für die Menschheit.

Die Frage, die wir uns stellen müssen, ist jetzt: Haben wir uns mit der Null überhaupt das richtige Ziel gesetzt? Oder haben wir vielmehr, weil wir glauben, das *eigentliche* Ziel nicht erreichen zu können, unsere Erwartungen viel zu niedrig gesteckt und laufen jetzt sowohl mit dem Risiko herum, die Null aufgrund von nicht ausreichenden Anstrengungen zu verfehlen, als auch mit dem Risiko, sie zu erreichen und dann mit einer Wahrscheinlich-

> Aber hat sich schon mal jemand gefragt, was am Nullpunkt eigentlich passiert?

keit von 50 Prozent trotzdem nichts gewonnen zu haben? Die Ursache dieser ausweglos scheinenden Verwicklungen könnte sein, dass wir in unserer Vorliebe für Zahlen und Fakten die Berechnung von Wahrscheinlichkeitsfenstern mit der Formulierung eines Ziels verwechselt haben. Jetzt wundern wir uns, warum nicht alle motiviert losrennen. Aus der Managementliteratur wissen wir: Ein Ziel kann zwar in der Formulierung Zukunftsszenarien mitbedenken, es ist aber maßgeblich davon geprägt, wie wir die Zukunft haben wollen, um motiviert zu sein, darauf hinzuarbeiten. In den 50er-Jahren entwickelte der legendäre Peter Drucker die Führungsmethodik des »Management by Objectives (MbO)« (Führen/Führung durch Zielvereinbarungen). Sie sieht vor, Ziele nach dem SMART-Modell zu formulieren: Sie sollen **s**pezifisch, **m**essbar, **a**ktiv beeinflussbar und **a**ttraktiv, **r**elevant und **r**ealistisch sowie **t**erminiert sein, also ein klares Zeitlimit haben, bis wann sie zu erreichen sind.

> Nicht nur brauchen wir Kreativität, um ambitionierte Ziele zu erreichen – wir brauchen ambitionierte Ziele, um wirklich kreativ zu werden.

Viele Unternehmen arbeiten heute mit genau dieser Methodik, unter anderem Google, wo die Maßgabe, wie Ziele formuliert werden sollen, noch um eine zusätzliche Komponente erweitert wird: Ziele sollen zehnmal ambitionierter sein, als im ersten Moment realistisch erscheint, sodass wir von ihnen herausgefordert werden und im Streben danach, sie zu erreichen, über uns selbst hinauswachsen. Diese Form der Ziele werden als »stretch goals« bezeichnet, deren Funktionsweise sich durch ein einfaches Experiment illustrieren lässt: Versuch doch einmal, mit einem Bleistift so hoch du kannst an der Wand einen kleinen Punkt zu malen, streck dich so weit, wie es geht, nach oben. Nur zu, trau dich! Geh kurz ein Glas Wasser trinken oder bring den Müll runter und dann … nimm den Bleistift und male einen weiteren Punkt an die Wand, und zwar noch höher als den ersten! Und? Hat's geklappt? Glückwunsch! Wir können nämlich sehr viel mehr, als wir denken! Genau auf das Ausschöpfen dieser unsichtbaren menschlichen Potenziale sind ambitionierte Ziele ausgerichtet. Diese Art von Zielen basiert nicht auf einem linearen und als realistisch eingeschätzten Fortführen der Gegenwart in die Zukunft, sondern wir müssen, um sie zu erreichen, auf unsere Kreativität zurückgreifen und Wege gehen, die wir noch gar nicht kennen. Wäre Benedikt Bösel rein linear denkend vorgegangen, hätte er sich überlegt, mit welchen Zuchtmethoden, Dünge- oder Futtermitteln er vielleicht einen effizienteren Weihnachtsbaum oder methanreduzierte Kühe hervorbringen könnte. Neugier, Kreativität und das für die Landwirtschaft abwegig erscheinende Ziel, einen positiven Impact auf die Bodenqualität zu haben, führten letztendlich zu seinen ungewöhnlichen Lösungen. Man könnte diesen Zusammenhang zwischen Kreativität und Zielsetzung noch zuspitzen beziehungsweise umkehren: Nicht nur brauchen wir Kreativität, um ambitionierte Ziele zu erreichen – wir brauchen ambitionierte Ziele, um wirklich kreativ zu werden. Ob man sich hierfür an den Start-ups im Silicon Valley oder historisch an der Mondmission der NASA orientiert, man kommt immer wieder zur gleichen Erkenntnis: Allzu unambitionierte Ziele führen bestenfalls zu mittelmäßigen Ergebnissen. Ziele, die im Moment der Setzung überambitioniert, aber eben auch überaus attraktiv erscheinen, sind zwar sicherlich auch kein lupenreiner Garant für Erfolg. Andererseits würde bei ihnen eben auch ein Zielerreichungsgrad unter 100 Prozent mittelmäßige Ergebnisse übertreffen. Diese Ziele sind durch ihre außerordentlichen Ambitionen ausschließlich durch radikale Innovation erreichbar. Nachdem der damalige Präsident der USA, John F. Kennedy, in seiner berühmten Rede von 1961 ausrief, die USA würden nun alles daransetzen, noch in jenem Jahrzehnt einen Menschen auf den Mond zu schicken, brauchte es gerade einmal acht Jahre, um das vordem als unmöglich erscheinende Ziel zu erreichen. Folgen wir diesem Gedanken in die Welt der Klimakrise, fallen uns die Stimmen vieler Forscher*innen ein, die eine Spanne von fünf bis neun Jahren nennen, bis das weltweite CO_2-Budget aufgebraucht ist, das wir rein modellhaft noch haben, um das 1,5-Grad-Ziel nicht zu verfeh-

> Das eigentliche Ziel, das wir alle mit dem Streben nach CO_2-Reduzierung verfolgen, ist nicht die Reduzierung selbst. Sie ist das Mittel, das wir einsetzen, um unser Ziel zu erreichen.

len.[147] Smart wäre also, die Sache jetzt sofort und möglichst ambitioniert anzugehen, um nicht am Ende doch gesamtmenschheitlich wie in der Einleitung beschrieben auf den Mond beziehungsweise den Mars fliegen zu müssen. Ein weiterer Gedanke kann uns dabei helfen, diesem Ziel näher zu kommen: Wie wir gelernt haben, steht das »a« in »SMART« nicht nur für »ambitioniert«, sondern auch für »attraktiv«. Eine Null in Sachen CO_2-Ausstoß, begreifen wir sie als kollektive Zielsetzung unserer Gesellschaft, ist zwar spezifisch, messbar, aktiv beeinflussbar, relevant und mit einer Deadline versehen (terminiert) sowie ambitioniert, sie ist jedoch sehr weit weg von attraktiv – auf den Mond fliegen klingt deutlich abenteuerlicher. Unsere Kurve jedoch wandert nach unten und beschreibt damit grafisch gesehen einen Rückgang. Auch wenn dies faktisch stimmt und praktisch gesehen das einzig Sinnhafte ist, psychologisch betrachtet sind abfallende Kurven nicht gerade ein Motivationstreiber. Kein Wunder, dass wir das Gefühl haben, hier geht es um drastischen Verzicht unter großen Anstrengungen. Wir fürchten, mit der Kurve könnte auch unser Wohlstand sinken, genauso, wie er über die Steigerung des CO_2-Ausstoßes in den letzten Jahrzehnten angestiegen ist. Würde sich also nun ein Klimaforschungsinstitut mit einer Managementberatung zusammentun – oder Greta Thunberg mit Frank Thelen (siehe Kapitel 2) einen Kaffee trinken gehen –, um aus der korrekten, wissenschaftlichen Prognose und realistischen Ableitung von Handlungskorridoren ein motivierendes und aktivierendes Ziel zu formulieren, kämen sie wohl von der Fragestellung, wie wir es bis 2035 gerade so schaffen, am Nullpunkt zu kratzen, auf die Frage, was wir tun müssten, um zu diesem Zeitpunkt nicht nur CO_2-neutral, sondern klimapositiv zu sein. Wie wir bis zur buchstäblichen Deadline nicht nur weniger schlecht, sondern sehr viel besser werden! Das eigentliche Ziel, das wir alle mit dem Streben nach CO_2-Reduzierung verfolgen, ist nicht die Reduzierung selbst. Sie ist das Mittel, das wir einsetzen, um unser Ziel zu erreichen. Dieses aber ist eine Zukunft, in der wir alle leben wollen, in der es unseren Kindern (noch) besser geht als uns heute – von #enkeltauglich zu #enkelperfekt. An der Stelle, an der diese Zukunft in der Grafik eigentlich beginnen sollte, hört die Linie jedoch auf und hinterlässt uns ein dickes Fragezeichen: Was kommt wohl danach?

Worauf arbeiten wir da eigentlich gerade hin? Ist es da besser oder doch eher schlechter als jetzt?

In der Architektur, die wie die Landwirtschaft zu den Vorreiterinnen in Sachen regenerative Systeme gilt, findet sich eine Grafik, die ganz ähnlich wie die des Wuppertal Instituts aussieht. Es scheint fast, als habe jemand die wissenschaftliche Darstellung genommen, geschüttelt und einmal auf den Kopf gedreht. Erinnerst du dich noch? Wir haben diese Grafik schon einmal in Kapitel 3 gezückt, als es um Nachhaltigkeit als Skala von Schadschöpfung zu Regeneration ging. Die Linie verläuft schräg aufwärts von links nach rechts, und vom Nullpunkt geht sie bis weit nach rechts oben weiter. Sie beschreibt in der Architektur, welche Auswirkungen verschiedene Gebäudedesigns auf die Umwelt haben sowie die Rolle der Menschen innerhalb des Gebäude-Ökosystems. Links unter der Nulllinie befinden sich solche Designkonzepte, die Umwelt und Ressourcen degenerieren, Unmengen an Energie benötigen und effiziente, lineare Systeme erschaffen, deren Output Müll in jeglichen Varianten (Abwasser, Lebensmittelreste und so weiter) ist. An dem Punkt, an dem die ansteigende Linie den Nullpunkt erreicht, befindet sich die Nachhaltigkeit, sie ist als »100 Prozent weniger schlecht« definiert, also als maximale Minimierung des negativen Impacts eines Gebäudes auf die Umwelt. Die Linie verläuft weiter nach oben, wobei die für das Leben benötigte Energiemenge abnimmt, vorbei an restaurativen Konzepten, also solchen, die Ökosysteme wiederherstellen, hin zu solchen, die Mensch und Natur als zusammengehörige Teile eines größeren Ganzen betrachten, und endet am Punkt eines regenerativen, also sich selbst erneuernden und immer weiter entwickelnden Systems.[148] Regeneration von Ressourcen und geschlossene Kreislaufdesigns sind in der Architektur schon lange als Konzept etabliert, und weltweit finden sich unzählige Beispiele für deren erfolgreiche Umsetzung. Null- und Plus-Energie-Häuser in Freiburgs Stadtteil Vauban oder in den Niederlanden, in Schanghai und auch in Berlin geplante sich selbst versorgende Stadtteile – die Architektur kann wunderbar als Metapher für regeneratives Wirtschaften herhalten. Einerseits, weil sie sich mit unserem direkten Umfeld beschäftigt und die Vision eines schöneren Lebens im Einklang mit der Natur in diesem

Bereich schon lange etabliert ist, auch wenn der architektonische Mainstream natürlich noch immer eine ganz andere Sprache spricht. Andererseits eignet sich die Architektur als Metapher, weil hier bereits sehr stichhaltige Theorien über die Funktionsweise von Systemen, in denen Mensch, Natur und Technik in Symbiose zusammenkommen, vorhanden sind. John Fullerton, Gründer und Leiter des Capital Institute in den USA, das sich für die Umgestaltung der Wirtschaft nach regenerativen Prinzipien einsetzt, überträgt dieses Modell in die Welt von Unternehmen sowie auf den Kapitalismus als Ganzes. Material- und Energieströme, die es in einem Gebäudedesign zu bedenken gilt, werden im Nachdenken über Wirtschaft zu Geld- und Informationsströmen, die die einzelnen Teile der Ökonomie versorgen, ganz ähnlich wie unsere Blutbahnen den Körper mit Nährstoffen und Sauerstoff, um ihn gesund zu halten. Fullerton kritisiert, dass das Wirtschaftssystem, so wie es heute funktioniert, das Finanzsystem an oberste Stelle setzt – Menschen, Natur, Wirtschaft und Gesellschaft scheinen einzig dafür da zu sein, mehr Ressourcen aufzubringen, um mehr Geld zu produzieren.[149] Das diese Vorgehensweise rechtfertigende Versprechen eines Wohlstands für alle wird jedoch nicht gehalten.[150] Ein regenerativer Kapitalismus hingegen nutzt Geld als Energiequelle, um »Kapital« auf anderen Ebenen zu erzeugen: materiellen Wohlstand, Selbstverwirklichung, soziale Kontakte, Spiritualität et cetera. Anstelle einer Gesellschaft, die ihr gesamtes Handeln auf der Vorstellung von Knappheit und »Win-lose«-Transaktionen aufbaut, plädiert Fullerton, der selbst jahrelang einer klassischen Wall-Street-Karriere nachging, für eine Gesellschaft, in der nach Win-win-win-Lösungen geforscht wird, wir also davon ausgehen, dass aus dem Zusammenspiel von verschiedenen Akteur*innen keine Verlierer*innen hervorgehen müssen, sondern eben ein holistisch positives Ergebnis im Sinne einer Triple Bottom Line aus »people, planet, profit«. Aus diesen

> Wie schaffen wir es, das Ideal von exponentiellem Wachstum, das jedoch eigentlich exponentielle Schrumpfung unserer Lebensgrundlagen bedeutet, durch exponentielle Veränderung zu ersetzen?

Gedanken entspringt eine Vorstellung davon, wie ein möglicher CO_2-Reduzierungsweg nicht notwendig dazu führen muss, dass ein Großteil der Gesellschaft im Prozess der Transformation an Lebensqualität verliert. Das Narrativ der notwendigen Nachhaltigkeitstransformation, das bisher auf der Formulierung eines Reduzierungsnarrativs basierte, verwandelt sich in eines, bei dem wir unsere Aufmerksamkeit auf das richten, was wir alle gemeinsam durch die Veränderung gewinnen. Denn seien wir mal ehrlich: Niemand von uns möchte in einer kaputten Welt leben, in der Chemikalien unser Trinkwasser verseuchen, Extremwetterereignisse unsere Lebensgrundlage zerstören und wir jedes Jahr mehr bangen müssen, ob der Planet unseren Lebensstil noch erträgt oder uns lieber ein für alle Mal ausradiert. Doch als gäbe es nichts Besseres, klammern wir uns daran fest wie an einen brüchigen Plastikstrohhalm, denn wir können uns schlicht nicht vorstellen, wie wir die positive Alternative erreichen könnten. Wie schaffen wir es, das Ideal von exponentiellem Wachstum, das jedoch eigentlich exponentielle Schrumpfung unserer Lebensgrundlagen bedeutet, durch exponentielle Veränderung zu ersetzen? Ein neues Narrativ ist in den Startlöchern, um mit Kreativität die Vision einer lebenswerten Zukunft umzusetzen. Klimapositive Kühe und »wiederverwendbare« Bäume sind nur der Anfang. In dieser Vision schließen Wirtschaftswachstum und öko-sozialer Impact einander nicht mehr aus, sondern sie bilden eine Synthese: »It's not about how big you grow, it's about how you grow big!«[151] Wie wollen wir wachsen? Wie wollen wir leben? Um eine bessere Welt zu erschaffen, ist es notwendig, dass wir uns, auf Basis einer wissenschaftlichen Prognose, ein ambitioniert und attraktiv formuliertes Ziel setzen, das klar werden lässt, was uns erwartet »hinter der Linie« und »beyond neutrality«. Wir brauchen einen neuen »Designauftrag«: Statt zu fragen, wie wir wohl auf die Null kommen, um 100 Prozent weniger schlecht zu sein, sollten wir fragen, wie wir die Lebensqualität auf diesem Planeten bis 2035 für alle um 200 Prozent verbessern. Die Frage muss sich ändern, um den Lösungsbereich zu vergrößern, Platz zu machen für unerwartete Ideen, Fortschritt statt Rückschritt, Aufwärts- statt Abwärtsszenarien. Geschäftsmodelle, die dieser Philosophie folgen und sie erfolgreich umsetzen, werden es sein, die in Zukunft die

Wirtschaft bestimmen, denn sie sind in der Lage, bisherige Modelle nicht nur moralisch, sondern auch ökonomisch zu übertreffen.[152]

GESCHÄFTSMODELLE DER ZUKUNFT

Wie kann das unternehmerisch konkret aussehen? Wenn wir basierend auf einer Megatrendbetrachtung davon ausgehen, dass es sich bei der aktuell (endlich) ins Rollen kommenden Transformation in Sachen ökologischer Nachhaltigkeit tatsächlich um einen tiefgreifenden Paradigmenwechsel, vergleichbar mit dem der Globalisierung, Industrialisierung und Digitalisierung handelt, stellt sich die Frage, wie dies die Welt verändern wird und sich entsprechend auf Geschäftsmodellebene äußert. Das ist insbesondere deshalb wichtig, weil für Unternehmensaktivist*innen hier der Ansatzpunkt liegt, ihre Art zu wirtschaften im Kern nachhaltig zu gestalten, sie tatsächlich zum Vehikel für Veränderung zu machen. Welchen Logiken folgen also nachhaltige beziehungsweise regenerative Geschäftsmodelle? Ziehen wir die Betrachtung von Geschäftsmodellen heran, wie sie Alexander Osterwalder, der seit etwa 2005 als Wissenschaftler, Autor und Berater zu einer der führenden Stimmen auf dem Gebiet der Geschäftsmodellanalyse und -entwicklung geworden ist, ist ein Geschäftsmodell »the rationale of how an organization creates, delivers, and captures value«.[153] Mit Blick auf unsere Fragestellung liegen zwei interessante Bausteine in dieser Definition: Es ist die Rede von Organisation (nicht zwangsläufig nur Wirtschaftsunternehmen) und von »Value« (was im herkömmlichen Verständnis mit finanziellem Wert gleichgesetzt wird, was aber nicht zwangsläufig der Fall sein muss – es geht um »Value«, nicht »Money«). Je umfassender und grundlegender die Implementierung von Nachhaltigkeit im Geschäftsmodell, desto komplexer und ambitionierter, aber eben auch wirkungsvoller der Impact. Hierbei kann an allen drei in der Definition genannten Stellen angesetzt werden.

1. **Create Value**

   Nachhaltigkeit ist immer eine Frage der Ressourcen und wie mit ihnen umgegangen wird. Ob dies nun die eigene Produktion oder die bewusste Auswahl von Rohstoffen und Zulieferern mit ihren je eigenen Nachhaltigkeitsstandards betrifft – die Wertschöpfungskette ist ein elementarer Ansatzpunkt. Die Analyse-Tools von Planetly oder right. helfen Unternehmen dabei, Transparenz in die entsprechend zu berücksichtigenden Parameter zu bringen. Followfood, Forest Gum und Knärzje, um nur ein paar der von uns interviewten zu nennen – Unternehmensaktivist*innen legen größten Wert auf die Auswahl der Erzeugnisse. Sie sind die Grundlage für eine nachhaltige Wertschöpfung und werden zugleich zum integralen Bestandteil des Wertversprechens der Produkte. Holistisch betrachtet besteht der Hebel hier darin, durch Extraktion und Produktion nicht über die eigene Wertschöpfung Wert an anderer Stelle zu zerstören. Diese gängige Praxis in der Wirtschaft von heute kann inzwischen beispielsweise mit dem Konstrukt der externalisierten Kosten sichtbar gemacht und beschrieben werden.

2. **Deliver Value**

   Die Erbringung des zuvor generierten Werts mit dem Ziel eines möglichst hohen Kundennutzens und eines Product-Market-Fits, also einem Produkt, welches die Bedarfe des Marktes möglichst genau trifft, stellt die zweite wichtige Stellschraube für nachhaltiges Geschäftsmodelldesign dar. Das hierfür im Zentrum stehende Wertversprechen vereint im Sinne einer hedonistischen Nachhaltigkeit verschiedenste Ansprüche an die dargebotene Leistung – Qualität, Funktionalität, Ästhetik, Convenience, aber eben auch kundenseitig immer stärker gewünschte Nachhaltigkeitsaspekte. Tomorrow, Sono Motors oder Original Unverpackt legen ihren Produkten den Anspruch zugrunde, in allen Belangen mindestens so attraktiv zu sein wie »herkömmliche« Produkte am Markt. Wie wir gelernt haben, begreifen etliche der von uns interviewten Unternehmensaktivist*innen über den klassischen Rahmen hinaus auch ökosystemische Elemente als ihre Kund*innen – Parleys wichtigster Kunde ist der Ozean, Goldeimer und Gut & Bösel haben die Böden metaphorisch gesprochen als ihre Kunden auserkoren, für die sie Wert stiften wollen, der Product-Market Fit erweitert sich auf einen Product-Reality Fit. Für ihre »klassischen« B2C- oder B2B-Kund*innen wird genau dieses Commitment zum elementaren Bestandteil im Wertversprechen der Produkte. In einer Welt, die zunehmend von reflektiertem und kritischem Konsum geprägt ist, in der Kund*innen mit ihrer Kaufentscheidung ihr Selbstverständnis zum Ausdruck bringen, wird die zuvor vom reinen Konsum geprägte Kund*innenbeziehung zur aktivistischen Kompliz*innenschaft, was in puncto Kundenakquisition und -(ver-)bindung äußerst positive Auswirkungen hat.

3. **Capture Value**

Herkömmlicherweise stehen bei einer Betrachtung von Geschäftsmodellen die finanziellen Kennzahlen im Mittelpunkt – was sind Kostenfaktoren, über welche Erlösmodelle erhält eine Organisation Wert und wie sind sie so in Einklang zu bringen, dass unterm Strich ein positives Ergebnis steht?

In unserem Falle ist der deutsche Begriff des »Erhaltens« dem englischen »to capture« eindeutig überlegen. Während bei »to capture« neben der in puncto Geschäftsmodell wohl im Vordergrund stehenden Bedeutung des »Gewinnens« oder »Erlangens« auch Bedeutungen wie »fangen« oder »gefangen nehmen« mitschwingen, beschreibt das Verb »erhalten« zwei ausschließlich positiv konnotierte Vorgänge: Man erhält etwas von jemandem, dem man zuvor eventuell auch schon etwas gegeben hat (klassisch die Kund*innen) oder der es einfach gut mit einem meint (ein anderer Mensch oder Ökosystemleistungen wie der Ozean, die quasi kostenfrei zur Verfügung stehen, auch wenn sie bis heute massiv an ihre Grenzen getrieben wurden). In einer zweiten Bedeutung geht es nicht mehr nur um den Akt der Überschreibung oder des Aneignens, sondern darum, wie man mit diesem Wert umgeht, wie man ihn, so gut es geht, erhält, wie man ihn wertschätzt und idealerweise steigert – hier spielt die holistische

Perspektive im Sinne einer Triple Bottom Line mit Blick auf die Resilienz sowohl des Unternehmens als auch unserer Ökosysteme und Gesellschaften eine zentrale Rolle. Wie sich die Berücksichtigung von hohen Nachhaltigkeitsstandards rein unternehmerisch positiv auswirken kann, haben wir kostenseitig in puncto Personal, Finanzierung und Risikomanagement und erlösseitig mit den sich verändernden Bedürfnissen am Markt in den vorigen Kapiteln ausführlich beleuchtet.

Genau an diesem Punkt des Werterhalts entscheidet sich der öko-nomisch nachhaltige Erfolg eines Geschäftsmodells: Nur wer Wert stiftet, erhält Wert. Nur wer Wert erhält, kann diesen wiederum dafür einsetzen, neuen Wert zu stiften und somit gesamthaft Wert steigern.

Wie unsere Unternehmensaktivist*innen folgt auch Alexander Osterwalder dem »Designer's Mindset«. Er stellt die für positive Veränderung alles entscheidende Frage: Wie gestaltet man Geschäftsmodelle? Mit dem Business Model Canvas hat er ein kognitives Werkzeug entwickelt, das mittlerweile als Standard in der Geschäftsmodellgestaltung gilt. Es deckt den Dreiklang aus Create, Deliver und Capture Value in neun »Building Blocks« ab und hilft so, die abstrakte Materie in ihren Einzelteilen sowie gesamthaft in ihrem Zusammenspiel zu analysieren und zu gestalten. Osterwalder gilt mit dem Modell als die profilierteste Stimme für eine kund*innenzentrierte Gestaltung von Geschäftsmodellen, das Wertversprechen steht im Zentrum. Erweitert man die Dimensionen Wert und Kund*in, der unternehmensaktivistischen Praxis folgend, wie bereits dargelegt, vermag dieses Modell auch die holistischen Anforderungen integrativ abzubilden.[154]

Taucht man noch tiefer ein in die Welt der Geschäftsmodellgestaltung, erkennt man außerdem bestimmte Muster.[155] Diese Business-Modell-Patterns, die sich über Branchen und teils durch die gesamte Wirtschaftsgeschichte hinweg als Erfolgsmodelle erwiesen haben, beschreiben bestimmte Logiken, welche ein Geschäftsmodell erfolgreicher machen können. Herkömmlicherweise bezieht sich Erfolg rein auf finanzielle Aspekte – durch die Verschränkung von ökonomischen, ökologischen und sozialen Aspekten wirken diese Erfolgsmuster jedoch im besten Sinne ganzheitlich: Tomorrow wendet auf sein Konto das Muster des »Freemium«-Ansatzes an – schon die Nutzung der kostenlosen Variante des Kontos schafft Wert für Kund*innen sowie den Planeten. Wer die kostenpflichtige Premium-Variante wählt, bekommt Extra-Features – in diesem Modell gleicht Tomorrow anderen Banking-Start-ups, außer dass marktübliche Premiumvorteile um ökologische ergänzt werden.[156] Der herkömmliche wirtschaftliche Vorteil des Upsellings wird so erweitert um ökologische Wertversprechen. Wie am Freemium-Ansatz exemplarisch gezeigt, können viele der bekannten Muster im richtigen Setting öko-nomisch nachhaltig wirken.

Neben diesen allgemeingültigen Erfolgsmodellen finden sich auch Muster, die aus ihrer eigenen Logik heraus Nachhaltigkeit fördern oder zwingend herbeiführen: Die Konsumgütermarke Share beispielsweise basiert auf dem »1+1«-Ansatz. Für jedes verkaufte Produkt – ob es nun bei Share ein Müsliriegel oder bei Warby Parker eine Brille ist – wird andernorts für eine weitere meist bedürftige Person der Zugang zu einem ebensolchen Produkt finanziert. Gleichermaßen in allen erdenklichen Branchen und Produktkategorien anwendbar sind beispielsweise »Sharing«-Modelle, wie wir sie vom Car-Sharing kennen. Mehrere Entitäten teilen sich *ein* Asset, profitieren von niedrigeren Kosten, verdienen durch das Teilen ihrer Wohnung auf Airbnb oder ihres Autos auf Get Around vielleicht sogar selbst – ein veritables Geschäftsmodell für Plattformbetreiber*innen, verbunden mit einem großen Potenzial der Ressourcenschonung.

Dass man bei der Gestaltung innovativer nachhaltiger Geschäftsmodelle das Rad in den seltensten Fällen neu erfinden muss, sondern auf bewährte Erfolgsstrategien bauen kann, kann als gute Nachricht gesehen werden. Die Frage ist nur, inwiefern das schon reicht, um – wie im ersten Teil des Kapitels beschrieben – exponentielle Veränderung in Gang zu setzen und die ambitionierte attraktive Zielsetzung zu erreichen … Wie kreiert man Geschäftsmodelle, die in allen Dimensionen der Triple Bottom Line exponentiell skalieren?

SCHWUNG IN DIE SACHE BRINGEN

Inwiefern es sich manchmal eben doch lohnt, ein Rad (neu) zu erfinden und wie sich hieraus der Schlüsselfaktor für den Erfolg von regenerativen Geschäftsmodellen ergibt – dieser König*innendisziplin wollen wir uns abschließend widmen. Wir kommen damit von der zuvor eher der *Statik* von Geschäftsmodellen gewidmeten Perspektive hin zur *Dynamik* innerhalb eines Geschäftsmodells, die die Unternehmung und ihren Impact »zum Abheben« bringt und sie somit immer stärker den sich selbst erneuernden »magic machines« ähneln lässt, auf deren Spuren wir uns zu Beginn des Kapitels aufgemacht haben, bei denen mehr Impact mehr Business-Potenzial hervorbringt – und umgekehrt.

Hast du dich auch schon mal gefragt, warum einige wenige Unternehmen in kürzester Zeit irrsinnige exponentielle Wachstumskurven hinlegen und all die anderen – wenn denn überhaupt – eher linear wachsen? Diese Frage hat sich bereits vor etlichen Jahren auch Managementexperte Jim Collins gestellt. Und während man generell gerne von der Rolle des Gründer*innengenies ausgeht oder es einfach auf Glück reduziert, ist er der Sache wissenschaftlich auf den Grund gegangen. Sein Buch *Der Weg zu den Besten*[157] beschäftigt sich genau mit der Frage, was diese wenigen großartigen Unternehmen von all den anderen guten Unternehmen unterscheidet. Hierfür begleitete er Unternehmen mit sehr ähnlichen Ausgangsvoraussetzungen, verglich über längere Zeiträume, wie sich diese entwickeln, und nahm dies zur Grundlage, die dahinterstehenden Muster für mehr oder weniger Erfolg herauszuarbeiten. Entstanden ist so eine ganze Systematik von Faktoren und Konzepten, die sich in den Themenbereichen Leadership und Strategie verorten lassen, sowie außerdem einige Ansätze, die spannende Erkenntnisse für die Gestaltung von Geschäftsmodellen beinhalten. So auch das Konzept des Schwungrads. Es beschreibt, wie exponentielles Wachstum im wirtschaftlichen Sinne, aber auch – wie Jim Collins in späteren Veröffentlichungen erweitert[158] –, wie Erfolg von nicht gewinnorientierten Organisationen in ihren jeweilig relevanten Messgrößen, alternativ oder additiv zu klassisch wirtschaftlichen Kennzahlen, entsteht. Das Vorbild ist hierbei der Physik entlehnt: Schwungräder sind große, schwere

Maschinenteile, die durch Drehung kinetische Energie aufnehmen und speichern können. Klingt erst mal unspektakulär, doch der damit zu erzielende Effekt ist bemerkenswert: Wird die gespeicherte Rotationsenergie nicht gezielt wieder abgegeben oder geht durch unerwünschte Reibung verloren, so lässt sie sich immer weiter beschleunigen. Einmal in Bewegung, nimmt die für den weiteren Beschleunigungsprozess benötigte Energie relational immer weiter ab. Wir alle kennen diesen Effekt beispielsweise vom Karussell auf dem Kinderspielplatz – um es in Schwung zu bringen, wird anfänglich die meiste Kraft benötigt, ist es jedoch erst mal in Bewegung, wird es immer leichter, die Geschwindigkeit zu erhöhen. Und ein weiterer Faktor fällt wortwörtlich ins Gewicht: Je mehr Kinder sich weiter zum Rand des Karussells bewegen, desto stärker tritt dieser Effekt ein. In der Physik spricht man von Trägheitsbewegung und dem Faktor der Massenträgheit als Bestreben physikalischer Körper, ihre Bewegung beizubehalten, solange keine äußeren Kräfte auf sie einwirken. Was sich aus dieser modellhaften Ableitung im Unternehmens- und Organisationskontext erreichen lässt, ist alles andere als Trägheit – den Kindern auf dem Karussell wird zwar irgendwann schwindelig, im Unternehmenskontext idealerweise aber nur dem Controlling. Eines der plastischsten Beispiele dafür ist Amazon. Als sich Jeff Bezos im Zuge der schwierigen Marktbedingungen nach dem Platzen der Dotcom-Blase 2001 ratsuchend an Jim Collins wandte und ihn auf den Amazon-Campus[159] einlud, ahnte er vermutlich noch nicht, wie das Treffen den weiteren Lauf der Dinge verändern würde. Unter anderem brachte Jim Collins ihm das Konzept des Schwungrads näher. Er zeigte auf, wie seinen Forschungen gemäß Erfolg im Sinne des wirtschaftlichen Wachstums meist durch Strategien erreicht wurde, die sich an der Logik eines Schwungrads orientierten. Unternehmen sollten sich in diesem Sinne darauf fokussieren, »Momentum« aufzubauen, also einzelne Impulse kausal so miteinander zu verbinden, dass ein Impuls sich automatisch auf den nächsten überträgt und die Reihe von Impulsen einen sich selbst verstärkenden Kreislauf ergibt. Die Vorstellung des großen Schwungrads, das – einmal konstruiert und in Bewegung gesetzt – sich immer weiter exponentiell beschleunigt, scheint Bezos nachhaltig beeindruckt zu haben. Wie es die Mythenbildung will, wurde das bis heute bei Amazon im Management vermittelte Schwungrad von Jeff Bezos erstmals auf einer Serviette entworfen[160] – und ist bis heute so etwas wie die Erfolgsformel des Tech-Riesen.

Abbildung 18: Amazon-Schwungrad nach Jeff Bezos

1. Eine herausragende Kundenerfahrung ist für alle Mitarbeiter*innen das höchste Ziel.
2. Die herausragende Kundenerfahrung sorgt für Kund*innen auf Amazon.com.
3. Die dort anzutreffenden Kund*innen ziehen mehr und mehr Händler*innen an.
4. Dies führt zu einer größeren Auswahl von Produkten auf Amazon.com, was wiederum den Kund*innen zugute kommt.
5. Gleichzeitig kann Amazon durch die gesteigerten Verkäufe Skaleneffekte bei der Infrastruktur erzielen und so die Preise senken.
6. Die Kombination aus wachsender Produktauswahl und sinkenden Preisen steigert die ohnehin schon gute Kund*innenerfahrung … Und damit zurück zum ersten Punkt – et voilà, das Rad beginnt sich zu drehen.

Ins Geschäftsmodell integrierte Schwungräder dynamisieren also die Entwicklung bestimmter Kenngrößen zu einem rasanten exponentiellen Wachstum. Im Zentrum des skizzierten Amazon-Schwungrads steht maßgeblich eine wirtschaftliche Zielsetzung. Das ist für Amazon nicht weiter verwunderlich. Was wäre jedoch, wenn wir die bestechende Logik des Schwungsrads nutzen, um nachhaltige Geschäftsmodelle richtig ordentlich in Schwung zu bringen, sie damit aus sich selbst heraus immer nachhaltiger und nachhaltiger zu machen, um sie letztendlich als Werkzeug für Regeneration zu nutzen? Welche Rolle könnten ökologische neben den ökonomischen Faktoren spielen? Und was ergibt sich gegebenenfalls sogar aus deren Zusammenspiel?

Beginnen wir mit dem, was wir diesbezüglich direkt von Jim Collins, dem »Erfinder« des Schwungrad-Konzepts, mitnehmen können. Denn auch er hat sich damit befasst, ob und wie es sich auf Organisationen übertragen lässt, die sich auf andere Ziele fokussieren als (rein) wirtschaftliche. Er betrachtet Bildungseinrichtungen, Krankenhäuser und Polizeireviere, bei denen er exemplarisch das Modell des Schwungrads wiedererkennt und skizziert. Die jeweils zu erfüllende Zielsetzung – großartige Ergebnisse in puncto Wissensvermittlung, Gesundheitsversorgung oder Sicherheit – wird analog zum wirtschaftlichen Wachstum im Beispiel Amazon zum erklärten Ziel. Unabhängig davon, worum es sich bei dem im Zentrum des Schwungrads stehenden Ziel handelt, bleibt das Konzept einer sequenziell aufeinander einzahlenden Verkettung und Verzahnung verschiedener untergeordneter Erfolgsfaktoren also eine Formel für jedwedes Wachstum. Aus dieser Warte heraus könnte man fast meinen, Jim Collins habe sich für seine modellhafte Betrachtung im Sinne der Biomimikry an natürlichen Ökosystemen, ihren Stoffwechselkreisläufen und ihrem Hang zum Wachstum im Sinne der Selbsterschaffung und -erhaltung orientiert. Umso kurioser erscheint es, dass er seine Erkenntnisse aus der Analyse bestehender Geschäftsmodelle zieht – und zum gleichen Schluss hinsichtlich der Erfolgsaussichten kommt. Es scheint, als existierten mindestens Korrelationen zwischen der Art und Weise, wie ökonomische und wie ökologische Systeme Wachstum generieren, die sich auf prozessualer Ebene mit dem Schwungrad beschreiben und im besten Falle aktiv konstruieren lässt. Das gilt auch für nicht primär aus wirtschaftlichem Interesse heraus agierende Akteur*innen und ihre »Geschäftsmodelle«. Denn ob diese sich nun durch staatliche Förderung oder privat(wirtschaftlich)e Spenden tragen, ob Krankenversicherungen für Behandlungskosten oder Eltern für Schulgelder aufkommen – am Ende zählt neben dem zu erreichenden Hauptziel immer auch die wirtschaftliche Tragfähigkeit. In aller Regel lässt sich eine Beziehung zwischen beiden ausmachen: Größere zur Verfügung stehende Mittel führen auch hier meist zu mehr und besseren Möglichkeiten, das ausgelobte Ziel zu erfüllen – gleichzeitig führt ein höherer Faktor an Zielerreichung meist auch zu mehr zur Verfügung stehenden Mitteln. Eine »Vorzeige-Schule« oder ein »Vorzeige-Krankenhaus« hat bessere Ausgangsvoraussetzungen bei der Akquise von gutem Personal, weiteren finanziellen Zuwendungen et cetera und damit bessere Möglichkeiten, im nächsten Schritt das gesetzte Ziel wiederum noch besser zu erreichen. Die Logik des Schwungrads ist also simpel. Die Umsetzung in der Praxis allerdings nicht ganz einfach. Lasst sie uns also angehen!

UNTERNEHMENSWACHSTUM … TO SAVE OUR HOME PLANET

Eines der wohl nachweislich erfolgreichsten nachhaltigen Unternehmen ist Patagonia, an dessen Beispiel sich die Logik regenerativer Schwungräder besonders deutlich illustrieren lässt. Je mehr das Unternehmen dazu aufruft, seine Produkte nicht zu kaufen, desto mehr Umsatz macht es – ein eindeutiges Anzeichen dafür, dass wir es hier mit einem nachhaltigen Schwungrad zu tun haben. Patagonias erklärtes Ziel ist: »We're in business to save our home planet.« Begonnen hat das Unternehmen, das sich als Ziel seiner Geschäftstätigkeit nichts Geringeres als die Rettung unseres Heimatplaneten setzt, als Hersteller nachhaltiger Outdoor-Ausstattung. Verkürzt dargestellt könnte man die ersten Schritte zu einem Schwungrad also ungefähr so zusammenfassen:

1. Patagonia produziert nachhaltige Outdoor-Ausstattung.
2. Insbesondere Outdoor-affine Kund*innen sind interessiert an nachhaltigen Produkten und kaufen diese.

So weit, so einfach. Letztlich ließen sich in dieser Einfachheit zunächst wohl alle irgendwie »grünen« beziehungsweise »grün angestrichenen« Unternehmen beschreiben. Der erste entscheidende Unterschied entsteht hier:

3. Patagonia setzt die generierten Erlöse ein, um die Produkte und sonstigen Aktivitäten des Unternehmens noch nachhaltiger zu machen – »to save our home planet«.

Diese Überlegung ist nicht nur zentral für die grundlegende Funktionsfähigkeit eines Schwungrads, in dem immer die Grundregel gilt, dass der vorausgehende auf den darauffolgenden Schritt einzahlt; sie zeigt in all ihrer Einfachheit letztlich auch auf, welche Gedanken initial zur synergetischen Verknüpfung von wirtschaftlichem Erfolg und ökologisch-sozialem Impact führen: der Wille, besser zu werden, die Bereitschaft zu reinvestieren und eben die Erkenntnis, dass wirtschaftliches Wachstum nur mit und idealerweise durch ökologisches Wachstum möglich ist.

4. Patagonia findet immer neue Hebel, um in der Tiefe der eigenen und sonstigen beeinflussbaren Wertschöpfungsketten eine Verbesserung in puncto Nachhaltigkeit zu erzielen.

In Bezug auf die Outdoor-Ausstattung bedeutete dies eine kontinuierliche, zahlenmäßig valide Verbesserung der Ressourcenerzeugung, auf die Patagonia als wachsender Nachfrager am Markt einen steigenden Einfluss nehmen konnte. Mittlerweile favorisiert Patagonia regenerativ landwirtschaftende Erzeuger*innen, welche mit ihren Anbaumethoden tatsächlich nicht nur einen reduzierten negativen, sondern einen ökologisch netto positiven Impact erreichen können.

5. Die Erzeuger*innen optimieren ihren Einfluss auf die von ihnen bewirtschafteten Ökosysteme und tragen zur Stärkung regionaler Communitys bei.
6. Patagonia hat Zugriff auf Ressourcen, die den höchsten Nachhaltigkeitsstandards am Markt entsprechen oder darin gar eine Vorreiterinnenrolle einnehmen.

Dies beschreibt nicht nur einen entscheidenden Schritt in der Erbringung der Kernleistung von Patagonia (siehe 1.), sondern eben auch einen veritablen Wettbewerbsvorteil durch Qualitäts- und Innovationsführerschaft. Hinzu kommt die Resilienz mit Blick auf etwaig anstehende Nachhaltigkeitsregulierung – und auf höherer Ebene eben der Beitrag zur Sicherung des Fortbestands unserer planetaren Lebensgrundlagen. Der kann genau erfasst werden:

7. Patagonia kann den erzielten Beitrag messen und bewerten.

Wie Unternehmen ihren Impact messen können und welch vielfältige Relevanz das hat, haben wir bereits im Kapitel 4 erkundet – all das treibt das Schwungrad weiter an und schließt den Kreis:

8. Das Messen und Bewerten des eigenen Impact ist das Fundament, um kontinuierlich besser zu werden und der gesetzten Mission (unseren Planeten retten) immer besser zu dienen.
9. Diese gesetzte große Mission sowie ihre zahlenmäßig authentisch belegbare Umsetzung dient Patagonia wiederum beim Erreichen der relevanten Zielgruppen als Kund*innen für ihre ... – genau: zurück zum 1. Punkt!

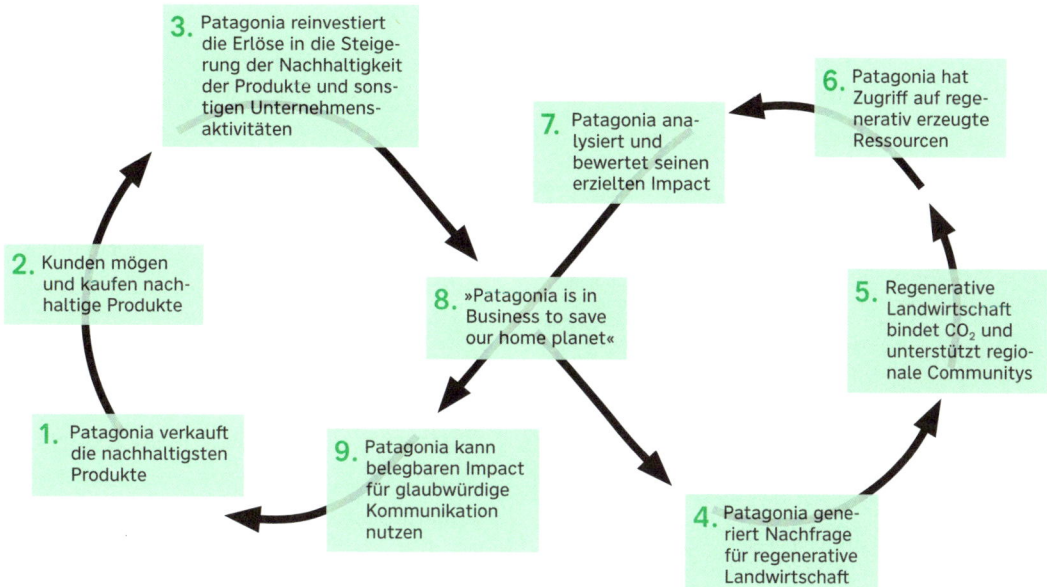

Abbildung 19: Regeneratives Schwungrad am Beispiel Patagonia

Im Verlauf dieses Zyklus werden Kund*innen immer mehr zu Bürger*innen, die mit ihrem Konsum eine bewusste Entscheidung treffen können – dank der mitgelieferten Fakten, was planetare Probleme und Patagonias Beitrag zur Lösung betrifft. Sie können getrost ohne Gewissensbisse und Greenwashing-Verdachtsmomente Patagonia-Produkte kaufen – und damit selbst Teil der Lösung werden. Der Essenz der Schwungrad-Logik folgend wächst Patagonia mit jedem Zyklus und hat es auf diesem Wege über die Jahre zu enormer Markenbekanntheit und einer beachtlichen Unternehmensbewertung gebracht – das Wachstum Patagonias als Unternehmen hat damit in direkter Beziehung auch den positiven Impact von Patagonias Wirken auf Ökosysteme und Sozialwesen befördert.

Durch seine iterative, zyklische Natur zeigt das Modell wie auch die damit beschriebene Realität, dass hier kein Widerspruch bestehen muss. Dass Wachstum weiterhin möglich ist – und zwar mehrdimensional anhand einer holistisch verstandenen Definition von »Wert«. Und dass sich die vermeintliche Dichotomie zwischen Wirtschaftlichkeit und Nachhaltigkeit in eine Synergie, eine echte Win-win-win-Situation verwandeln lässt. Den Ausgangspunkt jedweder Gestaltung eines unternehmerischen Schwungrads bildet die Frage danach, was im Zentrum der Aufwärtsspirale stehen muss. Für regenerative Modelle lässt sich das sehr eindeutig beantworten: Wachstum *und* Impact gleichermaßen! Einen Anhaltspunkt dafür, welche Form von Impact das dann im jeweiligen Fall konkret ist, liefern Tools wie die in Kapitel 3 beschriebene Wesentlichkeitsanalyse. Ob die Ergebnisse einer solchen Analyse dann Maßnahmen mit Bezug zu den »Sustainable Development Goals« der UN, dem Konzept der neun planetaren Grenzen oder anderen öko-sozialen Frameworks hervorbringen – die mit Bezug darauf kreierbare Spirale wird zur liegenden Acht, bei der sich beide damit gesetzten Pole gegenseitig bestärken. Auf diese Weise entsteht die von Gunter Pauli beschriebene »series of positive effects … from which all will benefit«.

Anstatt an den Symptomen der existierenden kränkelnden Systeme herumzudoktern, beheben Unternehmensaktivist*innen durch ein kreatives Umdenken die Ursache des Problems. Sie erschaffen Systeme, die gleichzeitig ökonomisch und ökologisch sinnvoller sind als die bisherigen. Mit Bezug auf CO_2 haben sie den Anspruch, selbst zur »magic machine«, zum sich selbst und die Umwelt regenerierenden Vehikel für positive Veränderung zu werden. Statt weniger schlecht zu sein, überlegen Unternehmensaktivist*innen, wie sie ihren positiven Impact maximieren und Unternehmenswachstum inhärent an öko-soziales Wachstum knüpfen. Wurde Sono Motors gegründet, um einfach nur ein tolles E-Auto zu bauen? Nein. Begreift sich die Firma als ein Instrument, das allein dafür da ist, Erdöl abzuschaffen? Auch nein. Hat Thomas Krämer Forest Gum gegründet, um den Regenwald zu erhalten? Sicher nicht nur. Aber wollte er »einfach nur« ein geiles Kaugummi machen? Nö. Sind sie einfach »nur« Unternehmen? Nein. Sind sie NGOs? Auch nicht. Es sind Organisationen, die sich nicht zwischen Formen entscheiden, die historisch gewachsen zur Auswahl stehen. Sie denken integrativ und wählen genau die Modelle, die sich öko-nomisch als besonders effektiv herausstellen – Unternehmensaktivismus eben. Dass das funktioniert, hat rein gar nichts mit Magie zu tun, sondern mit Verantwortungsbewusstsein, Pragmatismus und einer guten Portion Vorstellungskraft. Aktuell entwickeln sich immer mehr solcher Schwungräder, die Business und Impact auf eine Stufe bringen und die in hoffentlich absehbarer Zeit ihre jeweiligen Branchen ordentlich durcheinanderwirbeln werden. Verstärkt wird diese Entwicklung außerdem durch die Investmentbranche, denn wenn Impact und Business sich nicht mehr ausschließen, sondern positiv befördern, fällt der bislang oft vermutete Zielkonflikt, der laut Investor Luis Hanemann eines der größten Hindernisse für Impact Investing darstellt, einfach weg.

Schwungräder ändern die Rolle der Unternehmen: Wir kommen vom *Be*-wirtschaften der natürlichen Ressourcen zum Wirtschaften *mit* der Natur. Regeneratives Wirtschaften zeigt: Die Erde, unser Haus, muss nicht brennen. Worauf wir heute zusteuern, ist kein auswegloses Szenario! Wenn alle Unternehmen auf der Welt so wirtschaften würden wie der deutsche Durchschnitt heute, würde sich – berechnet mit der XDC-Kennzahl – die Erde bis 2050 auf 5 Grad erwärmen. Was also wäre, wenn wir statt ein bisschen weniger schlechter exploitativer Geschäftspraktiken in großem Stil regenerative Schwungräder bauen, die

> Aktuell entwickeln sich immer mehr solcher Schwungräder, die Business und Impact auf eine Stufe bringen und die in hoffentlich absehbarer Zeit ihre jeweiligen Branchen ordentlich durcheinanderwirbeln werden.

diesen öko-nomisch überlegen sind? Könnten wir die Erde dann nicht sogar wieder abkühlen? Klingt naiv, doch wie wunderbar wäre es, wenn wir wie bei so vielen anderen Dingen auch bei dieser Sache in ein paar Jahren ausrufen könnten: Alle haben gesagt, dass es nicht geht, und dann kamen immer mehr, die das nicht wussten oder nicht mehr glauben wollten, und haben's einfach gemacht.

ZUKUNFTSTURBO: WER, WENN NICHT WIR

Die Öko-Nomie lebt. Sie ist keine Zukunftsvision, nicht zu schön, um wahr zu sein, nicht zu schwierig, um sie umzusetzen. Die Menschen, die wir in den vorherigen Kapiteln beschrieben haben, sind alle echt, ihre Unternehmen auch. Du kannst ihre Produkte kaufen, sie in ihren Büros besuchen, dich bei ihnen bewerben. Sie sind nur die Vorhut einer viel größeren Welle: Die moralisch-unternehmerische Nachhaltigkeitsrevolution ist in vollem Gange, und wir alle stecken mittendrin! Die Frage ist nun, wie schnell die Welle sein wird. Wird sie schnell genug sein, um unsere Zukunft zu retten? Aus der Brille von Zukunftsforscher*innen gleicht die Veränderung, die wir gerade erleben, in ihrer Dynamik vielen anderen. Die großen Umwälzungen nehmen seit jeher viel Zeit in Anspruch. Exakt 50 Jahre, bevor die 195 Vertragsparteien der UN das Pariser Klimaabkommen unterzeichneten und sich auf die Begrenzung der globalen Erwärmung auf deutlich unter 2 Grad einigten, informierte bereits ein besorgtes Beratungsgremium 1965 die US-Regierung über die verheerenden Ausmaße der Klimaveränderung durch die Verbrennung fossiler Ressourcen. Durch den Einsatz von Computermodellen in den Berechnungen konnten seit den 50er-Jahren immer genauere Aussagen über den Treibhauseffekt getroffen werden, die nun zu den ersten öffentlichen Warnungen führten. Doch Veränderung ist nie linear, immer dann, wenn wir glauben, es sei alles klar, bewegen wir uns meistens noch einmal einen großen Schritt zurück. Während sich eigentlich alle einig darüber sind, *dass* etwas getan werden muss, und zum Großteil auch, *was* genau getan werden muss, werden weltweit allerorts weiterhin Autobahnen und Kohlekraftwerke gebaut und massive Agrarsubventionen an Betriebe ausgezahlt, die Lichtjahre von regenerativen Praktiken entfernt wirtschaften – und das ist nur die Spitze des Eisbergs. Doch ähnlich wie beim Klima gibt es auch bei gesellschaftlichen Veränderungen so etwas wie Kipp-Punkte, Points of no Return – wenn sie eintreten, ist alles entschieden, positiv wie negativ. Schieben wir eine Tasse Kaffee auf die Tischkante zu, wird sie noch lange stehen bleiben, auch wenn ein großer Teil von ihr in der Luft ist. An einem ganz bestimmten Punkt beginnt sie jedoch zu kippen, und zwar plötzlich, schnell, mit unumkehrbaren Konsequenzen für Omas Perserteppich. Erhitzen wir die Erde um über 1,5 Grad Celsius, entstehen massive Negativ-Dynamiken, die wir nicht mehr unter Kontrolle bringen können, mit bereits heute absehbaren dramatischen Folgen. Auch den Kaffee haben wir kippen sehen, als wir ihn auf die Kante zuschoben. Menschen sind in der Lage, sie betreffende Veränderungen, lange bevor sie eintreten, zu antizipieren, das ist Teil unserer Natur als sicherheitsaffine Wesen, die sich auf Gefahren einstellen können, für den Winter Vorräte horten, für Corona Klopapier, Kondome oder Gras – je nach kulturellen Vorlieben. Beim Klima scheinen wir dennoch wenig einsichtig. »Das Klima hat einen Bremsweg«,[161] sagt Stefan Rahmstorf, Leiter des Potsdam Instituts für Klimafolgenforschung – wenn wir jetzt nichts tun, wird es zu spät sein. Wir müssen uns anstrengen, die Klima- und Umwelt-Kipp-Punkte zu vermeiden und stattdessen die gesellschaftlichen Veränderungs-Kipp-Punkte möglichst schnell zu erreichen. Zukunft wird gemacht, predigen die Zukunftsforscher*innen. Wie aktivieren wir also den Zukunfts-Turbo? Wie geht Nachhaltigkeitstrendbeschleunigung? Bei der Beobachtung von gesellschaftlichen Trends können wir sehen, dass sich Veränderungen durch »weak signals« andeuten. Nach und nach werden es mehr, aus schwachen Signalen werden sehr deutliche, eine Häufigkeitsverdichtung, die ab einem gewissen Punkt zu einem irreversiblen Umbruch führt, wie uns die Geschichte lehrt. Viele Handelnde mit wenig Einfluss erzeugen nach und nach eine einflussreiche Veränderungsdynamik – wie die Unternehmen, die wir in diesem Buch beschrieben haben. Neben ihnen gibt es auf der ganzen Welt unzählige andere, die ganz ähnlich denken, handeln, (was) unternehmen. Täglich werden es mehr und eben nicht weniger – genau darin manifestiert sich ein Trend. Wenn wir die Veränderung hin zu einer ökologisch und sozial nachhaltigen Wirtschaft und Gesellschaft schneller vorantreiben wollen, können wir darauf hinwirken, mehr und mehr Signale zu senden. Der Organisationspsychologe Prof. Dr. Peter Kruse nannte diesen Effekt einen »Prozessmusterwechsel«,[162] den er aus der Theorie dynamischer Systeme (aka Chaostheorie) entlehnt und auf Change Management anwendet. Er sagt, wer Veränderung vorantreiben will, tut im Grunde nichts anderes, als neue Regeln aufzustellen. Doch in einem stabilen System lassen sich die bestehenden Regeln nicht einfach von heute auf morgen ersetzen, wir müssen mit Absicht Instabilität erzeugen, Regeln brechen, die Veränderungsdynamik antreiben, um Platz für Veränderung zu schaffen. Genau das ist Aktivismus! Guter Aktivismus sendet Störelemente ins System, sorgt im besten Fall für Chaos, kreative Zerstörung und einen Neuanfang. Wir müssen »Kreativität und Veränderung durch aktiv erzeugte Instabilität«[163] hervorrufen. Kruse beschreibt dieses Phänomen mit einer Metapher aus der Musik, die er in der Verfilmung des Romans *Die Blechtrommel* gefunden hat: Eine Truppe von Musikern trommelt einen Marschrhythmus. Unter der Tribüne des Orchesters sitzt der Protagonist Oskar und trommelt in einem anderen Rhythmus dagegen. Immer mehr Musiker kommen aus dem Takt, erst entsteht leich-

> Unternehmensaktivist*innen bringen den Kapitalismus, wie wir ihn kennen, zwar aus dem Takt, aber nur, um ihm damit einen neuen Takt zu verleihen, ihn taktvoll zu machen – vom zerstörerischen Egomanen zum sinnstiftenden Katalysator für die Nachhaltigkeitstransformation.

tes Durcheinander, dann Chaos – eine Phase der Instabilität. Doch es etabliert sich nach und nach ein neues Muster, mehr und mehr Musiker stimmen in den entstandenen Rhythmus ein, Stabilität ist wiederhergestellt – aber es ertönt ein neues Lied.[164] Unternehmensaktivist*innen bringen den Kapitalismus, wie wir ihn kennen, zwar aus dem Takt, aber nur, um ihm damit einen neuen Takt zu verleihen, ihn taktvoll zu machen – vom zerstörerischen Egomanen zum sinnstiftenden Katalysator für die Nachhaltigkeitstransformation.

Ein großer Teil unseres »Song of Capitalism« besteht heute noch aus Gangsta-Rap: »Get Rich or Die Tryin'« – wir wollen reich werden um jeden Preis, koste es, was es wolle. In diesem Weltbild gibt es eine klare Unterscheidung zwischen Gut und Böse, und Geld gehört eindeutig in die zweite Kategorie. Doch nur den Song mies zu finden reicht nicht, wir müssen ihn neu schreiben. Dass wir dabei weiterhin auf Noten, Musikinstrumente und unsere Stimme zurückgreifen, ist Unternehmensaktivist*innen klar. Auf die Frage, ob sie Kapitalist*innen seien, antwortete ein Großteil in unseren Interviews etwas zögerlich, aber mit einem Schmunzeln: »Es kommt drauf an, was ihr damit meint!« Ihrer Ansicht nach leben wir nun einmal in diesem kapitalistischen System, das ist aber nicht per se gut oder schlecht. Wir müssen es nur bestmöglich nutzen. Wer hat noch gleich entschieden, dass man mit Nachhaltigkeit kein Geld verdienen kann? Und auch, dass man es nicht darf? Dürfen nur Altruisten Gutes tun? Wieso genau soll Nachhaltigkeit allein mit Verzicht möglich sein? Und teurer als alles andere? Ach so, ja, weil es Unternehmer*innen allein um Profit geht. Aber ist das denn wirklich so? So wie der Gangsta Rap stammen diese Denkmuster aus einer Zeit, in der wir aus Mangel an allem – Jobs, Bildung, Sicherheit – steile Karrieren als unsere Rettung annahmen. Geld schien die Lösung für alle Probleme zu sein. Heute haben wir verstanden, dass wir da etwas gründlich falsch verstanden haben. Es ist Zeit, dieses Weltbild ad acta zu legen und alle Hebel in Bewegung zu setzten, die wir haben, um das Blatt noch zu wenden. Auch den Wirtschaftshebel, denn es ist einer der größten, die uns zur Verfügung stehen. Wirtschaft braucht einen neuen Rhythmus, und Nachhaltigkeit muss darin mittrommeln. Einer der Pioniere in Sachen »Regenerative Capitalism« ist John Fullerton, von dem du schon in Kapitel

Abbildung 20: Alte und neue Weltordnung nach John Fullerton, Capital Institute

8 gehört hast. Er beschreibt den gerade vor unser aller Augen ablaufenden Paradigmenwechsel mit einem buchstäblichen Perspektivwechsel. In unserem aktuellen Weltbild steht der Planet ganz unten, in der Mitte die Wirtschaft und ganz oben das Geld: Der Planet liefert die Ressourcen, um die Wirtschaft voranzutreiben, die mit ihren Erträgen das Finanzsystem füttert. Das oberste Ziel ist die Steigerung der ökonomischen Effizienz, die unserer Annahme nach zu Wohlstand führen soll. Allerdings ist das bisher, wenn überhaupt, nur für ganz wenige auch wirklich so gekommen. Gleichzeitig sind wir auf Basis genau dieses Systems dabei, uns sämtliche Lebensgrundlagen zu zerstören. Daher dreht Fullerton das Bild um: Kapital liefert die Antriebsenergie für die Wirtschaft, die über ihr Wirken zur Regeneration des Planeten und allgemeinem Wohlergehen beiträgt – eine kopernikanische Wende!

Der neue Song handelt nicht davon, reich zu werden, sondern ganz simpel: glücklich! Das ist zwar cheesy, aber hey!, im Grunde ist das doch genau das, wonach wir alle streben. Du etwa nicht? Das Finanzsystem muss dabei helfen, Wirtschaft ist Mittel zum Zweck. Je mehr Unternehmen in diesen Rhythmus einstimmen, je mehr auch alle Außenstehenden diesen Rhythmus hören können, desto schneller etabliert sich eine harmonische Melodie. Worauf warten wir noch? Ach so, ja auf den Rest der Band! Also zurück zu Peter Kruse: Als Management-Berater hat dieser sich gefragt, wie Unternehmen in Zeiten von radikalen Veränderungen – wie wir es beispielsweise im Zuge der Digitalisierung gerade beobachteten – mit ihren Mitarbeiter*innen umgehen können, um diese auf die Reise mitzunehmen. Peter Kruse empfiehlt:

1. Diejenigen, die eine geringe Leistung im Unternehmen erbringen und der Vision gegenüber wenig Resonanz verspüren, solle man versuchen zu überzeugen.
2. Solche mit hoher Resonanz für die Vision bei niedriger Leistung solle man fördern.
3. Solche mit hoher Visionsresonanz bei gleichzeitig hoher Leistung könne man belohnen.
4. Und alle die, die besondere Leistungsträger*innen sind, also viel Verantwortung tragen, aber die Veränderungsvision ablehnen, müsse man entlassen, denn »sie zerstören die Glaubwürdigkeit der Veränderung«.[165]

Na, das ist doch mal 'ne klare Ansage! Auf gesamtgesellschaftlicher Ebene stellt uns der notwendige Prozessmusterwechsel jedoch vor etwas andere Herausforderungen: Wir können diejenigen, die sich querstellen, schlicht und ergreifend nicht einfach feuern. Mithilfe der demokratischen Prozesse können wir zwar versuchen, auf lange Sicht bestimmte Politiker*innen aus ihren Ämtern zu wählen und andere hinein. Aber es gibt es auch außerhalb des politischen Betriebs enorm viele einflussreiche Leute ohne jegliche Ambitionen, zum Teil der Lösung zu werden.

Es bleibt dennoch Grund zur Hoffnung. Kurz- und mittelfristig werden die gerade weltpolitisch diskutierten Sanktionen und Incentivierungen die Eigendynamik des Marktes insofern beeinflussen, als dass Nachhaltigkeit in einer simplen Wettbewerbslogik zum unternehmerischen Vorteil wird. Noch gibt es zu wenige dieser politischen Steuerungselemente, doch bereits heute antizipiert unter anderem das Finanzsystem diese regulatorischen Entscheidungen – man denke an BlackRock und das Bekenntnis zu nachhaltigen Investments –, was in einer Art selbsterfüllender Prophezeiung die politischen Maßnahmen für die nahe Zukunft unausweichlich macht. Unternehmen, die vorangehen, zeigen uns allen und nicht zuletzt der Politik, was wirtschaftlich möglich ist. Der Markt richtet es also nicht vollkommen allein, wie einige uns glauben lassen wollen, aber er antizipiert, was überfällig ist, was dazu führt, dass es eintritt – ein weiterer Kipp-Punkt. Außerdem werden auch die Mechanismen des Marktes selbst dazu beitragen, etablierte Player mit ihren eigenen Mitteln »zu schlagen« – sie in hohem Bogen durch die Hintertür aus der globalen Wirtschaft hinauszubefördern. Nachhaltig wirtschaftende Unternehmen bekommen schon heute leichter bessere und loyalere Mitarbeiter*innen, sie geben massiv weniger Geld für Marketing aus, haben treue Fans statt einfach nur Kund*innen und sind auch in Sachen Risiko die deutlich bessere Wahl für Investor*innen. Sie sind es auch, die von zukünftigen Gesetzesänderungen überproportional profitieren werden, weil sie nicht *reagieren*, sondern aus ihrer unternehmensaktivistischen Überzeugung heraus *agieren*, die Welle der Veränderung proaktiv antreiben und sie auf ihren Surfbrettern aus Ozeanplastik elegant reiten, anstatt ihr, in einem dicken Schlauchboot sitzend, hinterherzuhecheln. Öko-nomische Unternehmen outperformen die etablierten, und das wahrscheinlich schneller in größerer Zahl, als wir heute noch annehmen – der Kipp-Punkt ist nicht mehr weit! Wir alle müssen zu Häufigkeitsverdichter*innen werden – durch die Produkte, die wir kaufen, durch die Politiker*innen, die wir wählen, durch die Unternehmen, für die wir arbeiten, und die, die wir gründen, und durch das Weltbild, das wir (möglichst laut) vertreten, damit wir den anvisierten Veränderungs-Kipp-Punkt so schnell es geht erreichen. Dann wird die Band zur Big Band oder gleich zu einem ganzen

> Der Markt richtet es also nicht vollkommen allein, wie einige uns glauben lassen wollen, aber er antizipiert, was überfällig ist, was dazu führt, dass es eintritt – ein weiterer Kipp-Punkt.

Orchester. »Das geht nicht« wird dann zu »Warum haben wir das eigentlich nicht schon immer so gemacht?«.

Die Geschichte wiederhole sich nicht, sie reime sich, soll Mark Twain einmal gesagt haben. Vielleicht erinnerst du dich auch noch an Aussagen wie diese: Eine Online-Zeitung zu lesen ist nicht das Gleiche wie eine aus Papier! Aber sobald die auch digital praktischeren Formate, inklusive funktionierender Geschäftsmodelle, gefunden waren, sind Printzeitungen und ihre Leser*innen aus Bussen und Bahnen so gut wie verschwunden. Viele Unternehmen waren der festen Meinung, »das mit dem Internet« werde sich schon wieder erledigen. Sie alle lernten ein neues Wort: Disruption. Manche auf die sanfte, andere auf die harte Tour. Es geht hier jedoch nicht einfach darum, von irgendeiner Suchmaschine in seinem Kerngeschäft – ob es nun Banking oder die Automobilwirtschaft ist – vom Markt verdrängt zu werden, sondern beim Thema Nachhaltigkeit entsteht eine ungleich reißendere Dynamik: Es geht darum, ob wir in 30 Jahren überhaupt noch eine Weltwirtschaft haben, in der wir unsere Produkte und Dienstleistungen vermarkten können. Und ja, natürlich wird diese Veränderung Arbeitsplätze kosten. Wie bei allen anderen Umwälzungen wird dieser Verlust von Arbeitsplätzen und Berufsbildern aber wie immer nicht die zuvor ausgemalte Apokalypse bewirken, sondern aller optimistischen Voraussicht nach von neuen, vielversprechenden Tätigkeitsfeldern überkompensiert werden, wie auch eine aktuelle Studie von McKinsey eindrucksvoll vorrechnet.[166] Denn seien wir mal ehrlich, die Jobs, die viele Leute früher gemacht haben, die mittlerweile digitalisiert und automatisiert sind, wer würde sie heute noch freiwillig tun wollen?

Von der Digitalisierung haben wir gelernt: Innovation ist keine Abteilung. Es reicht nicht, ein paar Leute zwei Jahre in ein Innovation Lab zu sperren und sie Apps entwickeln zu lassen, während der Rest des Unternehmens sich weiter mit Faxgeräten rumärgert. Digitalisierung verändert nicht allein einzelne Produkte und Dienstleistungen von Unternehmen, sie stellt die Basisinfrastruktur für jegliche Form des Wirtschaftens. Entsprechend reicht es nicht, neben der Unternehmensstrategie eine Digitalstrategie zu verfolgen, ab einem gewissen Zeitpunkt *ist* die Digitalstrategie die Unternehmensstrategie oder zumindest ein inhärenter Bestandteil. In den vergangenen Jahren wurden Unternehmen direkt auf Basis dieser digitalen Infrastruktur gegründet. Etablierte Unternehmen mussten sich von der naiven Einstellung verabschieden, ihre »EDV«-Abteilung mit den 48 Systemen aus grauer Vorzeit sei schon digital genug. Stattdessen werden notgedrungen alle Unternehmensbereiche digitalisiert. Oder die Unternehmen wurden »wegdigitalisiert«, wie einige schnodderige Beratermenschen sagen würden, oder »disrupted«, wie das in der »Silicon-Valley-Welt« gerne heißt.

Auch Nachhaltigkeitsstrategien und -berichte, die wahlweise aus CSR-Abteilungen oder Compliance-Abteilungen kamen, waren in den vergangenen Jahren und Jahrzehnten nur der erste Schritt, sich dem Thema mit minimalem Risiko zu nähern. Heute hängt über jedem Lichtschalter der Global Headquarters bereits ein Hinweis, beim Verlassen des Raums solle das Licht ausgeschaltet werden, und jede Abteilung hat bereits ihre obligatorischen 100 Bäume gepflanzt, in der E-Mail-Signatur steht irgendwo im Kleingedruckten, man sollte sich das Drucken der Mail doch noch mal überlegen, und so weiter. Jetzt gilt es, noch einen Schritt weiterzugehen: Innovation und Nachhaltigkeit werden in Zukunft maximal verknüpft und jeder Unternehmensbereich anhand von Nachhaltigkeitsfragestellungen neu definiert – entlang der gesamten Wertschöpfungskette. Die größte Hürde dafür liegt im Vergleich mit der Digitalisierung allerdings nicht im *Können*. Im Kern der digitalen Transformation liegt die bewusste Gestaltung der User Experience, mit der Technik erst menschlich wird, »nutzer*innenfreundlich«, wie es

> Beim Thema Nachhaltigkeit jedoch ist alles da – das Wissen, die technischen Möglichkeiten, die Leute, die Lust darauf haben, die finanziellen Mittel.

so schön heißt. Die Kompetenz, die User Experience optimal zu gestalten, mussten wir uns erst aneignen, bevor die Digitalisierung ihren radikalen Sog auf alle Lebensbereiche entfalten konnte. Beim Thema Nachhaltigkeit jedoch ist alles da – das Wissen, die technischen Möglichkeiten, die Leute, die Lust darauf haben, die finanziellen Mittel – *Können* ist nicht das Bottleneck. *Müs-*

sen, wie wir gelernt haben, auch nicht. Dass viele einfach nicht *wollen*, versuchen sie mit dem Nicht-*Können* zu begründen. Doch lange können sie nicht mehr darauf bauen, dass ihnen das noch irgendjemand wirklich abnimmt.

Die Nachhaltigkeitstransformation ist schon lange keine technische Herausforderung mehr. Schon in den 60er/70er-Jahren, als das Thema Klimawandel und seine dramatischen Folgen zum ersten Mal in der breiten Öffentlichkeit auf den Tisch kam, forschte man bereits an möglichen Lösungen! Und zwar nicht allein in den stillen Kämmerlein der Universitäten. Exxon, eines der Unternehmen, die zweifelsohne zu den Hauptverantwortlichen für unsere Misere zählen (10 Prozent der weltweiten Emissionen seit 1965 gehen auf die Ölkonzerne Exxon, Chevron, BP und Shell zurück), war zu dieser Zeit noch auf dem Weg, ein echtes, fortschrittlich denkendes Energie-Unternehmen zu werden. Damals forschte eine ganze Horde von Wissenschaftler*innen für Exxon an der Klima-Thematik und an erneuerbaren Energien.[167] In Folge der Ölkrise 1973 wehte jedoch der Sturm der Effizienzsteigerung durch die Company und fegte die komplette Zukunftsabteilung vor die Tür. Ab jetzt hieß es stattdessen: Öl, Öl und noch mal Öl. Um diesen lukrativsten aller Geschäftszweige nicht durch unnötigen Gegenwind zu gefährden, setzte das Unternehmen darauf, in der Öffentlichkeit durch eigens dafür angeheuerte Wissenschaftler*innen und gezielte Kampagnen Unsicherheit über den Klimawandel zu erzeugen, ganz ähnlich, wie es schon zuvor der Tabakindustrie gelungen war, die Tatsache, dass Rauchen krebserregend ist,

> Wer sich wie Exxon an so entscheidenden Weggabelungen wie der zwischen Öl und der Erforschung von Zukunftstechnologien entschließt, die Augen zu verschließen, braucht sich nicht wundern, dass heute jeder Versuch, etwas richtig zu machen, nur noch mehr Öl ins Feuer gießt und bis zum Himmel nach Greenwashing stinkt.

als eine Frage des Glaubens hinzustellen. Jetzt hieß es, die Wissenschaft sei sich uneins darüber, ob der Klimawandel real sei und der Mensch dazu beitragen würde. Gott bat angesichts solcher Dummheit den soeben an Krebs erkrankten Marlboro Man um eine Zigarette. Bis heute hält der Effekt dieser Kampagnen an. In einem Interview in der US-amerikanischen *The Daily Show* beschrieb Greta Thunberg, dass sich der Klimadiskurs in den USA eher wie eine Glaubensfrage anfühle. Wo sie herkomme, gelte es bereits als Fakt: »Where I come from, it's more like a fact.« Wer sich wie Exxon an so entscheidenden Weggabelungen wie der zwischen Öl und der Erforschung von Zukunftstechnologien entschließt, die Augen zu verschließen, braucht sich nicht wundern, dass heute jeder Versuch, etwas richtig zu machen, nur noch mehr Öl ins Feuer gießt und bis zum Himmel nach Greenwashing stinkt. Vor dem Hintergrund dieser Geschichte – zu der Exxon nur einen in Anbetracht der weltweiten Verstrickungen von Unternehmen vergleichbar kleinen, aber besonders illustrativen Beitrag geleistet hat – wird klar, warum die Glaubwürdigkeit von Unternehmen und »der Wirtschaft« als Ganzem so sehr am Boden liegt. Wir nehmen ihnen einfach nicht mehr ab, dass sie zum Guten beitragen wollen, selbst wenn es tatsächlich so ist. Inzwischen hat sich das negative Bild von Unternehmen so weit in unsere Hirnstrukturen eingebrannt, dass viele von uns sogar der festen Meinung sind, Unternehmen *dürften* überhaupt nicht zum Guten beitragen. Wir erinnern uns an die Tirade von *Höhle-der-Löwen*-Investor Georg Kofler aus Kapitel 3. Als geradliniger Verfechter wirtschaftlichen Denkens vertritt er anscheinend die Überzeugung, dass ein Geschäftsmodell, sobald es finanziell lukrativ ist, nur auf Profitgier basieren kann und nicht auf dem Gedanken, wirtschaftlich und ökologisch sinnvoll mit Ressourcen umzugehen. Entweder – oder! Selbst wenn wir also beim Thema der nachhaltigen Transformation an das *Können* einen Haken machen und beim *Wollen* angekommen sind, hindert uns im nächsten Moment das *Dürfen* daran, wirklich etwas zu tun.

Gerade hier liegt eine große Chance für (angehende) Unternehmensaktivist*innen: Denn während es im Rahmen der Digitalisierung die User Experience ist, die im Sinne eines Differenzierungsmerkmals im Schwungrad der Erfolgreichen die Verkaufszahlen in die Höhe schraubt, ist es für Unternehmen, die Nachhaltigkeit in ihrer DNA verankern wollen, das Thema Vertrauen, das wirtschaftlichen Erfolg auf Dauer ermöglicht. Im Zuge der moralischen

Revolution, wie wir sie in der Einleitung beschrieben haben, ist es die unbedingte Aufgabe aller Unternehmen, die in Zukunft (noch) erfolgreich sein wollen, ihren Kunden nachprüfbar zu beweisen, dass sie verantwortungsvoll mit unseren Ressourcen umgehen, sie gar, wenn möglich, über ihr Wirtschaften zu erneuern und zu vermehren. In solchen Geschäftsmodellen führt mehr Vertrauen zu mehr Umsatz, je größer der Umsatz, desto größer die restaurative beziehungsweise regenerative Wirkung auf den Planeten. Kann diese auch gemessen werden, können die Ergebnisse der Messungen nach außen kommuniziert werden, was wiederum das Vertrauen steigert – eine Aufwärtsspirale. Je mehr Unternehmen auf diese Weise wirtschaften, Lieferketten regenerativ umgestalten, desto geringer die Produktionskosten, desto niedriger die Preise für nachhaltige Produkte, desto mehr Menschen können von den Entwicklungen profitieren, sodass wir als Zielbild ein für alle Einkommensgruppen zugängliches nachhaltiges Wirtschafts- und Ressourcenwachstum setzen können. Neben der bereits bekannten Entkopplung von Ressourcen und Wirtschaftswachstum durch Effizienzsteigerung könnten wir damit zusätzlich eine positive Rückkopplung setzen, bei der mehr Unternehmenswachstum zu mehr und nicht weniger (bisheriges Wirtschaftsmodell) oder gleich vielen (Neutralität) Ressourcen führt. Auch, weil Vertrauen aufgrund unserer Wirtschaftsgeschichte in dieser Transformation eine so enorme Rolle spielt, ist das Thema Messbarkeit von so zentraler Bedeutung für nachhaltige Geschäftsmodelle. Einerseits, um Vertrauen in Unternehmen (wieder)herzustellen, andererseits, um sie in die Lage zu versetzen, sich die Transformation auch selbst erst zuzutrauen – ausgestattet mit dem notwendigen Handwerkszeug und der inneren Überzeugung, zu dürfen, was sie wollen. Die Messung der Effekte unseres Wirtschaftens ist der erste Schritt in die richtige Richtung. Sie legt offen, wo in Unternehmen die größten Stellschrauben für positive Veränderung verbaut sind – nämlich an genau den Bauteilen, die besonders viele negative Umweltauswirkungen erzeugen. Hier dürfen wir nicht den Fehler begehen, uns mit einem »weniger schlecht« bis hin zur Neutralität zufriedenzugeben. Weniger Plastik ist immer noch Plastik. Weniger CO_2 immer noch Umweltverschmutzung. Verzicht hat uns bis heute nicht gerettet, auch wenn es rein theoretisch eine richtig gute Idee wäre. Aber Regeneration von Ressourcen heißt: Wir müssen etwas vollkommen anders machen, sie erfordert Neugier und überbordende Kreativität. Wie kommen wir von einer Wirtschaft, die auf Win-lose-Mechanismen basiert – entweder gewinnt der Mensch und der Planet verliert oder umgekehrt – zu einer, bei der jede Handlung mehrere positive Effekte für alle Beteiligten hervorruft? Jedes unternehmerische Angebot nicht nur finanzielle Kennzahlen steigert, sondern sich gleichzeitig sozial, ökologisch, emotional positiv auszahlt? Und das mehrfach? Ein solches Denken geht weit über das uns bekannte Effizienzdenken hinaus. Der deutsche Chemiker Michael Braungart und sein US-amerikanischer Co-Autor William McDonough beschreiben es in ihrem Werk *Cradle to Cradle* als das Denken in »Öko-Effektivität« und veranschaulichen es mit der Metapher des Kirschbaums, der »zahllose Blüten und Früchte hervor [bringt], ohne seine Umwelt zu belasten«.[168] Sie werden zu Energie im Boden oder zu Nahrung für Tiere. Ein Kirschbaum – genau wie alle anderen in der Natur vorkommenden Systeme – ist nie effizient. Er produziert nie exakt so viele Kirschen, wie benötigt werden, nur um dann, wenn wir mehr davon brauchen, nach Düngemitteln zu schreien, und letztlich den Dienst zu quittieren, weil wir ihn kaputtgewirtschaftet haben. Wenn wir unseren kaputten Kirschbaum – also unsere Erde – nun retten wollen, reicht es nicht, einfach nur weniger Kirschen zu essen – die Leckermäuler werden uns aufs Dach steigen, wenn sie zu wenige oder gar keine Kirschen mehr abbekommen. Die Wirtschaft von gestern hat in diesem Bild mehr und mehr Kirschen verbraucht, bis keine mehr da waren. Wir können alle Beteiligten zum Verzicht anhalten – mit fragwürdigem Ausgang. Oder wir denken einmal komplett um: Was wäre, wenn Wirtschaftswachstum nicht schlecht, sondern

> **Wie kommen wir von einer Wirtschaft, die auf Win-lose-Mechanismen basiert – entweder gewinnt der Mensch und der Planet verliert, oder umgekehrt – zu einer, bei der jede Handlung mehrere positive Effekte für alle Beteiligten hervorruft?**

gut für die Umwelt wäre? Was wäre, wenn Wirtschaft Natur nicht ausbeuten würde, sondern sie sogar befördern könnte? Ein bisschen so, als würde Kirschenessen dazu beitragen, dass mehr Bäume wachsen. Das klingt im ersten Moment paradox, auf den zweiten Blick allerdings vollkommen logisch. Je mehr Tiere oder ursprünglich auch mal Menschen (so lange sie noch keine Abwassersysteme hatten) Kirschen essen, desto mehr Kirschsteine werden in der Landschaft verteilt und desto mehr Bäume sprießen. Eine Wirtschaft, die nach diesem Prinzip funktioniert, sollte durchaus wachsen, sie kann gar nicht anders. Allerdings wächst sie eben nicht über Effizienz – möglichst geringer Energieeinsatz mit möglichst viel Kirschen-Output, der dann komplett von einer Krähe allein eingesammelt wird –, sondern über systemische Effektivität, ähnlich dem Ökosystem, in dem ein Kirschbaum zu Hause ist. Wie genau das in den unterschiedlichsten Branchen aussehen kann, zeigt sich aktuell in immer mehr Sprösslingen. Wir denken dabei an das Feld von Benedikt Bösel, auf dessen Fläche vier »Ernten« hintereinander möglich sind, bei gleichzeitigem Humusaufbau, sprich: CO_2-Speicherung in der Erde, und damit wiederum verbesserten Böden, die wiederum bessere Erträge zur Folge haben. Oder an die Müllverbrennungsanlage von Bjarke Ingels, die mitten in der Stadt nachhaltigen Strom erzeugt, wobei sie gleichzeitig Sportpark, Naherholungsgebiet, Feinstaubfilter und Veranstaltungszentrum in einem ist. Die Möglichkeit der Existenz solcher multifunktionalen Systeme beschränkt sich dabei nicht nur auf naturnahe Branchen. Ein ähnliches Denken steckt zum Beispiel auch hinter der Tatsache, dass die gesamte Beheizung des Potsdam Instituts für Klimafolgenforschung durch die Abwärme der Server erfolgt, die jeden Tag eindrucksvoll die Folgen unserer planetaren Misswirtschaft berechnen – ein »Produkt«, multiple positive Effekte!

Wie wir von Peter Kruse gelernt haben, werden sich nicht alle auf die Transformationsreise einlassen. Es braucht mutige Macher*innen – die Prozessmusterwechseltrommler*innen dieser Welt –, die sich angesichts des unmöglich Erscheinenden trauen, die kreative Zerstörung des Alten einzuleiten und das entstehende Vakuum mit noch unbekannten Antworten zu füllen. Wer bis hierher gelesen hat, ist hoffentlich ein*e solch mutige*r Macher*in, ein*e Unternehmensaktivist*in. Traut euch! Es gibt nichts zu verlieren, was nicht eh verloren wäre – eure und unsere Zukunft war noch nie so unsicher wie heute. Doch es ist zu spät, um pessimistisch zu sein. Die Zukunft gehört den Possibilist*innen – denen, die Möglichkeiten sehen und sie in Realität verwandeln.

ANMERKUNGEN

1. https://www.youtube.com/watch?v=U72xkMz6Pxk
2. … im richtigen Leben heißen sie Elon Musk (u. a. CEO von Tesla und des Raumfahrtunternehmens SpaceX), Jeff Bezos (Gründer von Amazon und des Raumfahrtunternehmens Blue Origin), Richard Branson (Gründer von Virgin Airlines und des Raumfahrtunternehmens Virgin Galactic)
3. Weizsäcker, Ernst Ulrich von: *Faktor Vier: Doppelter Wohlstand – halbierter Verbrauch.* Droemer Knaur (1997). Und: Weizsäcker, Ernst Ulrich von: *Faktor Fünf: Die Formel für nachhaltiges Wachstum.* Droemer HC, 6. Edition (2010).
4. Vagt, Jürgen (Moderator). Die-Zukunftsmacher-Podcast Nr. 31, 18.09.2020. Fritz Habekus (Die Zeit): Artensterben und Biodiversität. https://open.spotify.com/show/12wmahrkeFCSQGJqIiHPCD?si=YwEvMjq-T7GvTCSLFrtWVA
5. Positive Rückkopplung heißt es in der Wissenschaft, wenn Kipp-Punkte im Ökosystem zu einer immer schnelleren Abwärtsspirale im Sinne der Degeneration führen. Wir möchten hier die genau umgekehrte Entwicklung beschreiben – eine Aufwärtsspirale.
6. IPBES steht für Intergovernmental Platform on Biodiversity and Ecosystem Services. So wie der Weltklimarat IPCC die UN-Institution für Klimafragen ist, berät die IPBES sie in Sachen Biodiversität.
7. The Eth Word. (18.01.2019). Ryan Gellert // Patagonia – three vehicles for change. Video. https://www.youtube.com/watch?v=XbbdTUzE6NU
8. Elisabeth Kübler-Ross: *On Death And Dying.* Scribner (1997).
9. Neubauer, Luisa: 1,5 Grad – der Klimapodcast mit Luisa Neubauer. Folge 2: Großmutter – was macht uns zu Aktivistinnen?, 23.11.2020. https://open.spotify.com/episode/274Faf5SUiQRe9wIefAmxJ?si=g7WjH0SeS7yOBRxVttBIcw
10. Popper, Karl R.: *Das Elend des Historismus.* Mohr Siebeck (2003), S. 7.
11. Isaacson, Walter. *Steve Jobs. Die autorisierte Biografie des Apple-Gründers.* Bertelsmann, S. 145 ff.

12 Der Begriff stammt vom Organisationspsychologen Prof. Dr. Peter Kruse und bezeichnet solche Innovationen, die vollkommen neue, unerwartete Ansätze bereithalten, die die Effekte der bisherigen um Längen übertreffen. Als eingängiges Beispiel nennt er für den Bereich der Leichtathletik den Übergang von der lange etablierten Hochsprung-Technik des »Straddle« zum »Fosbury-Flop«.

13 Next Growth beschreibt in Anlehnung an Peter Kruses Konzept der Next Practice eine neue Form des Wachstums, das nicht per se schlecht für den Planeten ist. Wir stellen sie hier Degrowth gegenüber, also dem Ziel, dem Kredo nach immer mehr Wirtschaftswachstum zu entkommen und in planetar verträglichen Maßen zu leben. Abgeleitet von Decoupling sprechen wir mit Recoupling davon, Wirtschaft und Planet nicht zu entkoppeln, um negative Effekte zu reduzieren, sondern gezielt zu verbinden, sodass mehr Wirtschaftswachstum mehr Natur und Ressourcen bedeutet. In den Wirtschafts- und Umweltwissenschaften wird das auch »Re-Embedding« genannt.

14 Am 11.12.2019 stellte die EU Kommission ihr Konzept bis 2050, der erste klimaneutrale Kontinent zu werden, vor. https://ec.europa.eu/info/strategy/priorities-2019-2024/european-green-deal_de

15 Alexander von Humboldt wies auf diesen Zusammenhang in seinem Werk *Central-Asien. Untersuchungen über die Gebirgsketten und die vergleichende Klimatologie* von 1843/44 hin.

16 https://www.youtube.com/watch?v=qWEpTok6AJo

17 https://www.youtube.com/watch?v=4VeMWtwFB9A

18 Der Begriff wurde vom Wirtschaftswissenschaftler Harry Igor Ansoff im Rahmen strategischer Früherkennung von Veränderungen im Unternehmensumfeld geprägt. Das Konzept gilt mittlerweile als Standardwerkzeug in der Zukunftsforschung.

19 Kwame, Anthony Appiah: *Eine Frage der Ehre: oder Wie es zu moralischen Revolutionen kommt*. C.H. Beck (2011).

20 https://www.youtube.com/watch?v=aH4gZ109UtA

21 Die Kosten, die aufgrund von invasiven Arten entstehen, belaufen sich auf jährlich mindestens 12 Milliarden Euro in der EU (https://ec.europa.eu/germany/sites/germany/files/kh0414054den_002.pdf), mehr als 167 Millionen Euro in Deutschland (https://www.bund.net/themen/tiere-pflanzen/invasive-arten/) und 120 Milliarden Dollar in den USA (David Pimentel, Rodolfo Zuniga, Doug Morrison. »Update on the environmental and economic costs associated with alien-invasive species in the United States«. *Ecological Economics*. 52 (2005), S. 273–288.)

22 https://phys.org/news/2017-02-invasive-species-globally.html

23 2019 wurde von der IPBES ein Bericht zum Stand der Biodiversität veröffentlicht. Eine Zusammenfassung findet sich hier: https://www.senckenberg.de/en/

about-us/organisation/topics/thema-ipbes-bericht/ Der gesamte Bericht hier: https://www.ipbes.net/sites/default/files/2020-02/ipbes_global_assessment_report_summary_for_policymakers_en.pdf

24 Als Mitbegründer, Sänger und Gitarrist der britischen Punk-Band The Clash kennt sich Joe Strummer mit Kreativität und Schaffenskrisen aus. Seine Regel ist so einfach wie genial: no input, no output. Nur wer wahr- und aufnimmt, kann Neues erschaffen.
25 www.klima-angst.de
26 https://de.statista.com/statistik/daten/studie/693191/umfrage/import-von-fleisch-aus-brasilien-in-deutschland/
27 https://www.dw.com/de/wieso-deutscher-m%C3%BCll-eben-doch-im-meer-landet/a-47198039
28 https://www.wiwo.de/unternehmen/industrie/1400-neue-kohlekraftwerke-kohle-verstromung-koennte-um-33-prozent-steigen/23141266.html
29 https://www.wiwo.de/technologie/green/foerderung-von-kohle-kraft-kfw-bank-in-erklaerungsnot/13550244.html
30 https://www.faz.net/aktuell/gesellschaft/kaugummis-900-millionen-euro-im-jahr-fuers-wegkratzen-1783180.html
31 https://lebensmittelpraxis.de/suesswaren/24832-kaugummi-gib-gummi.html
32 Mit dem Begriff Kipp-Punkt werden in der Klimaforschung solche Ereignisse bezeichnet, die, wenn sie eintreten, Kettenreaktionen von solchen Ausmaßen auslösen, dass eine Umkehrung nicht mehr möglich ist. Einer dieser Kipp-Punkte ist beispielsweise das Auftauen der Permafrostböden, wodurch enorme Mengen CO_2 und Methan in die Athmosphäre gelangen, die wiederum das Abtauen vorantreiben.
33 Die Methoden der »Attribution Studies« können das schon heute. Die Klimawissenschaftlerin Friederike Otto arbeitet mit einem Forschungsteam daran, mithilfe von Berechnungen zu ermitteln, wie viel Anteil der Mensch an bestimmten Extremwetterereignissen hat. Luisa Neubauer beschreibt im Buch *Vom Ende der Klimakrise*, welche tragende Rolle der wissenschaftlichen Disziplin im Rahmen von Schadenersatzklagen zukommen wird (S. 159 f.).
34 Howard, Carli (Moderatorin): BBC Fashion Fix with Charli Howard. Microplastics with Cyrill Gutsch and Dr Mark Browne. Podcast, 08.11.2019. https://www.bbc.co.uk/programmes/p07t9p25
35 https://www.youtube.com/watch?v=ljqra3BcqWM
36 *Steve Jobs – Secret of Life*, Silicon-Valley-Historical-Association-Interview (Video) von 1994. https://www.youtube.com/watch?v=kYfNvmF0Bqw. Übersetzung durch die Autor*innen.
37 Der Begriff der »wicked problems« wurde ursprünglich von den Architekten und Designtheoretikern Horst Rittel und Melvin Webber in den 1960er-Jahren im Kontext schwer greifbarer Probleme in Planungsprozessen geprägt. Das Konzept

der »wicked problems« stellte sich als sehr anschlussfähig dar und machte so vor allem in den Sozialwissenschaften eine Karriere.
38 Saras D. Sarasvathy: *Effectuation. Elements of Entrepreneurial Expertise.* Edward Elgar (2008).
39 Vgl. ebd., S. 16.
40 Sarasvathy, Saras: What makes entrepreneurs entrepreneurial? University of Virginia Darden School Foundation, Charlottesville, USA, S. 2.
41 Wenn du selbst nachsehen und vielleicht sogar -helfen willst, findest du unter https://hektarnektar.com/de/bienenpatenschaft den aktuellen Stand und die Möglichkeit, selbst Bienenpat*in oder gar Projekt-2028-Imker*in zu werden.
42 Schumpeter widmet sich den psychologischen Motiven des Unternehmer*innentums hauptsächlich in seiner 1911 erschienenen *Theorie der wirtschaftlichen Entwicklung. Eine Untersuchung über Unternehmergewinn, Kapital, Kredit, Zins und den Konjunkturzyklus.* Duncker und Humblot (1997).
43 https://www.welt.de/wissenschaft/article190146845/Feinstaub-Luftverschmutzung-erhoeht-Risiko-fuer-Herzinfarkt-Schlaganfall.html
44 https://www2.deloitte.com/de/de/pages/innovation/contents/millennial-survey-2019.html
45 https://www.fastcompany.com/90306556/most-millennials-would-take-a-pay-cut-to-work-at-a-sustainable-company?
46 https://utopia.de/leben-ohne-toilettenpapier-31819
47 Gemeinsam mit der Wetlhungerhilfe setzt sich Goldeimer für Komposttoiletten und den Zugang zu gesicherter Trink- und Nutzwasserversorgung ein. Mehr Infos dazu gibt es hier https://www.goldeimer.de/wir-stellen-vor-die-welthungerhilfe-unser-partner/
48 Laut der im Auftrag der UN angefertigten Studie *Millennium Ecosystem Assessment* befanden sich bereits 2005 60 Prozent der untersuchten Ökosystemdienstleistungen in einem Zustand fortgeschrittener und/oder anhaltender Zerstörung.
49 Göpel, Maja: *Unsere Welt neu denken: Eine Einladung.* Ullstein (2020).
50 Hans-Dietrich Reckhaus: »Der Tod war mein Beruf – Die Zukunft der Biozid-Branche«. Unveröffentlichter Artikel (2013), S. 1.
51 https://www.spiegel.de/wirtschaft/co2-ausgleich-fuers-klima-das-geschaeft-mit-dem-reinen-gewissen-a-1299545.html
52 https://www.handelsblatt.com/unternehmen/handel-konsumgueter/ceo-michael-haehnel-ruegenwalder-muehle-veggie-fleisch-ueberholt-erstmals-klassische-wurst/26128214.html?ticket=ST-27320117-H9pjr4TfwbPH1abFaBMo-ap6
53 Zwischen 2010 und 2015 lebte Raphael im »Geld- und Konsumstreik«, um darauf hinzuweisen, dass es zu Überkonsum und Verschwendung auch günstige und glücksbringende Alternativen gibt. Für jegliche Aktivitäten – Vorträge, Fernsehauftritte, die Veröffentlichung eines Buches – verzichtete er auf Honorare.

Aus dieser Zeit stammt auch die Idee, Lebensmittel, die übrig sind, zu teilen. Raphael gründete Foodsharing.de. Über die Erfahrung des Lebens ohne Geld stellte er fest, dass auch die Idee, mit Geld nichts zu tun haben zu wollen, ein Dogma ist. Geld kann ein Mittel für Gutes sein – zum Beispiel für die Gründung eines Supermarktes, der Lebensmittel rettet: Sirplus.

54 https://twitter.com/zerowastechef/status/1098682500237254656
55 Die ursprüngliche Fassung lautet: »Culture eats strategy for breakfast« und bezieht sich auf die Herausforderung, Strategie und Unternehmenskultur in Einklang zu bringen.
56 Als Sauerstoffproduzent fungieren die Ozeane dadurch, dass circa die Hälfte allen Sauerstoffes auf unserem Planeten von Phytoplankton durch Photosynthese im Meer erzeugt wird.
57 Howard, Carli (Moderatorin): BBC Fashion Fix with Charli Howard. Microplastics with Cyrill Gutsch and Dr Mark Browne. Podcast, 08.11.2019. https://www.bbc.co.uk/programmes/p07t9p25
58 Du kannst das leicht nachprüfen: Schau jetzt in deinen Kleiderschrank und versuche, dir ein plastikfreies Outfit zusammenzustellen. Du wirst merken, es ist so gut wie unmöglich. Falls es doch klappt: Respekt!
59 Mehrdad Baghai, Stephen Coley, und David White: *The Alchemy of Growth*. New York: Perseus Publishing (1999).
60 Waldemar hat dazu auch ein wirklich großartiges Buch geschrieben: *Unfuck the Economy. Eine neue Wirtschaft und ein besseres Leben für alle*. Goldmann Verla (2020).
61 Simon Sinek beschreibt in seinem Buch *The Infinite Game*, wie Wirtschaft und Politik im Vergleich zu Schach oder Fußball eben keine endlichen Spiele mit klarem Ausgang sind, sondern immer unendlich – sie gehen immer weiter, es gibt keine klaren Gewinner*innen. Am erfolgreichsten sind immer diejenigen, die sich auf den Fortlauf des Spiels einlassen und einstellen und nicht nur nach dem kurzfristigen Sieg streben. Sinek, Simon, Pyka, Petra: *Das unendliche Spiel. Strategien für dauerhaften Erfolg (The Infinite Game)*. Redline Verlag (2029).
62 Eine Möglichkeit, sich über die Glaubwürdigkeit bestimmter Siegel zu informieren, findet sich unter anderem hier: https://www.siegelklarheit.de/ (Bundesministerium für wirtschaftliche Zusammenarbeit und Entwicklung).
63 Analysiert wurden Mülltüten mit 35 Liter Fassungsvermögen. Die Mengenangaben beziehen sich auf CO_2 und CO_2-Äquivalente. Weitere Details findest du hier: https://www.wildplastic.com/life-cycle-assessment/
64 Mit »bottom line« bezeichnen wir im herkömmlichen Sprachgebrauch, was »unterm Strich« bei jeder wirtschaftlichen Tätigkeit »herauskommt« – das Geschäftsergebnis dokumentiert in der Bilanz. Dieses rein finanzielle Verständnis wird in der Betrachtung einer Triple Bottom Line (TBL) erweitert um die Aspekte »Planet« und »Menschen«, also die Frage danach, welche Werte neben dem

finanziellen Wert des Unternehmens durch die unternehmerische Tätigkeit ebenfalls gesteigert werden. Es geht um eine ganzheitliche Betrachtung der Effekte von Unternehmen auf das gesellschaftliche Umfeld sowie die Umwelt. 2018 rief Autor und Unternehmer John Elkington, der den Begriff 1994 prägte, dazu auf, den Profitteil der Bottom Line durch den Begriff »Prosperity« zu ersetzen, um zu verdeutlichen, dass auch mit diesem dritten Aspekt von Beginn an keine rein monetäre Betrachtung angestrebt werden sollte, sondern der Effekt, den eine Organisation auf die Wirtschaft hat, beschrieben wird, um so das System tatsächlich nachhaltig zu verändern und nicht nur eine Berechnung leicht anders als bisher durchzuführen: »(...) but the original idea was wider still, encouraging businesses to track and manage economic (not just financial), social, and environmental value added – or destroyed.« Elkington in der *Harvard Business Review* (HBR): »25 Years Ago I Coined the Phrase ›Triple Bottom Line.‹ Here's Why It's Time to Rethink It«. https://hbr.org/2018/06/25-years-ago-i-coined-the-phrase-triple-bottom-line-heres-why-im-giving-up-on-it

65 Kwame Appiah. *The Honor Code: How Moral Revolutions Happen* (2010). Deutsch als: *Eine Frage der Ehre oder wie es zu moralischen Revolutionen kommt*. C.H. Beck, München 2011.
66 https://www.handelsblatt.com/unternehmen/management/klimaziele-dax-konzerne-auf-fuenf-grad-kurs-so-faellt-die-co2-bilanz-der-grossunternehmen-aus/24529784.html
67 https://www.blackrock.com/ch/privatanleger/de/larry-fink-ceo-letter
68 https://www.fr.de/zukunft/storys/klima/zukunft-klima-kniff-hannah-helmke-konzerne-nachhaltigkeit-umwelt-rightbasedonscience-90016617.html
69 Es handelt sich hierbei um Klimaschutz, Anpassung an den Klimawandel, die nachhaltige Nutzung und den Schutz der Wasser- und Meeresressourcen, den Übergang zu einer Kreislaufwirtschaft, die Vermeidung und Verminderung der Umweltverschmutzung sowie den Schutz und die Wiederherstellung der biologischen Vielfalt und der Ökosysteme.
70 https://sustainablebrands.com/read/business-case/b-corp-analysis-reveals-purpose-led-businesses-grow-28-times-faster-than-national-average
71 Purpose ist bei Sisodia allerdings nicht rein ökologisch oder sozial motiviert, sondern definiert sich darüber, dass Unternehmen nicht den finanziellen Gewinn an die oberste Stelle ihres Handelns stellen, sondern die Erfüllung ihres Purpose auf eine Weise erreichen wollen, dass alle ihre Stakeholder*innen davon profitieren. In Abgrenzung zu den von uns in den Fokus gestellten Unternehmensaktivist*innen, die ihr Business nutzen, um einen Impact in der Welt zu erzielen, finden sich unter den von Sisodia untersuchten Firmen neben Patagonia und Whole Foods Market auch Amazon, Starbucks und UPS, die wir nicht als aktivistische Unternehmen bezeichnen würden. Dennoch ist die erwähnte Studie in ihrer Tendenz natürlich von enormer Relevanz, weil sie belegt, was viele nicht für möglich

halten – »purpose generates profits« statt: wer »profits« generiert, darf sich auch ein bisschen »purpose« leisten. Seine Forschung hat Sisodia im Buch *Firms of Endearment* dargelegt. Sisodia, Raj, David Wolfe and Jag Sheth: *Firms of Endearment – How World-Class Companies Profit from Passion and Purpose*. Upper Saddle River (2014).

72 https://www.mckinsey.com/business-functions/organization/our-insights/purpose-shifting-from-why-to-how
73 https://qz.com/1717245/your-retirement-plan-is-making-climate-change-worse
74 https://project.veja-store.com/en/single/limits/
75 Aziz, Afdhel, Jones Bobby: *Good Is the New Cool. Market Like You Give a Damn.* Conspiracy of Love LLC (2016).
76 Ebd., S. 44.
77 Studie *Click Here: The State of Online Advertising* von Adobe Inc., veröffentlicht im Jahr 2012.
78 Aziz, Afdhel, Jones, Bobby: *Good Is the New Cool. Market Like You Give a Damn*, Conspiracy of Love LLC (2016), S. 38.
79 Frankfurt, Harry G.: *Bullshit*. Suhrkamp Verlag, Frankfurt (2016), S. 67 f.
80 Ebd., S. 72 ff.
81 Ebd., S. 70.
82 Laut Yunus Social Business beläuft sich der Preis auf umgerechnet 0,06 Euro pro Joghurt.
83 Aziz, Afdhel, Jones, Bobby: *Good Is the New Cool. Market Like You Give a Damn*, Conspiracy of Love LLC (2016), S. 187.
84 Übertragene Feststellung einer der zentralen Erkenntnisse des Kommunikationswissenschaftlers Paul Watzlawick, der Mensch könne nicht nicht kommunizieren, da selbst das bewusste Unterlassen von Kommunikation einen kommunikativen Akt darstellt.
85 Die Kampagne wurde zum Black Friday im Jahr 2011 in der *New York Times* gedruckt und gilt vielen noch heute als großes Vorbild in Sachen gelungenes Marketing. Auch 2016 startete das Unternehmen eine ähnliche Aktion, bei der alle Einnahmen des Black Friday an gemeinnützige Zwecke gespendet wurden. Die Verbreitung der Botschaft führte zu einer Vervierfachung der angenommenen Einnahmen an diesem wichtigsten Shopping-Tag der USA.
86 Die Community entschied sich für Schwarz als einzig verfügbare Farbe. Fast schon eine Hommage an Autobauer-Pionier Henry Fords berühmte Aussage: »Jeder Käufer kann ein Auto in jeder Farbe haben, die er möchte, vorausgesetzt, es ist Schwarz.« Außer dass es sich in diesem Fall eben nicht um eine Entscheidung des Herstellers, sondern der Kund*innen handelt.
87 Faltin, Günter: *David gegen Goliath. Wir können Ökonomie besser.* Murmann/Haufe (2019), S. 186.
88 Faltin, Günter: *Kopf schlägt Kapital. Die ganz andere Art, ein Unternehmen zu

gründen. Von der Lust, ein Entrepreneur zu sein. Carl Hanser Verlag (2008), S. 14.
89 Ebd., S. 14 f.
90 Dieses Grundprinzip wird heute oft dramatisch durch das alleinige Ziel vieler Unternehmen, kurzfristig den Shareholder Value zu steigern, außer Kraft gesetzt, weil dadurch, wenn überhaupt, nur ein geringer Teil der Erlöse in weitere Investitionen, also entsprechend einen größeren Problemlösungsradius, fließen.
91 Lovins, Amory, im Interview mit Resurgence.org https://www.resurgence.org/magazine/article1806-NATURAL-CAPITALISM.html
92 Levin, Kelly, Cashore, Benjamin, Bernstein, Steven, Auld, Graeme: Overcoming the tragedy of super wicked problems: constraining our future selves to ameliorate global climate change. *Policy Sciences*. Springer (2012), S. 124.
93 Original Unverpackt, Beschreibung für den Deutschen Nachhaltigkeitspreis, unveröffentlichter Text.
94 In Deutschland zählten Naturschutzorganisationen etwa 75 Prozent weniger Insekten als noch vor etwa 30 Jahren. https://www.planet-wissen.de/natur/umwelt/artensterben/insektensterben-122.html. Es sind 24 Prozent der in Deutschland vorkommenden Insektenarten in ihrem Bestand gefährdet. https://www.bfn.de/themen/insektenrueckgang/bestand-und-gefaehrdung.html. Weltweit gelten eine halbe Million Arten als ausgestorben. https://www.sueddeutsche.de/wissen/insekten-aussterben-forschung-1.483438.
95 Im November 2020 erschien so beispielsweise anlässlich der Black-Lives-Matter-Bewegung eine Klopapier-Sonderedition in Kooperation mit dem Musiker Roger Reckless – jede verkaufte Packung Klopapier finanzierte unter dem Motto »Rassismus ist fürn Arsch« mit 1 Euro Antirassismus- und Empowermentworkshops unter anderem der Amadeu-Antonio-Stiftung.
96 https://www.bpb.de/politik/grundfragen/parteien-in-deutschland/zahlen-und-fakten/138672/mitgliederentwicklung
97 http://www.goldeimer.de/duenger-aus-scheisse/
98 Die dem zugrunde liegende Erkenntnis ist die von Ernst Ulrich von Weizsäcker als »Effizienzrevolution« beschriebene Idee, die bereits in der Einleitung dieses Buches erläutert wurde.
99 Das Anlagemodell basierte auf Genussrechten, die wie Nachrangdarlehen zum Mezzanine-Kapital von Unternehmen gehören und für die Anleger vergleichsweise risikointensiv sind, da ihre Forderungen im Falle einer Insolvenz nachrangig behandelt werden und kein Mitbestimmungsrecht besteht. Neben vielen anderen Gründen wurde Gerichtsentscheidungen zufolge auf die bestehenden Risiken seitens Prokon nicht ausreichend hingewiesen.
100 Zur vertiefenden Beschäftigung: https://www.crowdfunding.de/magazin/zwei-jahre-kleinanlegerschutzgesetz-fazit-fuer-die-crowd/

101 Seit Dezember 2019 heißt es dort nicht mehr nur »Gegenstand des Unternehmens ist der Handel mit Produkten, die unter fairen und nachhaltigen Konditionen angebaut wurden, insbesondere mittels einer webbasierten Plattform (Internet und Mobile) sowie der Erstellung und Vermarktung der dazugehörigen Software und Internettechnologie«, sondern außerdem: »Die Gesellschaft verfolgt den weiteren Zweck, mit ihrer Geschäftstätigkeit eine erheblich positive Wirkung auf das Gemeinwohl sowie die Umwelt zu erzielen.«
102 https://www.faz.net/aktuell/stil/leib-seele/luxussteuer-wie-sich-frauen-gegen-die-tampon-tax-wehren-15901927.html
103 Gemeint war die Senkung der Mehrwertsteuer auf Menstruationsprodukte von 19 Prozent auf 7 Prozent. Die begriffliche Setzung des »Luxussteuersatzes« kann als aktivistisches Mittel gesehen werden, um auf den wahrgenommenen Missstand hinzuweisen.
104 In *Unfuck the Economy* geht Waldemar Zeiler dieser Tatsache nach: In einer amerikanischen Metastudie wurde untersucht, ob die Politik tatsächlich den Willen des Volkes umsetzt. »Das erschütternde Ergebnis: Die Meinung der Bürger_innen hatte zu 90 Prozent überhaupt keinen Einfluss auf die Gesetzgebung. (…) Wenn nicht die Meinung des Volkes, was beeinflusst die Politiker_innen dann? Ganz einfach: Großspenden und Lobbyismus« (S. 71).
105 Brühl, Kirsten: *Die Neue Wir-Kultur. Wie Gemeinschaft zum treibenden Faktor einer künftigen Wirtschaft wird*. Zukunftsinstitut (2015).
106 https://www.huffpost.com/entry/think-millennials-are-purpose-driven-meet-generation_b_5a1da9f3e4b04f26e4ba9499?guccounter=1
107 Reichel, André (Hrsg.): *Next Growth – Wachstum neu denken*. Zukunftsinstitut (2018), S. 58.
108 Erstellt von Yunus Social Business gemeinsam mit Porticus, INSEAD, HEC Paris und der Schwab Foundation for Social Entrepreneurship. https://www.yunussb.com/business-as-unusual
109 Der Ökonom Richard Easterlin wies in einem Beitrag (»Does Economic Growth Improve the Human Lot?« In: Paul A. David & Melvin W. Reder (Hrsg.): *Nations and Households in Economic Growth: Essays in Honor of Moses Abramovitz*. Academic Press, New York 1974, S. 89–125) bereits 1974 nach, dass sich eine Erhöhung des Bruttoinlandsprodukts zwar positiv auf das subjektive Glücksgefühl auswirkt, diese Korrelation aber ab einer bestimmten Schwelle nicht mehr zwangsläufig zutrifft.
110 Niko Paech im Interview bei *Jung & Naiv*, Folge 405, 17.03.2019. https://www.jungundnaiv.de/2019/03/17/postwachstums-oekonom-niko-paech-ueber-kapitalismus-barbarei-nachhaltigkeit-folge-405/
111 https://de.statista.com/infografik/14379/yougov-statista-umfrage-zum-thema-nachhaltigkeit/
112 Und um den Erzählfluss nicht zu unterbrechen: Den Fakt, dass es zwar viel

Bereitschaft und aktuell noch wenig Angebote für in diesem Sinne Veränderungsbegeisterte gibt, könnte man natürlich bedauern – oder man begreift ihn ganz unternehmerisch als veritable Marktlücke. Was könnte man da tun, um dieses wachsende Bedürfnis nach nachhaltigem Konsum zu stillen?

113 IfD Allensbach via https://www.heise.de/hintergrund/Statistik-der-Woche-Fleischesser-vs-Vegetarier-4724954.html

114 https://www.iarc.fr/featured-news/media-centre-iarc-news-redmeat/

115 Hanni Rützler: *Food Report 2015*. Zukunftsinstitut (2015), S. 60.

116 Brent F. Kim, Raychel E. Santo, Allysan P. Scatterday, Jillian P. Fry, Colleen M. Synk, Shannon R. Cebron, Mesfin M. Mekonnen, Arjen Y. Hoekstra, Saskia de Pee, Martin W. Bloem, Roni A. Neff, Keeve E. Nachman: »Country-specific dietary shifts to mitigate climate and water crises«. *Global Environmental Change*, Volume 62, 2020, https://www.sciencedirect.com/science/article/pii/S0959378018306101

117 https://ourworldindata.org/meat-production

118 Phillippa Lally & Benjamin Gardner: »Promoting habit formation«. *Health Psychology Review* 7, S. 141.

119 In seinem äußerst unterhaltsamen TED-Talk liefert der amerikanische Autor Josh Kaufman zumindest einen Ausweg für all diejenigen, die trotzdem anfangen wollen (auch wenn die Kinder und der Job ihnen jegliche freie Zeit rauben): die zu erlernende Fähigkeit in ihre Einzelteile zerlegen und diese über einen Zeitraum von zwei Monaten jeden Tag für 45 Minuten üben. Nach 20 Stunden Übungszeit insgesamt ist man zumindest auf einem Wissens- beziehungsweise Könnerschaftslevel angekommen, mit dem man guten Gewissens leben kann. https://ideas.ted.com/dont-have-10000-hours-to-learn-something-new-thats-fine-all-you-need-is-20-hours/

120 »Der allgemeine Diskurs um Nachhaltigkeit wird von der Fehlannahme geleitet, es gehe dabei um die Frage, wie viel unserer bestehenden Lebensqualität wir bereit sind zu opfern. Ein bisschen wie in der protestantischen Idee, nach der es weh tun muss, Gutes zu tun. Aber Nachhaltigkeit darf kein moralisches Opfer sein und auch kein politisches Dilemma oder reine Philanthropie. Nachhaltigkeit muss eine Design Challenge sein.« TEDxEast: »Hedonistic Sustainability«, Mai 2011. https://www.ted.com/talks/bjarke_ingels_hedonistic_sustainability

121 Ebd. (TEDxEast: »Hedonistic Sustainability«, Mai 2011).

122 Bjarke Ingels im Interview mit Designboom: https://www.designboom.com/architecture/bjarke-ingels-group-copenhill-power-plant-copenhagen-10-04-2019/

123 Hartmut Westermann: »Augenblick, Dauer und Ewigkeit der Lust. Zum Verhältnis von hêdonê und eudaimonia in der kyrenaischen und in der epikureischen Philosophie«. In: Dominic Kaegi (Hrsg.): *Philosophie der Lust*. orell füssli, Zürich (2009), S. 32.

124 Dagmar Fenner. *Das gute Leben*. De Gruyter (2007), S. 39 ff.

125 Jeremy Bentham: *An introduction to the Principles and Morals of Legislation.* Dover (2007).
126 https://www.welthungerhilfe.de/aktuelles/blog/lebensmittelverschwendung/
127 https://www.wiwo.de/technologie/green/lebensmittelverschwendung-1-3-milliarden-tonnen-landen-im-muell/13552868.html
128 https://www.welthungerhilfe.de/lebensmittelverschwendung/
129 Wie wir auch in Kapitel 8 näher ausführen, führt die Art und Weise, wie wir aktuell Landwirtschaft betreiben, zum Verlust der nährstoffreichen und CO_2 speichernden Humusschicht in unseren Böden. Die Nährstoffe, die in unseren Exkrementen enthalten sind (u. a. Phosphor), werden in der Sanitärkette, wie sie heute ist, entweder in Flüssen entsorgt oder verbrannt. Weitere Zusammenhänge erklärt Goldeimer hier: https://www.goldeimer.de/wir-verlieren-den-boden-unter-den-fuessen/
130 Das »Innovator's Dilemma« wurde von Clayton M. Christensen, Professor unter anderem an der Harvard-Universität, in seinem gleichnamigen Buch beschrieben.
131 Der französische Soziologe Pierre Bourdieu gilt als eine der herausragendsten Größen seines Fachs im 20. Jahrhundert. Als eines seiner Hauptwerke befasst sich *La distinction*, welches im Jahr 1979 veröffentlicht wurde, mit Korrelationen und Kausalitäten von Habitus, insbesondere in Form von zum Ausdruck gebrachten Geschmacksvorlieben und sozialem Status. Distinktion beschreibt hierin die Abgrenzung zu Personen oder Gruppen, die beispielsweise sozial schlechter gestellt sind. Ein deutliches Muster, welches Bourdieu herausarbeitet, beschreibt die implizite Deutungshoheit von »Oberschichten« hinsichtlich dessen, was als gesellschaftlich höher geschätzter Lebensstil gilt und dem deshalb alle nacheifern.
132 Seit August 2020 gibt es in den USA ein eigenes Gütesiegel für diese Produktkategorie: ROC (Regenerative Organic Certified).
133 Leslie Witt von Intuit im Interview mit Fastcompany: https://www.fastcompany.com/90152568/intuit-vp-how-design-is-reshaping-peoples-relationship-to-money
134 https://www.theguardian.com/environment/2019/jul/04/planting-billions-trees-best-tackle-climate-crisis-scientists-canopy-emissions
135 Es handelt sich hier um ein Zitat von Benedikts amerikanischem »Kollegen« Bobby Gill. Um die weltweit rasant voranschreitende Desertifikation von Wiesenflächen zu verhindern, plädiert Gill im Sinne eines »holistic managements«, eines ganzheitlichen Ansatzes, für den Einsatz von Weidetieren, die für den Wasser- und Nährstoffkreislauf dieser Ökosysteme unerlässlich sind, heute aber fast ausschließlich in domestizierter Form vorkommen.
136 http://www.fao.org/fao-stories/article/en/c/1192794/
137 https://www.scinexx.de/news/geowissen/landflaechen-drei-viertel-sind-degradiert/
138 Landwirt*innen auf der ganzen Welt erforschen aktuell, wie effektiv regenerative Landwirtschaft CO_2 binden kann. Zu den Mitteln, das zu erreichen, zählen

zum Beispiel der Anbau von Zwischenfrüchten, reduzierte Bodenbearbeitung, diversere Fruchtfolgen (vs. Monokulturen), wenige oder keine Düngemittel sowie Beweidung. Aktuell etabliert sich der Handel mit landwirtschaftlichen CO_2-Zertifikaten. https://www.agrarheute.com/pflanze/getreide/carbon-farming-humus-co2-binden-zertifikaten-geld-verdienen-574343

139 Pauli, Gunter: *The Blue Economy 3.0*. Gunter Pauli (2017), S. 18 f.
140 Ebd., S. 19.
141 Das ist allerdings lange nicht die einzige »Baustelle« für Weltrettung. Das Konzept der planetaren Grenzen, 2009 entwickelt von einem internationalen 28-köpfigen Team von Forscher*innen und 2015 noch einmal aktualisiert, führt neben dem Klimawandel außerdem acht weitere teilweise bereits überschrittene Grenzen auf: Versauerung der Ozeane, stratosphärischer Ozonabbau, atmosphärische Aerosolbelastung, biogeochemische Kreisläufe, Süßwasserverbrauch, Landnutzungsveränderung, Unversehrtheit der Biosphäre, Einbringung neuartiger Substanzen.
142 Die CO_2-Menge, die ausgestoßen würde, wenn wir die bekannten Erdölquellen allesamt ausschöpfen würden, liegt bei circa 2 700 Gigatonnen, und es wird davon ausgegangen, dass sich noch weit mehr »ungehobenes Potenzial« in Form von Erdöl, Kohle und Gas entdecken ließe, wenn wir weiter danach suchten.
143 Laut Dr. Ralph Hintemann, Energieforscher am Borderstep-Institut für Innovation und Nachhaltigkeit, erzeugt unser Netzkonsum genauso viel CO_2 wie der Flugverkehr. Die Tendenz ist jedoch sinkend, denn es entstehen immer mehr Ansätze, wie der Energieverbrauch zum Beispiel von Rechenzentren gesenkt werden kann. Eine der Ideen: Abwärme nutzen.
144 André Reichel (Hrsg.): *Next Growth – Wachstum neu denken*. Zukunftsinstitut (2018), S. 58.
145 https://www.fr.de/wissen/klimaschutz-erst-2050-klimaneutral-sein-will-verfehlt-ziel-12941522.html
146 https://www.derstandard.at/story/2000117837993/permafrost-koennte-frueher-auftauen-als-bislang-angenommen
147 Unter https://climateclock.world kann man sich live ansehen, wie das Budget immer weiter schrumpft – unsere Deadline. Gegenübergestellt wird ihr die Lifeline, der wachsende Anteil erneuerbarer Energien weltweit.
148 Die Darstellung stammt ursprünglich von der Regenesis Group, die sich schon seit vielen Jahren mit regenerativen Systemen beschäftigt; sie ähnelt der hier im Buch abgebildeten Darstellung in Kapitel 3, 50 Shades of Green.
149 Siehe Abbildung 20.
150 Eindrucksvoll belegt dies beispielsweise der französische Ökonom Thomas Piketty, der auch weit über den eigenen Fachdiskurs in Politik und Wirtschaft geschätzt wird und Gehör findet.
151 Dieser Ausspruch wird der Architekturkritikerin Jane Jacobs zugeschrieben.

152 In einer wissenschaftlichen Studie wurden 2018 landwirtschaftliche Betriebe auf ihre wirtschaftliche Tragfähigkeit verglichen. Solche, die nach regenerativen Prinzipien arbeiteten, waren 78 Prozent profitabler als herkömmlich wirtschaftende Betriebe. https://www.forbes.com/sites/forbesfinancecouncil/2020/01/30/is-regenerative-agriculture-profitable/?sh=16184916cdf2
153 Alexander Osterwalder, zitiert nach *Gabler Wirtschaftslexikon*: https://wirtschaftslexikon.gabler.de/definition/geschaeftsmodell-52275/version-275417
154 Darüber hinaus gibt es diverse Abwandlungen, welche dem ursprünglichen Modell weitere Elemente/Dimensionen hinzufügen, um den Fokus der Gestaltung gezielt auf bestimmte Nachhaltigkeitsaspekte zu lenken. Der »Flourishing Business Canvas« erweitert das Modell beispielsweise um die Sphären »Environment« und »Society«.
155 Eine gute erste Übersicht findet sich beispielsweise hier: https://businessmodelnavigator.com/explore
156 Neben kostenfreier Bargeldabhebung gibt es beispielsweise statt einer Kreditkarte aus Metall bei Tomorrow eine aus Holz und zudem eine Kompensation des eigenen CO_2-Fußabdrucks.
157 Collins, Jim: *Der Weg zu den Besten. Die sieben Management-Prinzipien für dauerhaften Unternehmenserfolg*. Campus (2011).
158 U. a. 2005: *Good to Great and the Social Sectors* von James C. Collins
159 … der damals sicherlich noch deutlich unprätentiöser aussah als heute: Amazon war zu diesem Zeitpunkt vier Jahre alt und hatte bis dato keine Profitabilität vorzuweisen.
160 https://www.amazon.jobs/en/landing_pages/about-amazon
161 In: 1,5 Grad – der Klimapodcast mit Luisa Neubauer. Folge 1: »Stefan Rahmstorf – Wie nah ist die Katastrophe?«, 09.11.2020.
162 Kruse, Peter: *Next practice – Erfolgreiches Management von Instabilität*. Gabal (2004).
163 Ebd. 61.
164 Ebd. 61.
165 Ebd. 70.
166 McKinsey Report: *How the European Union could achieve net-zero emissions at net-zero cost*. Veröffentlicht am 03.12.2020.
167 Es gleicht einer Ironie des Schicksals: Knappe 50 Jahre, nachdem diese Forschungen eingestellt wurden, flog ExxonMobil als der größte börsennotierte Erdölkonzern der Welt 2020 aus dem S&P500. Und wer wurde im gleichen Jahr in den Index aufgenommen? Richtig: Tesla.
168 Braungart, Michael, und McDonough, William (2014): *Cradle to Cradle – Einfach intelligent produzieren*. Piper, S. (Position 1151 [Kindle]).